A HISTÓRIA DO SÉCULO XX PELAS DESCOBERTAS DA MEDICINA

A HISTÓRIA DO SÉCULO XX PELAS DESCOBERTAS DA MEDICINA

Stefan Cunha Ujvari
Tarso Adoni

editoracontexto

Montagem de capa e diagramação
Gustavo S. Vilas Boas

Coordenação de texto
Luciana Pinsky

Preparação de textos
Tatiana Borges Malheiro

Revisão
Fernanda Guerriero Antunes

Dados Internacionais de Catalogação na Publicação (CIP)
(Câmara Brasileira do Livro, SP, Brasil)

Ujvari, Stefan Cunha
A história do século XX pelas descobertas da Medicina/
Stefan Cunha Ujvari e Tarso Adoni. – 1. ed., 2ª reimpressão. –
São Paulo : Contexto, 2020.

Bibliografia
ISBN 978-85-7244-839-0

1. Medicina – História I. Adoni, Tarso. II. Título.

14-01476 CDD-610.9

Índices para catálogo sistemático:
1. Medicina : História 610.9

2020

EDITORA CONTEXTO
Diretor editorial: *Jaime Pinsky*

Rua Dr. José Elias, 520 – Alto da Lapa
05083-030 – São Paulo – SP
PABX: (11) 3832 5838
contexto@editoracontexto.com.br
www.editoracontexto.com.br

SUMÁRIO

INTRODUÇÃO

Corria o ano de 1900, o século XIX se encerrava. A humanidade fechava o balanço daquele século das máquinas. Nunca a ciência avançara tanto em tão pouco tempo. O carvão desenterrado das sepulturas carboníferas inundava as fábricas para produção de aço: 28 milhões de toneladas produzidas apenas em 1900.[1] Transatlânticos salpicavam os oceanos e aposentavam as embarcações a vela. O vapor gerado pela queima do carvão girava suas gigantescas hélices propulsoras incrementando a velocidade pelas avenidas oceânicas. As viagens conectavam Europa e América em menos de uma semana. As rotas marítimas globalizavam o planeta com carregamentos de alimentos, artigos de luxo, manufaturados e matérias-primas. No solo, as linhas ferroviárias se estendiam ao interior das nações, e as locomotivas multiplicavam os rastros de fumaça na paisagem.

Cabos telegráficos encurtavam a distância entre as cidades para alavancar as negociações comerciais e a transmissão das informações. Esses cabos, protegidos por carapaças de borracha, eram assentados no fundo dos oceanos. As mensagens partiam da Indonésia, seguiam à costa asiática, continuavam ao Oriente Médio e à Europa, para então serem retransmitidas à América.[2] As notícias deixavam Londres e chegavam a Nova York em três minutos pelo telégrafo submarino, e à Índia em trinta minutos.[3] Nos grandes centros urbanos, galpões repletos de prensas cilíndricas cuspiam edições diárias dos jornais com novidades recém-chegadas. Nas cidades norte-americanas, ultrapassavam 100 mil exemplares por dia.[4]

O crescimento urbano acompanhava o dinamismo planetário. Mais de um décimo da população mundial já vivia nas cidades.[5] A migração urbana incrementada no século XIX insuflou os grandes centros urbanos, que, pela primeira vez, acomodavam mais de um milhão de habitantes. Londres, Paris,

Berlim e Viena lideravam os números no continente europeu, ao passo que Nova York, Chicago e Filadélfia dominavam a dianteira da América.

O coração econômico urbano borbulhava. Cavalheiros desciam de charretes, com seus chapéus-coco, enquanto desviavam das fezes de animais próximas à calçada. Outros atravessavam as ruas por entre carroças puxadas pelo trote dos cavalos e abarrotadas com sacas, barris e caixas que abasteciam, com alimentos e bebidas, os mercados das frenéticas cidades. As que transportavam frutas e legumes deixavam rastros de vegetais no calçamento: uma pasta verde escorregadia amassada por rodas e patas equinas.

Frutas à venda derramadas em plataformas de madeira ladeavam as calçadas fervilhantes. Hotéis, bares e restaurantes absorviam e expeliam o intenso fluxo humano. Chapéus pretos e cinza se misturavam com os chapéus coloridos de damas perfumadas em vestidos inflados pelas armações ocultas abaixo da cintura. Crianças disputavam o espaço entre o populacho para vender jornais e fósforos. Muitas caminhavam apressadas, trajando camisas encardidas e calções desbotados, ao trabalho nas fábricas insalubres.

Casas luxuosas e amplas dominavam os bairros nobres, enquanto cortiços e casebres se avolumavam nos pobres. Os redutos industriais cuspiam fumaça negra, enquanto os parques acolhiam a população nos feriados. Os trilhos urbanos recebiam bondes elétricos em algumas cidades, enquanto outras ainda dependiam de cavalos para tração do transporte. A eletricidade derrotava os gasômetros urbanos. A luz elétrica nos libertou da dependência solar. Agora, era possível ler e trabalhar à noite. Alguns automóveis circulavam ainda tímidos. Construções subterrâneas se alastravam para direcionar o crescente esgoto humano, ao mesmo tempo que outras obras no subsolo alongavam ou inauguravam linhas de metrô. As linhas telefônicas ampliavam sua malha urbana.

Apesar disso, todo esse avanço tecnológico contrastava com a vida difícil nas cidades. A Medicina ainda estava aquém da necessidade. Nos Estados Unidos, quase uma em cada 100 mulheres não sobrevivia às complicações do parto. A gestação era uma loteria. Uma em cada dez crianças não chegava a completar 1 ano de vida, e, em algumas cidades norte-americanas, essa taxa de mortalidade infantil chegava a um terço.[6] As crianças eram levadas por diarreia, pneumonia, tuberculose e frequentes epidemias de sarampo, varíola, escarlatina, coqueluche e difteria. Vacina? Só contra a varíola. Os adultos morriam cedo: a expectativa de vida era de 47 anos.[7] A paisagem urbana de 1900 expunha raros idosos. Remédios caseiros não bastavam, assim como elixires, emulsões e xaropes com promessas milagrosas contra gripe, tuberculose, desânimo, pneumonia, fraqueza e muitos outros males. Farmacêuticos tentavam proporcionar alívio à população com suas diversificadas substâncias esfareladas pelos pilões nas cubas de porcelana. No entanto, pouco ajudavam. A recém-descoberta aspirina aliviava febre e dores, mas não agia no cerne das doenças. A Medicina pouco acompanhava o avanço tecnológico.

Porém, o século XX se iniciou, e, com ele, descobertas médicas mudaram esse cenário. Muitas foram fundamentais à melhoria da saúde. Este livro as descreve, incluindo as realizadas em épocas distantes dos avanços tecnológicos atuais, quando médicos e cientistas lançavam mão de criatividade, coragem e raciocínio lógico para torná-las possíveis. Muitas hipóteses se confirmaram através de experimentos desumanos e antiéticos aos olhos da ciência atual. Aliado a isso, diversos avanços emergiram de testes com resultados falhos que, por obra do acaso e da sorte, apontaram para outras descobertas inesperadas. Essa novela médica, em que a mente humana foi uma das únicas ferramentas disponíveis, é contada em paralelo aos principais acontecimentos do século XX. Duas histórias inseparáveis, pois, em diversos momentos os fatos históricos precipitaram as descobertas médicas, que, por sua vez, também influenciaram os rumos desse período. Ambas as histórias se uniram para consolidar o alicerce da nossa saúde atual.

O capítulo inicial parte da primeira grande descoberta do século XX: a comprovação de que mosquitos transmitiam a malária e a febre amarela. Descoberta fundamental para o fim dessas epidemias urbanas. Na época, ambas eclodiam em cidades europeias, americanas (inclusive dos Estados Unidos) e chinesas, além das tropicais. Devemos essa revelação, anunciada no primeiro ano do século XX, aos voluntários humanos propositalmente infectados pelo vírus da febre amarela. À época não se discutia consentimento humano às experiências, proibição do homem como cobaia e, nem mesmo, direitos humanos. Isso tornava rotineiros os experimentos em cadeias e instituições para crianças deficientes.

Os capítulos seguintes seguem a ordem cronológica dos avanços médicos que levaram a humanidade um degrau acima rumo à saúde ideal. Novas vacinas floresceram na década de 1920. As crianças as recebiam contra tuberculose, difteria, coqueluche e tétano. Anos depois, viriam aquelas em combate à poliomielite e o sarampo. Controlavam-se as epidemias e reduzia-se a mortalidade infantil. Mas isso custou caro. Acidentes com vacinas e infecções inesperadas rechearam as etapas iniciais dessas descobertas. Os primeiros vacinados não suportaram as versões iniciais das vacinas e, com isso, se tornaram mártires anônimos para alcançarmos a saúde atual dos nossos filhos. Agradecemos também aos pesquisadores que morreram infectados na busca vacinal.

Os antibióticos, ocultos na natureza por milênios, foram observados pelos olhos aguçados dos cientistas da década de 1930. Não por acaso, o número de mortes despencou após esses anos. Suas descobertas contêm histórias heroicas e criativas mescladas com experimentos criminosos em locais inesperados. Cobaias humanas forneceram os meios para liquidar a sífilis. Após a Segunda Guerra Mundial foi encontrada a cura da tuberculose. Porém, pesquisadores precisaram elaborar experimentos estratégicos para convencer a relutante comunidade científica sobre a eficácia das novas drogas. A tuberculose foi vencida à custa de erros e acertos que levaram vidas humanas.

As mulheres se beneficiaram dos avanços. Graças à insistência e à obsessão de um médico, foi comprovada a utilidade do exame de Papanicolaou, que, por sua vez, nasceu de uma observação inesperada. Uma sequência de experimentos em animais e vegetais trouxe a descoberta da pílula anticoncepcional, testada na população de um país subdesenvolvido para fugir do preconceito social norte-americano contra a contracepção. E, por esse mesmo motivo, foi lançada no mercado por meio de artifícios para despistar sua verdadeira função. As mulheres ganharam o direito de optar ou não pela gestação. Agora, sobreviviam ao parto, realizavam exames rotineiros para a prevenção do câncer e controlavam a natalidade. Aquelas com dificuldade de engravidar também foram agraciadas por experimentos árduos em diversos campos da ciência que, reunidos de maneira estratégica, culminaram com o nascimento do primeiro "bebê de proveta".

A industrialização do século XX trouxe crianças fracas e doentes. A ciência lutou para comprovar que elementos radioativos em produtos industrializados minavam a saúde infantil. Enquanto isso, crianças e adolescentes morriam por causa da radioatividade. A criatividade e a estratégia empregadas por médicos comprovaram a impregnação de chumbo no cérebro infantil e sua consequência. A humanidade ganhou argumentos médicos para lutar contra grandes empresas que intoxicavam o mundo com esse metal. O raquitismo foi vencido pela realização de estudos com resultados inesperados, porém interpretados por olhos perspicazes, que descobriram sua causa graças aos efeitos da Primeira Guerra Mundial.

Descrevemos os principais avanços médicos que incrementaram a expectativa de vida. Cientistas levaram décadas para comprovar o malefício do colesterol, porque perseguiam pistas falsas. Foram induzidos ao erro em diversas oportunidades. Até que, com experimentos impensáveis, conseguiram incriminar essa gordura sanguínea como uma das responsáveis pelo infarto. As cirurgias se tornaram seguras com descobertas surpreendentes vindas por obra do acaso. Após um século de buscas, a causa do diabetes foi elucidada. A obtenção da insulina se deveu à obstinação de um pesquisador. Experimentos criativos conseguiram comprovar os efeitos maléficos do tabaco. As transfusões sanguíneas também se tornaram seguras graças a descobertas feitas ao acaso. Médicos trilharam caminhos errados para a melhoria dos bancos de sangue até a sorte reconduzir suas pesquisas ao rumo certo. Experimentos audaciosos e corajosos desafiaram as regras da comunidade médica para comprovar melhores resultados contra o câncer. Os pesquisadores abriram as portas para novas pesquisas. Diferentes áreas científicas se somaram para o nascimento dos exames de imagem do corpo humano: radiografia, ultrassonografia, tomografia computadorizada e ressonância nuclear magnética. A sobrevida humana se elevava, enquanto as taxas de mortalidade despencavam.

De repente, o número de mortes da população jovem voltou a se elevar na década de 1980. Surgiu a epidemia de aids, e, na sua carona, o retorno da tuberculose. Os primeiros doentes revelaram apenas a ponta de um *iceberg* que se arrastava oculto durante o século XX em rota de colisão com a humanidade. A doença colocou à prova os avanços tecnológicos, e os cientistas não decepcionaram no teste: em tempo recorde, lançaram novas drogas, definiram esquemas de tratamento e métodos de monitoramento da doença. A primeira droga eficaz, o AZT, estava guardada nas prateleiras dos laboratórios havia décadas e foi redescoberta de maneira surpreendente. A aids acirrou o preconceito e dizimou parte da população homossexual, mas foi controlada. Muitos não sobreviveram no aguardo dessa corrida científica contra o tempo.

No início do século XX, descobriu-se, por observações surpreendentes em uma mosca, que os cromossomos albergavam os genes humanos. Hoje, a ciência esmiúça as bases moleculares do DNA para prever o aparecimento de doenças e cânceres, para direcionar a descoberta de novos medicamentos contra doenças antigas e para escolher melhores opções de tratamento. Talvez estejamos testemunhando o nascimento de uma nova era que, no futuro, venha a se chamar "século da genética".

ANO 1901

DORMINDO COM O INIMIGO

Fevereiro de 1901. Walter Reed, médico do Exército norte-americano, expunha as conclusões de seu trabalho no III Congresso Médico Pan-Americano, sediado em Havana, Cuba. O primeiro ano do século XX recebia a descoberta revolucionária sobre a febre amarela que geraria uma reviravolta no meio científico. A doença precipitava epidemias na América com causa desconhecida e meio de propagação completamente obscuro. Médicos, até então, debatiam se a transmissão ocorria pelo contato próximo do doente através de tosse, secreções ou líquidos corpóreos. Mas, agora, tinham a quem combater. Reed apresentou o grande responsável pelas epidemias: o mosquito *Aedes aegypti*. A América, agora sim, drenaria áreas urbanas alagadas, redutos dos ovos dos mosquitos. Eliminar a doença virou sinônimo de extinção de brejos, pântanos, cisternas abertas, lagoas e açudes. A história dessa descoberta se inicia mais de 250 anos antes, com a introdução do vírus em solo americano pelas mãos do homem. O ato final ocorreu à custa de experimentos, desumanos e antiéticos aos olhos da ciência atual, esquecidos há mais de um século. É o que veremos.

A DOENÇA COMPANHEIRA DA AMÉRICA

A história da América, por diversas vezes, se mistura à da febre amarela. A corrida europeia por terras americanas economicamente viáveis caminhava a todo vapor no início do século XVII. Nessa busca frenética por colônias, a pequena ilha de Barbados, situada no extremo leste do Caribe, estava com seus dias de paz contados. Embarcações inglesas chegaram ao seu litoral para os primeiros assentamentos em 1625: a região se tornava possessão inglesa, e, sem saber, um marco na história da febre amarela.

Os britânicos iniciaram o desmatamento da intensa floresta tropical, ergueram construções próximas ao litoral e trouxeram animais de criação. Surgiram os primeiros vilarejos de Barbados e seu solo recebeu as primeiras sementes despejadas pelos ingleses. O objetivo? Lucrar com a recém-conquistada colônia.

As plantações de tabaco estrearam o terreno arado. As rentáveis exportações do estado norte-americano da Virgínia animaram os novos proprietários de terra de Barbados. Porém, essa primeira investida fracassou: as sementes não se adaptaram à ilha caribenha. A segunda tentativa foi o algodão, mas as novas sementes também não vingaram.

Somente na década de 1640 Barbados receberia as primeiras plantações que selariam o seu sucesso econômico. Ingleses derramaram sementes de cana-de-açúcar que, adaptadas ao clima e ao solo, floresceram. Finalmente um vegetal lucrativo crescia com vigor e prenunciava o produto de exportação da ilha. Um exército de lâminas metálicas rasgava o restante de suas matas. As florestas devastadas abriram grandes espaços para a cana-de-açúcar, e surgiram os primeiros engenhos. As embarcações traziam novos investidores à ilha. Holandeses expulsos do Nordeste brasileiro, onde adquiriram larga experiência nas plantações de cana-de-açúcar, rumaram a Barbados. As vilas cresciam. A exportação de açúcar se elevava a cada ano; as sacas se destinavam à Europa e à América do Norte. A população da ilha quase triplicou nessa década de descoberta do açúcar. Para trabalhar na lavoura, Barbados recebeu 13 mil africanos escravizados e, com eles, chegou um novo inquilino microscópico: o vírus da febre amarela.

Em 1647, uma das inúmeras embarcações de escravos africanos aportou no litoral de Barbados. A tripulação não percebeu, mas ovos de mosquitos se desenvolviam nos tonéis de água. Os mosquitos trazidos da África se proliferaram e, pior, trouxeram consigo o vírus da febre amarela. Os primeiros doentes começaram a tombar. Os vírus, inoculados pela saliva dos mosquitos, circulavam no sangue dos habitantes de Barbados para invadir as células hepáticas e lá se multiplicar. O fígado, gravemente inflamado, despeja no sangue sua substância bilirrubina, que, uma vez impregnada na pele e nos olhos, ocasiona coloração amarelada (daí a denominação febre amarela). Com o passar dos dias, o órgão, já insuficiente, interrompe a produção das moléculas responsáveis pela coagulação. O paciente apresenta sangramento espontâneo em suas mucosas. Como o estômago verte sangue, eliminado pelo vômito em forma de coágulos escuros, a doença é também conhecida por "vômito negro". Os doentes, quando não se recuperam, caminham para a falência de múltiplos órgãos e a morte.

A febre amarela foi trazida pela primeira vez à América nessa epidemia de 1647, em Barbados, e matou entre cinco e seis mil pessoas.[8] A maioria dos acometidos habitava áreas alagadas por brejos e pântanos, locais de maior proliferação dos mosquitos. Desde então, doentes e mosquitos infectados migraram, com as embarcações e o tráfico comercial, para outras ilhas do Caribe e para o continente. O vírus se espalhava pela América.

As epidemias eclodiam em novas regiões, porém os médicos desconheciam sua causa. A febre amarela se tornou parte integrante da história americana. Após a Revolução Francesa, em 1789, as guerras europeias respingaram no Caribe. As monarquias avançaram contra a abusada França, que guilhotinara seu rei. As batalhas envolveram ataques às colônias americanas, e embarcações de guerra inglesas avançaram contra possessões francesas no Caribe. Tropas inimigas migraram de ilha a ilha e, com isso, levaram consigo o vírus da febre amarela. Epidemias explodiram no Haiti, na Martinica e na Jamaica. Enquanto isso, franceses refugiados do Haiti embarcaram em busca de abrigo seguro na Filadélfia, cidade norte-americana, levando o vírus, que utilizou os mosquitos norte-americanos para a nova epidemia em 1793. Filadélfia viveu o caos naquele ano.[9,10] O calor auxilia a proliferação do inseto. Reservatórios de água que dominam a cidade permitiram o desenvolvimento de um exército de ovos dos mosquitos. Os médicos desconheciam o meio de transmissão da doença e, sem saber como controlá-la, presenciaram a morte de um décimo da população da Filadélfia. No mesmo instante, a cidade de Charleston, na Carolina do Sul, sofria pela doença também conhecida por “febre de Barbados”.

O vírus da febre amarela nem sempre foi um inimigo hostil. Em 1802, as epidemias do Haiti, que passaram a ser anuais, afastaram a Marinha de guerra de Napoleão. A missão francesa? Controlar a revolução dos escravos e nativos que buscavam a independência da ilha. A Revolução Francesa, que apregoava liberdade e igualdade, incendiou os nativos revolucionários do Haiti. A revolta popular, liderada pelo negro François Dominique Toussaint L'Ouverture, estava com seus dias contados em virtude do poderio militar enviado por Napoleão. Porém, a febre amarela salvou a rebelião nativa. Mosquitos portadores do vírus avançaram contra o Exército francês. Um a um, os combatentes franceses foram acamados pela doença. Ao final, cerca de 40 mil militares morreram pela febre amarela, doença que se aliou aos revoltos haitianos e auxiliou a independência do Haiti.

A FEBRE AMARELA RUMA AO SUL AMERICANO

O vírus circulante pelo Caribe fez incursões frequentes nas cidades norte-americanas. Nova Orleans era visitada regularmente pela doença através das embarcações vindas de Havana: Cuba era um reduto fiel da febre amarela. Em 1849, a doença rumou ao sul do continente americano. Nova Orleans, na desembocadura do rio Mississipi, exportou o vírus ao Brasil. Como? Pelos acontecimentos do ano anterior.

Uma pepita de ouro aflorou no solo da Califórnia em 1848. A notícia se espalhou como um rastilho de pólvora pelas cidades da costa leste norte-americana. Uma multidão migrou à Califórnia em busca de riqueza fácil. O caminho mais curto em direção à costa oeste era impossibilitado pelas áreas áridas do oeste, pela presença de índios violentos e pela cadeia das Montanhas Rochosas. A única opção era partir em embarcações rumo ao sul. Norte-americanos desembarcavam no Panamá para, por caminhos terrestres, utilizando cavalos e mulas, atingir a costa oeste do país e, em nova embarcação, chegar ao litoral californiano. As cidades panamenhas se transformaram com a imigração norte-americana. Novos habitantes chegaram em busca das oportunidades de emprego no Panamá. As cidades do Panamá e Colón se incharam com carregadores, guias na travessia das matas, donos de armazéns e bares, prostitutas, casas de jogos e hotéis baratos. A travessia de dupla mão do Panamá levava viajantes esperançosos, que cruzavam com felizardos em retorno da mineração californiana levando ouro na bagagem. A rota do ouro pelo Panamá inflacionou o comércio da região. Investidores já projetavam a futura linha ferroviária que uniria os dois litorais para encurtar o percurso pelo Panamá.

Enquanto isso, outros norte-americanos sedentos pelo ouro tomavam outra rota para chegar à Califórnia. Embarcações deixavam o litoral norte-americano em direção à costa brasileira para, após breves escalas em Salvador e no Rio de Janeiro, contornar o Cabo Horn, no sul da América do Sul, e adentrar no oceano Pacífico. Então, ascendiam rumo à Califórnia pela costa oeste da América. Uma árdua volta enquanto os dormentes da futura linha férrea do Panamá ainda se assentavam.

As escalas trouxeram norte-americanos para as cidades brasileiras.[11] Os adeptos do abolicionismo entravam em contato com o Rio de Janeiro e teciam críticas aos maus-tratos contra escravos. Testemunhavam brutalidades, açoites e corpos nus expostos. Além disso, demonstravam indignação quanto às cargas desumanas das sacas de farinha e café transportadas nas cabeças escravas. Muitas exportadas aos Estados Unidos. As críticas também resvalavam na sujeira da cidade. Mosquitos infectados pelo vírus da febre amarela chegavam nos navios de Nova Orleans e desembarcavam nas escalas em Salvador e no Rio de Janeiro junto com os norte-americanos.

A população viveu momentos de pânico com essa doença naquele início de 1850. Médicos suspeitaram da sua chegada pelas embarcações negreiras africanas e reforçaram a necessidade de se colocar um fim no tráfico de escravos. Vozes religiosas, aliadas às opiniões médicas, apregoaram que a febre amarela havia sido enviada dos céus. Seria um castigo de Deus ao Brasil por manter o tráfico negreiro, enquanto quase todas as outras nações já o haviam proibido. A hipótese era respaldada pelo fato de o castigo divino acometer predominantemente a população pecadora, os brancos, e poupar grande parte das vítimas, os negros. Não sabiam que o verdadeiro motivo dessa predileção da doença estava no fato de a maioria dos negros ter vindo da África, tendo adoecido, assim, em solo africano e adquirido imunidade antes de ser escravizada. Com tantas dúvidas, receios e campanhas contrárias à escravidão, a consequência da epidemia não poderia ser outra: o tráfico negreiro de escravos foi proibido em 1850 e, dessa vez, a lei foi respeitada. Nunca mais aportou qualquer embarcação clandestina na costa brasileira para descarregar a "carga" humana vinda da África.

O Rio de Janeiro passou a conviver com números assustadores de doentes nos meses chuvosos. Um exército de *Aedes aegypti* emergia das coleções de água das chuvas e transmitia a doença. Enquanto médicos debatiam a causa das epidemias, sem suspeitar dos mosquitos, milhares de brasileiros tombavam em todos os verões da segunda metade do século XIX.

A febre amarela continuou sua interferência na história americana. Em 1881, a Companhia Universal do Canal Inter-Oceânico iniciou sua ambiciosa construção. Sob a liderança do francês Ferdinand de Lesseps, máquinas e operários chegaram ao Panamá. Lesseps, enaltecido por construir o canal de Suez, tentava outra façanha: abrir o canal do Panamá. Navios transporiam o solo rasgado do Panamá para encurtar as viagens. As ações da companhia francesa vendiam como água na França, enquanto seu povo depositava confiança no herói nacional. Trabalhadores da Jamaica migravam em massa ao Panamá em busca dos dólares investidos na construção. Armazéns e barracões eram erguidos nos litorais panamenhos. Dragas chegavam para escavar o futuro canal.

Boletins mensais, editados na França, informavam a população sobre o andamento da empreitada hercúlea. Porém, a febre amarela não foi computada nas folhas de débito da obra.[12] O desconhecimento da forma

Harris & Ewing Collection (Library of Congress), 1913.

A construção do canal do Panamá em 1913 só pôde ser concluída após a descoberta da forma de transmissão da malária e da febre amarela pelos mosquitos. Para evitar as doenças, os reservatórios de água foram drenados e os alojamentos dos trabalhadores receberam telas de proteção nas portas e janelas.

de transmissão da doença agravou as epidemias. As janelas e portas abertas devido ao calor tórrido tropical davam livre acesso aos mosquitos para os dormitórios dos funcionários. Os pés das camas eram encaixados dentro de tigelas repletas de água para evitar que as formigas tropicais por lá subissem. Desconhecia-se que essas mesmas tigelas acolhiam os ovos do *Aedes aegypti*. Os funcionários literalmente dormiam com o inimigo.

Os líderes franceses não sabiam como combater a doença e desconheciam o papel fundamental do mosquito. Conclusão: as epidemias de febre amarela nos meses chuvosos minaram parte da empreitada de Lesseps e contribuíram para o fracasso, os erros logísticos e a má administração da empresa responsável. O canal aguardaria o início do século XX para nova tentativa, e, dessa vez, com o conhecimento ofertado pelos trabalhos de Walter Reed.

A EXPANSÃO NORTE-AMERICANA TRAZ A DESCOBERTA DO TRANSMISSOR DA FEBRE AMARELA

Enquanto as epidemias reinavam na América, os Estados Unidos, na segunda metade do século XIX, iniciavam sua política externa de expansão. A nação do Tio Sam ampliava suas fronteiras com as intervenções nas nações americanas. Isso, em parte, contribuiria para a descoberta do mosquito transmissor da doença.

A frota naval norte-americana partiu em direção ao Pacífico em busca de ilhas desabitadas. Rastreava suas praias à procura de fertilizantes. Até então, o Peru era seu maior exportador. A corrente marítima peruana trazia nutrientes marinhos da profundeza oceana e os despejava no litoral. As aves eram atraídas por esse banquete. Com isso, a costa peruana era atapetada por aves marinhas que evacuavam seus dejetos repletos de compostos nitrogenados. Após séculos, essa massa semilíquida ressecou e formou crostas endurecidas de material rico em nitrogênio: o guano.

O guano valia peso de ouro em uma época sem fertilizantes industriais. As sacas que deixavam o Peru na década de 1830 foram substituídas pelos navios cargueiros que inundavam seus porões com guano.[13] Em quarenta anos, as quase duas toneladas do adubo exportadas em 1841 pularam para 14 milhões. Os Estados Unidos pouco lucravam com o guano peruano, pois a Inglaterra tinha prioridade de importação daquele tesouro aviário. Assim, os navios norte-americanos partiram para ocupar ilhas do Pacífico repletas de guano. A bandeira norte-americana foi fincada nas ilhas Guam, no atol Midway, na ilha Samoa e em diversas outras. Muitas ilhas ocupadas naquela época ainda pertencem aos Estados Unidos.

Em 1893, os Estados Unidos assumiram o comando político do arquipélago do Havaí. Tropas norte-americanas foram ao conjunto de ilhas para manter a ordem e garantir a proteção dos compatriotas agricultores. Cinco anos depois, eclodiu a guerra contra a Espanha e, com isso, o pretexto para a invasão das, até então, terras espanholas. Em 1898, os norte-americanos desembarcaram nas Filipinas para apoiar os revolucionários nativos contra o governo espanhol. No mesmo ano, invadiram a ilha de Cuba, com o pretexto humanitário de libertar seu povo das atrocidades espanholas e auxiliá-lo na independência. Quais atrocidades? Os nativos cubanos tentavam a liberdade através de guerrilhas: destruíam engenhos de açúcar, queimavam plantações de cana-de-açúcar, sabotavam telégrafos, ferrovias e pontes. O governo espanhol lançou mão de uma estratégia extrema: campos de concentração. Centenas de milhares de camponeses foram obrigados a abandonar suas residências e se dirigir aos campos, ditos de reconcentração, nas cidades. Aqueles encontrados fora das áreas delimitadas eram considerados rebeldes e assassinados. Quando os Estados Unidos invadiram Cuba, boa parte da população rural vivia nesses campos de concentração. Fome, desnutrição e doenças eliminaram quase um terço dessa população aglomerada nos campos.

Após a invasão, os norte-americanos precisavam se estabelecer em um local seguro de Cuba. Havana era a melhor opção, pela localização estratégica. Porém, a cidade era reduto de doenças. O Exército dos Estados Unidos chegou à cidade insalubre para resolver a crise sanitária. Borrifou cal pelo terreno, pavimentou ruas, drenou pântanos e reestruturou o abastecimento de água e esgoto. Transformou a cidade sem saber, ainda, como combater as epidemias anuais de febre amarela. Investidores norte-americanos trouxeram o bonde e a iluminação elétricos. Em 1900, o grande empreendedor e investidor norte-americano Percival Farquhar traçava os últimos detalhes para a construção da estrada de ferro que rasgaria Cuba do extremo leste a Havana para o escoamento do tabaco e do açúcar exportados.

Os empreendimentos de Farquhar também vieram ao Brasil. Farquhar atuou ativamente de forma diversificada no solo brasileiro. Angariou investidores e financiamentos para a ampliação do porto de Belém do Pará para exportação da borracha.[14] Fundou a cidade de Porto Velho como base administrativa para a construção da ferrovia Madeira-Mamoré, responsável por transportar borracha boliviana para exportação. Investiu na ampliação da rede de eletricidade de Salvador e do Rio de Janeiro. Para esta última, através de seus contatos no exterior, levou investimentos na telefonia e no bonde elétrico. Porém, antes disso, o Rio de Janeiro receberia outra grande contribuição dos norte-americanos em Cuba: a solução de suas epidemias anuais de febre amarela.

Os Estados Unidos resolveram dar um basta às epidemias de febre amarela que atormentavam suas grandes cidades. Não tolerariam mais os fatos ocorridos em Memphis, Charleston, Norfolk e até mesmo Nova York. Sem contar os focos frequentes do sul da nação, em Nova Orleans, e o deslizar da doença pelas margens do rio Mississipi. Uma comissão militar foi, então, criada para o combate da doença, que contava com um excelente laboratório experimental para realização dos testes: a recém-ocupada cidade de Havana, que sofria anualmente com epidemias da doença.

AS PRIMEIRAS BUSCAS FRACASSAM

O chefe da comissão, Walter Reed, desembarcou em Cuba em junho de 1900. O major norte-americano de 49 anos acompanhava outros membros que encabeçariam o trabalho: os doutores Jesse William Lazear, James Carroll e Aristides Agramonte. Reed, impecavelmente trajado em seu uniforme militar e com o cabelo ligeiramente ondulado repartido ao meio da testa, chegava à ilha com diversas dúvidas. A febre amarela era causada por bactéria? A ciência já identificara as bactérias da tuberculose, da diarreia, da pneumonia, do cólera, da peste e de outras tantas. Havia dúvidas sobre se existia uma bactéria responsável pela febre amarela. Além disso, como os pacientes adquiriam a doença? A ciência já sabia como evitar doenças transmitidas por água e alimentos contaminados, bem como aquelas transmitidas pela tosse. Mas como evitar a febre amarela?

A comissão chegou em hora bastante adequada: Quemados vivenciava uma epidemia com inúmeros doentes à disposição dos médicos norte-americanos. No quartel militar de Columbia, próximo a Havana, Reed montou sua sala de comando. O primeiro objetivo era encontrar a bactéria responsável pela doença. Caso realmente existisse, Reed a visualizaria ao microscópio, e, para isso, os microbiologistas desenvolveram caldos nutritivos, conhecidos como meios de cultura. Bastava que a equipe de Reed puncionasse as veias dos enfermos, aspirasse o sangue e o despejasse nos meios de cultura dispostos em tubos de ensaio ou placas. Depois era só aguardar o crescimento de eventual bactéria. Foi isso que os pesquisadores militares fizeram.

Coletaram o sangue de 18 pacientes vitimados pela doença. Onze estavam em péssimas condições clínicas; quatro deles morreram. Caso houvesse alguma bactéria, com certeza cresceria nos caldos nutritivos. Reed não sabia em qual momento da doença haveria maior quantidade de bactérias no sangue. Seria nos primeiros dias do quadro febril ou no surgimento da cor amarelada na pele? Por isso, o grupo decidiu coletar sangue em diferentes estágios da doença. Ao final da pesquisa, cada um dos dezoito pacientes havia fornecido diversas amostras de sangue. Os médicos acompanharam quase cinquenta placas de cultura.

Os frascos eram monitorados diariamente. Os pesquisadores visualizavam o líquido contra a luz em busca de turvação indicativa de crescimento bacteriano. Havia anos a ciência acreditava na hipótese de a febre amarela ter origem bacteriana. A equipe de Reed confirmaria ou descartaria essa teoria? Foram dias de observação dos caldos nutritivos. Ao final, não houve dúvidas: nenhuma bactéria cresceu. Reed, ainda não convencido, enviou sua equipe para novas coletas, mas dessa vez em cadáveres vitimados pela doença.

Novas amostras de sangue foram coletadas logo após a morte dos doentes, na tentativa de descobrir se a evolução fatal da doença seria atribuída a um maior número de bactérias circulantes no sangue. Outra questão: as bactérias se concentrariam em algum órgão específico? Para tentar respondê-la, a equipe de Reed também recolheu os órgãos extraídos na sala de necropsia. Os frascos com meio de cultura receberam fragmentos de rim, pulmão, fígado, baço, intestino, além de bile. Novamente, as amostras retiradas de onze cadáveres refutaram as suspeitas: nenhuma bactéria cresceu nas culturas. Reed, então, se convenceu da ausência bacteriana.

Em agosto de 1900, Reed passou a direcionar seus esforços para a busca do meio de transmissão da doença.[15] O início da sua pesquisa perseguiu uma suspeita. Os relatos médicos mostravam fortes indícios do papel dos mosquitos na transmissão de algumas doenças. Dois anos antes, haviam chegado notícias dos Estados Unidos e da Índia que indicavam os mosquitos como transmissores da malária e, possivelmente, da febre amarela. Na Índia, o médico britânico Ronald Ross encontrara o parasita da malária no estômago desses insetos. Seu estudo apontava a transmissão da doença pela picada do mosquito *Anopheles*. Enquanto isso, nos Estados Unidos, surgia novo indício com os estudos do médico Henry Rose Carter nos campos militares do interior do Mississipi.

Carter recebia doentes com febre amarela para recuperá-los no campo de quarentena. Logo notou que o intervalo de tempo decorrido entre a chegada dos primeiros enfermos e o surgimento de novos casos no interior dos campos era de cerca de duas semanas. Seria muito para uma doença contagiosa de pessoa a pessoa, que costuma ser transmitida de modo extremamente rápido. Esse longo período sugeria a permanência do causador da doença em algum intermediário antes de infectar novos humanos. Poderiam ser os mosquitos que sugaram o sangue contaminado dos primeiros doentes?

A transmissão da doença pelos mosquitos também explicaria as epidemias nos meses quentes e chuvosos, época de maior proliferação desses insetos. Como se não bastasse, Reed, em Cuba, conheceu as teorias do médico cubano Carlos J. Finlay, que, havia 19 anos, defendia a tese de a doença ser transmitida por mosquitos, mas sem nunca apresentar comprovação. Finlay convenceu Reed de sua hipótese, forneceu ovos desses insetos para os experimentos norte-americanos, revelou suas observações e conclusões nas diversas epidemias cubanas e cedeu suas publicações. Reed estava pronto para incriminar os mosquitos. E iniciaria o primeiro estudo desumano do século XX.

OS EXPERIMENTOS DE REED

Os testes ocorreram em uma época em que não havia a rotina atual de aprovação ética. Dez voluntários estenderam seus braços para serem picados pelos mosquitos suspeitos de transmitir a doença. Frascos de vidros tinham suas bocas acopladas na pele dos voluntários, que, pacientemente, aguardavam ser picados. Tais insetos teriam o vírus em sua saliva? Isso era o que se queria comprovar no estudo. Os mesmos mosquitos haviam sido colocados, dias antes, em contato com doentes da febre amarela para sugarem o sangue contaminado.

Os nove primeiros voluntários não adoeceram. A suspeita do papel do mosquito caminhava para o limbo quando o Dr. James Carroll, da equipe de Reed, se prontificou a ser a décima cobaia. Às duas da tarde de 27 de agosto de 1900, Carroll foi posto em contato com um mosquito que sugara o sangue de quatro doentes dias atrás. Setenta e duas horas depois, Carroll começou a mostrar sintomas de indisposição; porém, não o impossibilitaram de tomar banho de mar. No quarto dia veio a febre. No sexto dia, já na cama, a pele e os olhos adquiriram coloração amarela. Carroll estava com febre amarela. No mesmo dia em que a febre surgiu em Carroll, o 11º voluntário foi picado por novos mosquitos e também adoeceria.

Reed acumulava indícios do papel do mosquito como transmissor da doença, quando a equipe recebeu um banho de água fria. O Dr. Jesse William Lazear, responsável pelo estudo dos voluntários, adoeceu e morreu pela febre amarela. As comemorações iniciais foram substituídas pelo pesar da equipe. Enquanto isso, Reed recebia reforço financeiro para construir uma estação experimental isolada de Havana. A pesquisa, agora promissora, prosseguiu. O local foi batizado em homenagem ao amigo: Campo Lazear.

A prova final viria em dezembro de 1900. Para Reed confirmar o papel dos mosquitos na transmissão da doença, teria que constatar um maior número de contaminados entre os voluntários picados. Também precisaria pôr um ponto final na suspeita da transmissão de pessoa a pessoa, por contato com líquidos e secreções dos doentes. Os testes desumanos avançavam.

Uma pequena construção surgiu para comprovar que a febre amarela não era transmitida pelo contato com pessoas contaminadas. Afastado da sede ergueu-se, em poucos dias, um casebre de madeira com apenas um quarto com cerca de quatro metros de largura por seis metros de comprimento. O cômodo era hermeticamente vedado para evitar qualquer penetração de insetos. Reed não queria a entrada de nenhum mosquito no cubículo. Para isso, um vestíbulo foi acoplado à entrada da construção. Adentrava-se por uma porta com telas e, após fechá-la, abria-se uma segunda porta telada que levava ao interior do quarto. A circulação de ar era bloqueada pela localização das duas pequenas janelas, também teladas, na face sul do quarto. Assim, descartava-se a possibilidade de os ventos trazerem alguma substância maléfica responsável por causar a doença, rescaldo ainda da teoria dos miasmas.

Em 30 de novembro, três voluntários foram enclausurados no quarto por 12 dias.[16] Receberam caixas fechadas com objetos utilizados por pessoas contaminadas com febre amarela do quartel Columbia ou do hospital de Havana. Lá estavam cobertores, travesseiros, camisas, pijamas, colchonetes e lençóis. Os utensílios escolhidos tinham restos de vômito, sangue, urina e fezes dos pacientes.[17]

Os três participantes saíram ilesos dos dias de confinamento naquele cubículo. O mesmo ocorreu com os próximos dois enclausurados e, também, com os dois últimos. Os sete voluntários não adoeceram. Tudo indicava que secreções e líquidos não transmitiam a doença, que, portanto, não seria contagiosa. No mesmo período, outro experimento transcorria e, dessa vez, utilizando mosquitos.

Em 5 de dezembro de 1900, enquanto os três voluntários acordavam pela quinta noite consecutiva no quarto hermético, o primeiro do estudo paralelo era contaminado. Mosquitos colocados em contato com os doentes de febre amarela eram capturados. Como em experimentos anteriores, a boca dos tubos de vidro que os continham era colocada em contato com a pele dos voluntários para que fossem picados. Seis pessoas foram expostas aos insetos no mês de dezembro. Todas iniciaram sintomas da febre amarela. Em janeiro de 1901, enquanto as últimas duas dormiam no quarto com cobertores e roupas contaminados, mais quatro membros eram picados por novos mosquitos. Metade adoeceu.

Enquanto nenhum dos que dormiam com roupas contaminadas adoeceu, dez dos doze picados pelos mosquitos desenvolveram a febre amarela. Reed comprovava que a doença era transmitida pelos mosquitos. O rascunho de seu trabalho para apresentação em fevereiro já estava pronto, com os dados obtidos no final de janeiro. O século XX iniciava com a descoberta da causa da febre amarela, e, somente assim, foi possível colocar um fim às epidemias. Sabia-se, agora, da necessidade de eliminar os reservatórios de águas onde os ovos depositados formavam batalhões de mosquitos causadores das epidemias.

O médico norte-americano comprovaria ainda que o agente infeccioso estava no sangue dos pacientes e, para isso, recrutou novos voluntários. Em janeiro de 1901, médicos da equipe puncionaram a veia de doentes de febre amarela para recolher o sangue suspeito de contaminação. A seguir, o injetaram na gordura cutânea de quatro voluntários. Todos apresentaram sintomas da febre amarela. Conclusão: o sangue continha o microrganismo responsável pela doença.

Na segunda metade de 1901, Reed prosseguiria nessa linha de investigação. Injetou sangue contaminado, mas pré-aquecido, no subcutâneo de novos voluntários, que, dessa vez, não adoeceram. O calor inativava o agente causador. Outro experimento foi filtrar o sangue de doentes por dispositivos que, sabidamente, retinham bactérias. O líquido filtrado injetado em novos voluntários precipitou a enfermidade. Fato que corroborou a tese de que esta não era causada por bactérias, mas, sim, por algum agente de dimensões bem menores. Um vírus.

A descoberta de Reed abriu as portas para o combate aos mosquitos transmissores da febre amarela e de outras doenças infecciosas. Os reservatórios abertos de água das cidades foram eliminados pelas equipes sanitárias. Foi dessa forma que Oswaldo Cruz iniciou sua bem-sucedida campanha sanitária de erradicação da febre amarela no Rio de Janeiro – doença que seria eliminada em meados do século XX em todas as cidades brasileiras. Enquanto isso, ainda no final do século XIX, do outro lado do Atlântico, um passo final era dado para se conquistar a total segurança nas cirurgias.

ANO 1905

O LÁTEX ENSANGUENTADO

UMA FÁBRICA DE INFECÇÃO

Sala cirúrgica do Hospital Bellevue de Nova York, 1870. O renomado cirurgião norte-americano Stephen Smith finalizava outra cirurgia, e novamente agira com rapidez. A velocidade do procedimento era fundamental para o sucesso, mesmo com o advento do milagroso anestésico. A inalação da droga mergulhava o paciente em sono profundo e propiciava tranquilidade ao trabalho dos cirurgiões do século XIX. Mas, mesmo assim, Stephen mantinha sua habilidade manual ligeira para reduzir a intensidade do temido sangramento. Smith estava prestes a fechar a cavidade abdominal da paciente de quem retirara a vesícula biliar repleta de cálculos. Acomodado em uma cadeira próxima à mesa operatória, o marido da paciente acompanhava a cirurgia.

O médico apanhou a tesoura repousada em cima da mesa encardida pelos resíduos das cirurgias anteriores. Sua superfície que amparava o material cirúrgico estava envernizada por líquidos e secreções secas de pacientes previamente operados. Secreções purulentas e mais sangue seco assentavam o pó da sala pouco ventilada, úmida e escura.

Smith retirou do bolso de seu paletó um pedaço de fio de seda. Outros cirurgiões prendiam esses fios na lapela do casaco, fixando-os com agulhas. Artesanalmente, Smith abraçou um pequeno ramo venoso que insistia em sangrar com o fiapo recém-emergido de seu bolso empoeirado. Um nó apertou o vaso sanguíneo. Em seguida, uma rápida olhada o certificou do sucesso em estancar o sangramento. Smith cortou as bordas do nó e devolveu sua tesoura à mesa ricamente contaminada. Nesse intervalo, repetiu seu gesto habitual: esfregou as pontas dos dedos sujas de sangue no pequeno avental, em forma de colete, que ocultava parcialmente seu tórax. Aquela limpeza

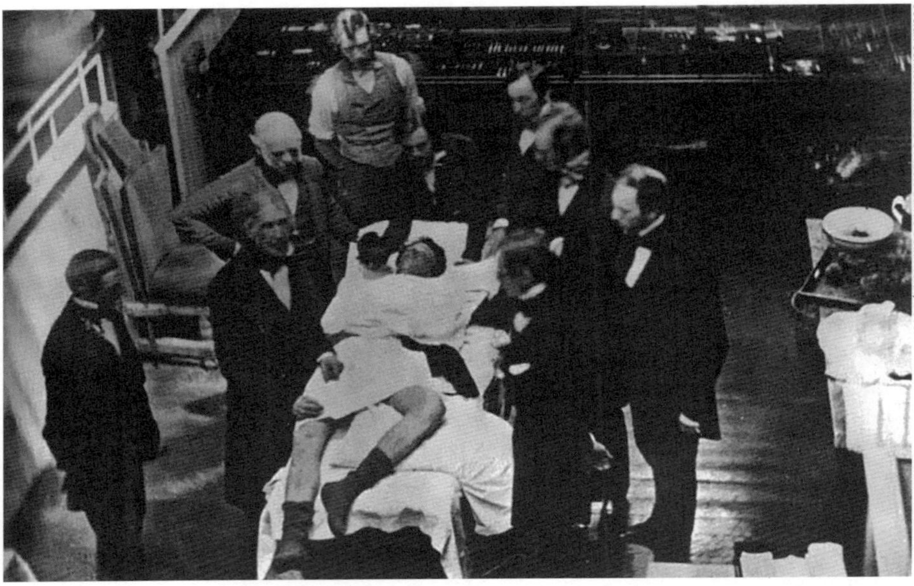

Josiah Johnson Hawes e Albert Sands Southworth, 1848.

Uma das primeiras cirurgias com anestésico (éter) em Boston em 1848. O médico na cabeceira da cama segura a máscara impregnada com éter que já servira para desacordar o paciente. Não havia, ainda, assepsia nas roupas dos cirurgiões e os instrumentos cirúrgicos não eram esterilizados.

contínua facilitaria a remoção de sangue seco das pontas dos dedos e das unhas após o término da cirurgia.

Smith convidou um futuro cirurgião que o acompanhava atentamente a introduzir seu dedo na cavidade abdominal aberta da paciente. O aprendiz sentiu com os dedos as suturas realizadas pelo mestre. Seus dedos saíram úmidos e escorregadios. O jovem os enxugou nas palmas das mãos. Smith, então, apanhou o bisturi para aparar uma sobra de gordura descoberta naquele momento. Enquanto sentia o alvo com os dedos, prendeu seu bisturi entre os dentes fartamente contaminados de novo. O jovem pupilo observava atentamente seu mestre e, de tempos em tempos, desviava o olhar ao parente próximo com um olhar tranquilizador. A cirurgia transcorria com sucesso.

No canto da sala, uma das ajudantes de Smith limpava os instrumentos já utilizados e que não seriam mais empregados naquela etapa final. Um pano de algodão removia a sujeira e os restos de sangue. Pinças, lâminas e tesouras limpas eram acomodadas dentro da maleta particular de Smith. Um batalhão bacteriano acompanhava os apetrechos cirúrgicos. Enquanto isso, o médico terminava sua cirurgia dando os últimos pontos na pele.

Smith e seu pupilo saíram pelo corredor. O jovem escutava as últimas recomendações de seu mestre. As pedras na vesícula biliar daquela senhora chegaram a um número insuportável, e a cirurgia foi inevitável. Havia anos a paciente sofria de cólicas biliares, porém a equipe médica adiara ao máximo o procedimento. Sabiam dos riscos. Mais da metade dos pacientes morria pelas supurações do pós-operatório.[18, 19] Uma proporção até tímida diante do relato que acabamos de descrever. As bactérias reinavam nas salas cirúrgicas. Porém, em vinte anos, esse cenário seria completamente diferente. A mudança estava em andamento na Inglaterra.

O EXPERIMENTO DE 1865

Uma enorme dúvida imperava na mente do jovem cirurgião Joseph Lister em 1865. Naquela tarde, Lister contemplava os papéis derramados na superfície de sua mesa de trabalho na Universidade de Glasgow. Aquele tablado de carvalho acomodava semanas de pesquisa. Lá estavam artigos médicos, blocos de anotações químicas e papéis com os dados coletados de colegas da universidade. Aquelas folhas dispersas convergiam, como árvore genealógica, para o rascunho final de Lister. A tinta direcionava os atos de sua próxima experiência médica, que tanto lhe tirava o sono. Agora que estava tudo pronto para seu grande teste, Lister se interrogava se estava no caminho certo. Valeria a pena arriscar sua reputação naquela empreitada? Caso obtivesse sucesso, mudaria o rumo das cirurgias. A teoria tão revolucionária só seria aceita se apresentada por cirurgiões respeitados e conceituados. E Lister tinha consciência de que era a pessoa certa para isso.

Filho de um comerciante de vinhos, formou-se em Londres e aprimorou suas técnicas cirúrgicas como estagiário de um dos cirurgiões mais respeitados de Edimburgo. Em pouco tempo, o jovem aprendiz amadureceu, e essa cidade se tornou pequena demais para sua ambiciosa personalidade. Transferiu-se para a Universidade de Glasgow ao vagar uma cadeira da disciplina cirúrgica. Nessa nova residência conquistou, em curto tempo, admiração das equipes médicas. Sua habilidade manual nas cirurgias alavancou sua posição universitária e, agora, Lister, em um raro momento de solidão, relembrava os fatos que o levaram a tentar aquele experimento audacioso. Apesar de angustiado, Lister dificilmente voltaria atrás. A centelha que incendiou sua mente ocorrera semanas antes, quando Thomas Anderson, professor de química da universidade, o chamou em particular para mostrar uma coletânea de relatórios da Academia de Ciências de Paris. Os trabalhos eram de um francês chamado

Louis Pasteur. Lister jamais ouvira falar daquele químico e dificilmente teria acesso às pesquisas daquela ciência distante da sua. Familiarizado com os estudos da química, Anderson sabia que esses relatórios traziam a resposta às frequentes queixas de Lister. Quais seriam essas lamentações?

Lister alardeava aos colegas seu medo de admitir pacientes vítimas de fraturas expostas. As fraturas fechadas, em que o osso não entra em contato com o ar, apresentavam ótimo prognóstico e consolidavam com a imobilização. Por outro lado, as expostas evoluíam de maneira catastrófica. Lister não sabia o motivo, mas a maioria das fraturas expostas, em que espículas ósseas perfuram a pele e se exteriorizam, evoluía da mesma maneira: supuração, gangrena e óbito. Apesar de desconhecer o motivo, tinha uma forte suspeita: o ar continha algo maléfico ao ferimento ósseo. Essa observação não era exclusiva de Lister. Alguns médicos incriminavam o oxigênio atmosférico como responsável pelas reações de putrefação e gangrena. Mas Lister discordava. Considerava impossível uma molécula que inalamos a todo instante ser responsável por tamanho dano tecidual quando em contato com fraturas expostas.

Os relatórios que seu colega mostrava traziam as conclusões de anos de pesquisa de Pasteur. Nove anos antes, Pasteur, então diretor da Faculdade de Ciências da cidade de Lille, recebeu a visita de um industrial angustiado com a tragédia que abatia a região. Pasteur era a única esperança de solução e aquele encontro mudaria o rumo da ciência e da Medicina. O Sr. Bigo solicitou a Pasteur que resolvesse os empecilhos enfrentados na sua fábrica, que produzia álcool através da fermentação do açúcar da beterraba. A economia da região dependia da produção alcoólica e, naquele momento, outras fábricas enfrentavam o mesmo problema: as reações fermentativas do açúcar saíam do controle. Algo desconhecido punha em risco toda a economia local. O produto final das fábricas era o mesmo: um álcool de má qualidade, de gosto ácido e cheiro nauseante. Os empresários franceses ansiavam por soluções imediatas.

Pasteur visitou a fábrica e lançou mão de seu microscópio para analisar aquela fermentação que, segundo o que se acreditava até então, não passava de reação entre átomos. Pasteur passou a coletar no estabelecimento amostras de beterraba macerada, caldos em início de fermentação, pastas em processo adiantado da reação e conchas repletas com álcool de boa e de má qualidade.

O microscópio revelou um mundo à parte naquelas amostras. Pasteur concluiu que a fermentação consistia, na realidade, de uma reação química associada a outra, uma reação biológica. A fermentação decorria da proliferação das leveduras, o fermento, acrescidas ao suco da beterraba, que absorviam nutrientes para fermentar o açúcar e transformá-lo em álcool. Além disso, Pasteur também descobriu a causa para o álcool de má qualidade. A formação de ácido lático era responsável pelo gosto ácido e cheiro desagradável.[20] Por algum motivo, aquele ácido surgia durante o processo para estragar o produto final.

Nas fermentações bem-sucedidas, Pasteur encontrava leveduras arredondadas. Por outro lado, as fermentações de má qualidade geravam leveduras alongadas em forma de bastões. E mais: quanto mais ácido lático produzido, maior a concentração de leveduras alongadas em relação à de arredondadas. Na mente de Pasteur, a resposta era clara: leveduras láticas, alongadas, contaminavam o líquido fermentativo e transformavam a reação normal em lática. Mas como ocorria essa contaminação? Pasteur acreditava que se dava por meio do ar. De alguma maneira, aquelas pequenas formas de vida, suspensas no ar do ambiente fechado da fábrica, se assentavam na superfície dos sucos de beterraba. Essa era sua teoria, pela qual travou uma cruzada nos anos seguintes. Pasteur encomendou recipientes de vidro cujas aberturas apresentavam bicos de formatos e tamanhos variados. Completou o interior desses apetrechos com caldos de cultura. Os tipos de bico determinavam a possibilidade de maior ou menor entrada do ar. Assim, aqueles com bicos tortuosos e compridos não apresentavam contaminação do caldo de cultura e ausência de bactérias, diferentemente dos frascos com bicos curtos e largos. Pouco a pouco a comunidade científica aceitava sua teoria.

Por fim, Pasteur comprovou sua hipótese, além de esclarecer os passos da fermentação. Elucidou quais reações químicas e biológicas estavam por trás desse processo utilizado havia séculos. Derrubou a teoria da geração espontânea. Avançou nas pesquisas sobre os microrganismos que descobriu e os incriminou como contaminantes de alimentos. Dessa forma, criou a pasteurização como método de extermínio dos microrganismos responsáveis pela contaminação das reações químicas da produção de vinho.[21] Bastava aquecer e resfriar as soluções para destruir os micróbios.

Nove anos depois, os relatórios de Pasteur caíram nas mãos de Lister. O químico provara que micróbios trazidos pelo ar contaminavam reações fermentativas, com consequente putrefação. Por que não pensar que essa mesma teoria dos germes estaria por trás da putrefação das fraturas expostas? A fermentação contaminada gerava odor pútrido semelhante ao dos tecidos supurados das fraturas expostas. Os microrganismos estariam presentes em ambos? Combater o oxigênio atmosférico era impossível, mas lutar contra esses germes na superfície cutânea era viável pelo emprego de produtos antissépticos. Bastava encontrar a substância ideal para isso.

A ideia central de Lister consistia em empregar algum produto químico que destruísse os germes responsáveis pela gangrena dos tecidos nas fraturas expostas. Eis a ligação dos trabalhos de Pasteur com os temores de Lister: germes produtores do odor pútrido. Portanto, o cheiro nauseante das infecções decorria da proliferação dos germes, que Lister pretendia liquidar. Mas qual substância seria empregada para aniquilar os germes? Onde encontrar um produto antisséptico e, ao mesmo tempo, não tóxico aos tecidos humanos? A resposta de Lister veio da cidade de Carlisle, ao sul de Glasgow. Os administradores daquela região combatiam o odor fétido proveniente dos esgotos, riachos e córregos contaminados com dejetos humanos e animais. Como? Aplicavam pequenos cristais sólidos de ácido carbólico, ou fenol, derivado do alcatrão do carvão. Agora, Lister tinha uma explicação plausível para o sucesso dos governantes de Carlisle. O fenol destruía os germes presentes no esgoto que produziam o cheiro nauseante. Se o odor fétido emitido pelos ferimentos fosse produzido pelos mesmos germes, por que não testar o fenol nas lesões cutâneas?

Lister estava pronto. Em 12 de agosto de 1865, surgiu a chance de testar sua teoria. Naquele dia, James Greenless, de 11 anos, vítima de atropelamento por uma charrete, deu entrada no hospital de Glasgow.[22] O menino gritava de dor pela laceração cutânea decorrente da fratura exposta de sua tíbia. Lister assumiu a conduta daquele garoto. Pessoalmente acomodou panos embebidos em fenol no ferimento. Após se certificar de que toda a superfície lesada estava encoberta, fixou a fratura com tala. Durante quatro dias, o menino permaneceu em repouso no leito. Lister, então, retirou a tala e abriu o curativo. A surpresa: não havia supuração. Novamente cobriu a ferida com novos panos encharcados pelo fenol. Essa rotina se repetiu por dias e, ao final, o tratamento obteve sucesso. Em seis semanas, o ferimento cicatrizou. A fratura exposta, diferentemente do esperado, não supurou.

A partir de então, os ferimentos que chegavam ao hospital tinham o mesmo padrão de tratamento. Lister se tornara um consumidor assíduo do fenol. Em pouco tempo, publicou o sucesso terapêutico obtido em dez pacientes, o que o encorajou a aplicar seu método nos campos cirúrgicos. A rotina cirúrgica de Lister sofreu uma guinada. O padrão passou a ser o mesmo em todo procedimento. A pele dos pacientes era lavada com água fenicada antes da agressão pelos bisturis. Os cirurgiões, agora, lavavam as mãos em soluções de fenol antes das operações. Esponjas e instrumentos cirúrgicos eram mergulhados em soluções dessa substância, e os fios de sutura eram embebidos nela. Lister desenvolveu um pequeno aparelho portátil para aspergir gotículas de água com fenol no campo operatório durante a cirurgia. Um novo integrante da equipe cirúrgica passou a ser responsável pelo manuseio do instrumento e dispersava uma névoa de água com fenol em cima do campo operatório. A equipe médica se perdia na fumaça aspergida. Os cirurgiões inalavam fenol, enquanto suas roupas se umedeciam com a solução,[23] o que obrigou ao rodízio na janela para que se pudesse respirar ar fresco de tempos em tempos. Por fim, a ferida operatória, uma vez suturada, era coberta por curativos umedecidos no fenol.

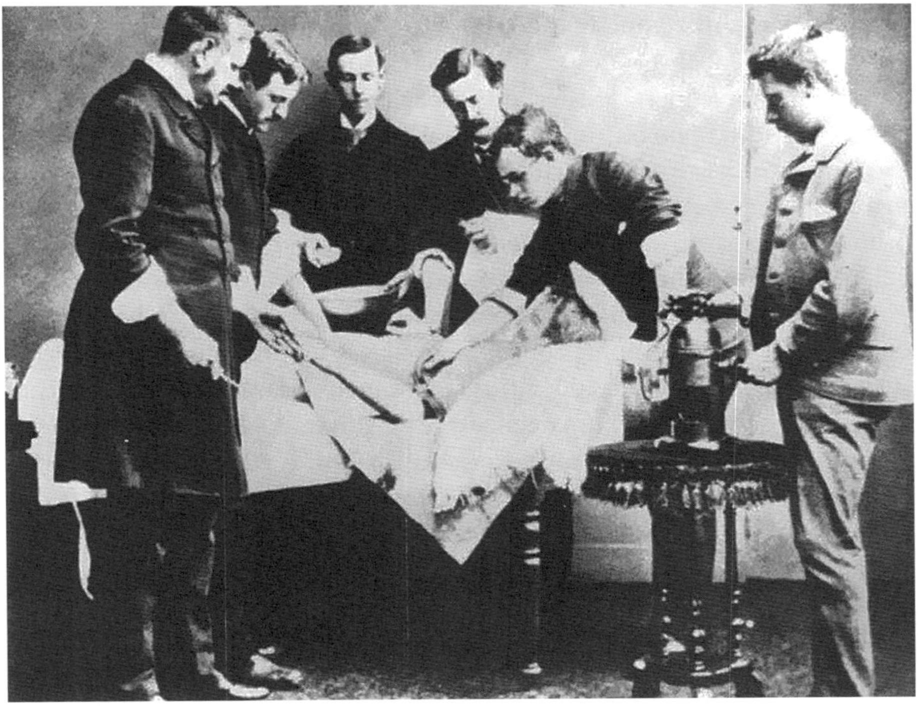

Cirurgiões em 1883 com mangas arregaçadas para cirurgia. O membro da equipe à direita borrifa ácido carbólico (fenol) acima do campo cirúrgico com o aparelho de Lister.

Em cinco anos, surgiram resultados animadores. Antes do advento de Lister, as amputações evoluíam para supuração, gangrena e morte em cerca de 45% dos casos.[24] Com o emprego do fenol, essa porcentagem caiu para 15%.[25] Resultados incontestáveis? Não. Lister travou um árduo embate para convencer os médicos da época, que insistiam em rejeitar sua teoria. Não acreditavam na hipótese revolucionária dos germes. Simpósios e congressos colocavam em pauta a nova ciência dos germes como responsáveis pela supuração. Debates e mais debates. Críticos e simpatizantes da teoria se digladiavam nos encontros médicos. Somente na década seguinte a teoria se comprovaria, e, com isso, a antissepsia de Lister passaria a ser universalmente empregada nas salas cirúrgicas.

Os centros cirúrgicos do final do século XIX tornaram-se completamente diferentes daqueles de meados do século. A ciência evoluiu de maneira surpreendente. Os médicos estavam familiarizados com o termo "germes". Esses microrganismos devastavam qualquer intervenção cirúrgica e punham todo um trabalho a perder, se não se empregassem as técnicas de Lister. Médicos lavavam as mãos antes de qualquer procedimento. A pele dos pacientes era banhada com antissépticos antes das cirurgias. Os químicos direcionavam esforços para encontrar novas substâncias antibacterianas. Já na década seguinte à sua descoberta, Lister foi homenageado quando uma companhia norte-americana lançou no mercado um novo produto antisséptico para uso rotineiro nas cirurgias. Seu nome? Listerine. Porém, seu emprego pelos médicos foi efêmero. Suplantado por iodo ou mercúrio, que demonstraram ótimo poder bactericida, o Listerine foi abraçado pelos cirurgiões bucais e dentistas. Ainda hoje é vendido como antisséptico bucal nas farmácias.

Os instrumentos cirúrgicos passaram a ser submetidos à limpeza e à esterilização, bem como as roupas e os panos empregados nas cirurgias. Aventais cobriam as roupas dos cirurgiões de mãos já lavadas e escovadas com antissépticos. Mas faltava um detalhe a ser aprimorado. E esse pequeno, mas fundamental, acréscimo na rotina das salas cirúrgicas viria pelas mãos de um cirurgião de Baltimore, EUA, através de uma história com tons românticos.

A LUVA SALVADORA

Em 1889, o cirurgião nova-iorquino Willian Stewart Halsted se postou diante do hospital Johns Hopkins, recém-inaugurado. Ambos, médico e hospital, seriam um marco na história da Medicina. Os pavilhões de três andares se uniam em uma longa fachada imponente nas ruas de Baltimore. Pequenas escadas davam acesso a portas do edifício com janelas retangulares, intercaladas por outras arqueadas na porção superior. Chaminés ascendiam dos telhados inclinados e terminados em ângulo agudo. Da porção central, emergia a enorme cúpula em formato de abóboda, encimada pela pequena torre pontiaguda que mimetizava uma pequena catedral.

Halsted, estático, contemplava seu novo local de trabalho. O jovem cirurgião, aos 37 anos, de testa elevada e cabelo fino e liso repartido ao meio, observava cada detalhe da inauguração. Seu ralo bigode aparado e rechaçado para os limites do lábio superior davam a ele ar de seriedade. Destoavam dessa harmonia seu nariz avantajado e suas alongadas orelhas emergentes. O rapaz não imaginava, naquele momento, que lá permaneceria por longos 33 anos. Seria considerado um dos quatro monstros sagrados da Medicina da Universidade Johns Hopkins e deixaria um grande legado à ciência. Enquanto o hospital nascia, o jovem Halsted talvez se considerasse um sobrevivente. Por quê?

Halsted tivera uma infância feliz, prazerosa e repleta de fartura pelo sucesso financeiro da firma de importação de seu pai. Após sua graduação em Medicina, foi agraciado com a oportunidade de estagiar na Europa. Em Viena, estudou patologia, anatomia, embriologia e, o que mais apreciara, clínica cirúrgica. Suas habilidades nessa área despontaram no seu retorno a Nova York. Amigos, colegas e médicos experientes comentavam sobre aquele jovem promissor. Porém, tudo mudou no ano de 1885, quando sua carreira foi quase catapultada à lata de lixo.

O gatilho da catástrofe iminente na vida de Halsted foi um trabalho médico apresentado por um oftalmologista em um congresso de Heidelberg. Aquele experimento demonstrava que gotas de solução de cocaína derramadas na córnea obtinham um efeito anestésico sensacional. O jovem, curioso e aventureiro, buscou obter o mesmo efeito com injeções de cocaína em nervos periféricos. Halsted estava correto. Seus experimentos mostraram que as injeções em diversas regiões da pele surtiam efeito anestésico. A droga, difundida por baixo da cútis, atingia o nervo ocasionando anestesia na região ou mesmo no território adiante. Injeções no braço, próximo ao pescoço, anestesiavam todo o membro. Aplicações na raiz da coxa eliminava a dor em toda a perna. Halsted abria as portas para a anestesia local ao invés da temida anestesia geral. No futuro próximo, os dentistas roubariam a patente de Halsted para anestesias orais nos procedimentos dentários. No entanto, Halsted cometeu um grave erro, quase fatal.

No início, temeroso pelo experimento revolucionário, Halsted testara as injeções e os efeitos da cocaína no seu próprio corpo, além de no de colegas e estudantes de Medicina. As consequências não poderiam ser diferentes: a maioria dos testados queria mais cocaína. Os efeitos prazerosos da droga aprisionavam cada pessoa testada, inclusive o próprio Halsted, que se tornou dependente.

A maioria dos recém-capturados pela cocaína sucumbiu aos seus efeitos e alguns morreram. Mas Halsted lutou contra o vício, partiu em viagem à Califórnia e, depois, foi para uma clínica de reabilitação em Rhode Island.[26] Passou a segunda metade da década de 1880 entre meses de internações intercalados com altas temporárias. Recebeu morfina na tentativa de substituir os vícios: cocaína pela morfina, menos tóxica. Foi em uma de suas altas que veio o grande convite: assumir o cargo de cirurgião do hospital Johns Hopkins, em

Baltimore, prestes a inaugurar. Halsted conseguia se livrar do vício da cocaína no momento do nobre convite. Renasciam sua vida e sua carreira profissional com a inauguração do novo hospital de referência da cidade.

Nos primeiros meses em seu novo centro cirúrgico, Halsted trouxe uma de suas grandes contribuições à Medicina graças ao romance com a enfermeira, também recém-contratada, que o auxiliava. A jovem Caroline Hampton cativou os olhos do jovem cirurgião. Porém, trazia um olhar triste, com as pálpebras superiores caídas. E não era para menos. A jovem, que crescera em uma família aristocrática da Carolina do Sul, testemunhou a perda da fazenda da família nas chamas fumegantes da Guerra Civil americana. Em meio aos estilhaços da guerra, presenciou a morte de seu pai, em combate, e despediu-se da mãe, levada pela temida tuberculose.[27] Mudou-se para Nova York, onde se formou enfermeira. Em Baltimore, a jovem conquistou o médico pelas suas feições delicadas e seu rosto jovial, mas foi por causa de suas mãos que Halsted mudou o rumo do centro cirúrgico.

Caroline passou a enfrentar um sério problema na sala cirúrgica. Toda a equipe lavava e desinfetava as mãos segundo os critérios de antissepsia. Halsted sempre se mostrou fã das conclusões de Lister. Porém, Caroline se queixou de que suas mãos inchavam, doíam e se avermelhavam a cada lavagem. O quadro se acentuava a cada dia, tornando insuportável o procedimento. Halsted constatou que Caroline desenvolvera alergia aos produtos antissépticos, e suas mãos haviam sido inutilizadas pela dermatite de contato com cloro, mercúrio e fenol.

Para não perder os préstimos de sua eficiente enfermeira e futura esposa, Halsted lançou mão de uma simples estratégia. Caroline usaria luvas de borracha. Dessa forma, não haveria lavagem das mãos, apenas limpeza da luva com produtos químicos. Para isso, as luvas deveriam ser resistentes o suficiente para suportar os efeitos corrosivos dos produtos químicos e, ao mesmo tempo, delgadas, a fim de que Caroline preservasse a sensibilidade para manusear os instrumentos cirúrgicos. Halsted solicitou ajuda à companhia de borracha Goodyear de Nova York. Em pouco tempo, chegou a Baltimore o primeiro par de luvas cirúrgicas, empregado por Caroline; estas, diferentemente das atuais, eram comprimidas, grossas e avançavam além do cotovelo.

Nos anos seguintes, membros das equipes cirúrgicas de Baltimore aderiram à ideia e encomendaram luvas cirúrgicas. Médicos passaram a notar menor índice de infecção com o emprego das luvas estéreis. A lavagem das mãos reduzira as taxas de infecção, porém as luvas as diminuíram ainda mais. A lavagem das mãos seria insuficiente para eliminar todos os microrganismos da pele? As luvas mergulhadas em produtos químicos e, portanto, esterilizadas eliminariam de vez os germes cutâneos?

Novos estudos comprovaram essa hipótese. Entre eles, o experimento do alemão Bernard Krönig. O médico germano dispersou esporos da bactéria responsável pela gangrena gasosa em braços de cadáveres de crianças. Em seguida, lavou a superfície com diversos produtos esterilizantes e por tempos variados. A lavagem eliminaria os germes? Raspou delicadamente a pele recém-lavada e inoculou o farelo em meios de cultura. Pouco depois, injetou o líquido em camundongos. Caso os esporos persistissem na pele, mesmo após a lavagem, os animais sucumbiriam pela doença. O resultado final? Camundongos adoeceram e morreram por causa da gangrena gasosa.[28] A simples lavagem da pele não eliminava totalmente a presença bacteriana e as luvas conquistaram espaço nas cirurgias. As luvas originadas do látex inundavam os hospitais para se tingirem de sangue nos campos operatórios. Enquanto isso, Halsted revolucionava a Medicina por desenvolver um sistema de ensino direcionado aos cirurgiões do Johns Hopkins. Nascia a escola cirúrgica com aulas específicas, treinamentos básicos e estágios direcionados ao ensino.[29] As luvas de borracha ganhavam espaço em Baltimore, com mais adeptos e incentivo dos chefes de departamento. Ao mesmo tempo, o Congo enviava mais remessas de látex ao mundo industrializado, sob o comando do rei belga Leopoldo II, administrador e dono de todo o território congolês. Nativos capturados e escravizados adentravam na mata africana em busca do látex. O castigo era infalível caso não trouxessem a quantidade mínima exigida pelas tropas belgas. Qual castigo? Pena de morte ou mãos decepadas. Mulheres e crianças eram mantidas prisioneiras para garantir que os homens se empenhariam em retornar.[30]

A inovação de Halsted ocorreu em um período cuja demanda pela borracha já era enorme nas indústrias mundiais. Muitos enriqueciam através da sua extração. A África e a América do Sul enviavam navios carregados de látex para a Europa e para a América do Norte. Seu valor era tão elevado que 70 mil sementes de seringueira da Amazônia brasileira foram roubadas no interior de folhas de bananeiras e já cresciam em solo asiático.[31] O britânico Henry Wickham levara esse produto do furto à Inglaterra havia duas décadas. Enquanto isso, mais adeptos lançavam mão das luvas cirúrgicas. Finalmente, no último ano do século XIX, surgiram resultados conclusivos no John Hopkins: com o emprego de luvas, o aparecimento de infecções durante as cirurgias de hérnias foi completamente eliminado.[32] A notícia da vantagem das luvas cirúrgicas cruzou o Atlântico e chegou à Inglaterra. Em 1905, exatos quarenta anos depois do revolucionário trabalho de Lister, médicos britânicos também aderiram às cirurgias com o novo vestuário manual.

ANO 1910

OS GENES DEIXAM A CAIXA DE PANDORA

UM EXPERIMENTO REDESCOBERTO

Em 1900, três botânicos redescobriram um experimento sobre hereditariedade que estava esquecido nas prateleiras empoeiradas das bibliotecas. O autor, Gregor Mendel, morrera havia 16 anos.

Mendel, que era monge, viveu em um convento na Áustria durante seus anos dedicados à ciência. Nos intervalos das obrigações religiosas, passava boa parte do tempo nos jardins da construção, onde acompanhava seu estudo revolucionário. Ele cruzava ervilhas, plantava suas sementes e recolhia informações das gerações descendentes. Ano após ano, catalogava o resultado do cruzamento de ervilhas com diferentes características, com caule longo ou curto, amarela ou verde, lisa ou rugosa. Foram seis anos de seleção, cruzamento, plantação e observação. Ao final, descobriu que as características não se misturavam nas gerações descendentes. Por exemplo, não surgiam ervilhas verde-amareladas quando cruzava verdes com amarelas; da mesma forma, não encontrava caule intermediário no cruzamento de longo com curto; ou até mesmo ervilha parcialmente lisa e rugosa. Pelo contrário, uma característica sempre predominava, era dominante, em relação a outra, que chamou de recessiva. Porém, o fator determinante da recessiva permanecia oculto na geração do primeiro cruzamento para reaparecer na geração seguinte. Mendel descobriu que a qualidade recessiva surgia nas ervilhas que recebessem os dois fatores recessivos. É o que hoje aprendemos como genes AA, Aa e aa. Vejamos o exemplo a seguir.

Mendel cruzou ervilhas amarelas com verdes. O cientista ainda não sabia, mas a planta amarela tinha o par de genes dominantes (AA); enquanto a verde, um par de genes recessivos (aa). Nesse cruzamento, só foram geradas ervilhas com combinação genética Aa. Como o gene A era dominante e determinava a cor amarela, Mendel só encontrou plantas amarelas. A cor verde desapareceu. Pelo menos por enquanto.

No segundo momento, Mendel cruzou entre si essas novas plantas, que, apesar de amarelas, tinham genes Aa. Deparou-se com um resultado surpreendente: a cor verde ressurgiu. Dessa vez, o cruzamento foi Aa com Aa, e, entre quatro descendentes, surgiram as seguintes combinações: AA, Aa (duas vezes) e aa. A cor verde (aa), portanto, voltava a aparecer em ¼ da geração, enquanto a amarela surgia em ¾. Mendel cruzou centenas de milhares de ervilhas ao longo de seis anos e sempre encontrou a mesma proporção de três amarelas para cada verde (3 : 1). Por meio dessa proporção matemática, Mendel elaborou a teoria de que havia características dominantes e outras recessivas. Um trabalho minucioso e revolucionário, mas que permaneceu no anonimato por 35 anos, até aquele trio de botânicos o encontrar.

O experimento de Mendel veio em ótima hora. O século XX começava com a corrida em busca dos fatores hereditários. Cientistas debatiam se as características hereditárias eram realmente passadas de pai para filho. E, se fossem, em que região das células estariam tais fatores. A teoria da evolução de Darwin mostrava que pequenas mutações passavam para os descendentes e, uma vez acumuladas, formavam espécies mais aptas a sobreviver. Mas que mutações seriam essas e onde ocorreriam? Outros acreditavam que a evolução acontecia de maneira abrupta, com grandes mutações originando novas espécies animais. Mas, novamente, onde ocorreriam? Agora, o trabalho de Mendel provava que realmente existia a tal herança transmitida às gerações seguintes. E mais, influenciava nos aspectos físicos dos descendentes, como no exemplo das ervilhas. Portanto, poderia torná-los mais aptos aos desafios impostos pelo meio ambiente. A teoria da evolução ganhava um aliado. Enquanto isso, outra ciência recém-nascida também se apossava dos trabalhos de Mendel para tomar outro rumo. Duas ciências valeram-se dos genes para trilhar caminhos diferentes: uma em direção a conclusões sérias, respaldadas pelos trabalhos científicos; e outra, especulativa e irresponsável, com resultados falsos que levariam milhares de pessoas ao sofrimento e à morte.

DESBRAVANDO O NÚCLEO CELULAR

Enquanto o trabalho de Mendel era redescoberto, grupos de pesquisadores acreditavam que os tais fatores hereditários estariam no núcleo das células, no interior dos cromossomos. Aquelas estruturas afiladas portariam as informações passadas de pais para filhos. Por que suspeitavam dos cromossomos? Por descobertas realizadas em 1882, quando o médico alemão Walther Flemming conseguiu a inédita tarefa de impregnar o núcleo celular com um novo corante proveniente do alcatrão da hulha. Esse feito revolucionou o estudo celular, pois, com o corante recém-descoberto, pela primeira vez se visualizava apenas o núcleo desconhecido da célula. Apesar disso, a mais surpreendente descoberta de Flemming veio quando utilizou seu novo corante em células de embrião de salamandras. As células embrionárias se reproduziam freneticamente antes do bombardeio do corante. Quando Flemming adicionou o corante letal às células, toda divisão foi suspensa e as células se congelaram no tempo, permanecendo imóveis para observação do médico.

Ao microscópio, o pesquisador visualizou filamentos corados, que batizou como "corpos coloridos" ou "cromossomos" (do grego, *khrôma*, cor, e *soma*, corpo). O intrigante era que aquela estrutura adquiria formas distintas em diferentes células. Os filamentos às vezes eram grossos e curtos; enquanto, em outros momentos, alongados e finos. Eram poucos em algumas células e numerosos em outras. Em determinadas células estavam esparsos pelo núcleo; para, em outras, se concentrarem no centro. Por que seus cromossomos recém-descobertos se comportavam de maneira tão variada nas células embrionárias que se dividiam? Por que tanta variação de tamanho, número, largura e posição dentro dos núcleos? Flemming comparou as diferentes imagens que surgiam ao microscópio e, como se montasse um quebra-cabeça, alinhou as figuras lado a lado. Alternando as imagens em diversas combinações, começou a encontrar a resposta: o aspecto aparentemente aleatório dos cromossomos revelava uma sequência lógica. As células em diferentes estágios de divisão foram congeladas no tempo com a ação do corante. Todas paralisadas no instante em que se dividiam intensamente, comportamento típico de células embrionárias. Algumas pararam no início da divisão celular, com os cromossomos se encurtando e se condensando. Enquanto outras estavam no auge da divisão, com os cromossomos pareados lado a lado no centro do núcleo. Muitas, ainda, mostravam a divisão com cromossomos duplicados e alinhados. Outras células apresentavam metade dos cromossomos em cada lado da divisão no início da separação. Flemming descobriu como se processava a divisão celular ao posicionar as imagens em uma sequência lógica que revelava as etapas do processo. Visualizou a divisão das células como quadros no rolo de um filme de cinema. Cada célula filha herdava o mesmo número de cromossomos da original graças à duplicação daqueles filamentos. Assim, tornou-se evidente que os cromossomos continham alguma informação importante.

Portanto, paralelamente à redescoberta das pesquisas de Mendel, cientistas voltaram os olhos ao trabalho, que também havia sido esquecido, de Flemming, pois ambos se complementavam. Era lógico pensar que os fatores hereditários de Mendel estariam naqueles cromossomos. A ciência uniria os fatores hereditários de Mendel aos cromossomos e à evolução? Ali estariam ocultas as características transmitidas às gerações? Aqueles filamentos nucleares abrigariam tanta informação? Como comprovar?

A primeira pista surgiu aos olhos do Dr. McClung, professor de zoologia e citologia da Universidade de Kansas. Ele se deparou, em 1901, com pequenos corpúsculos nucleares, quando estudava a formação de espermatozoides de gafanhotos. As lâminas posicionadas ao microscópio mostravam um pequeno filamento semelhante aos demais cromossomos, mas que não se dividia no processo celular. Todos os demais cromossomos tinham uma cópia idêntica. Cada cópia rumava a uma das duas células originadas pela divisão celular. Assim, os espermatozoides recebiam metade do número dos cromossomos da célula original. Mas lá estava o cromossomo misterioso de McClung, que, por não apresentar cópia, era único e, assim, tomava um caminho aleatório e estranho: escolhia apenas uma das duas células originadas na divisão celular. McClung repetidas vezes traçou o destino daquele cromossomo peculiar, que batizou como "cromossomo acessório" ou, pela sua aparência em forma de X, como "cromossomo X".

O resultado era sempre o mesmo: metade dos espermatozoides continha o cromossomo X, enquanto a outra não. Intrigado, McClung optou pelo raciocínio mais óbvio. O sexo era definido de maneira aleatória nos descendentes com 50% machos e 50% fêmeas. Ora, se metade dos espermatozoides recebia o cromossomo X, logo, ele definia o sexo. A conclusão de McClung: a presença de tal cromossomo precipitava o sexo macho dos gafanhotos. Mas sua teoria exibia pequenos equívocos. Outros pesquisadores, anos depois, descobriram que seu raciocínio estava certo, mas as observações, erradas. Na realidade, as fêmeas apresentavam dois cromossomos X; enquanto os machos, apenas um. Assim, as fêmeas eram XX, e os machos apenas X. Olhos mais aguçados notaram que os espermatozoides carentes do cromossomo X continham outro cromossomo, que passara despercebido devido ao seu menor tamanho. A definição sexual começava a saltar na vista dos cientistas. Nasciam os futuros cromossomos X e Y: XX para fêmeas e XY para machos. Os cromossomos mostravam prováveis funções essenciais ao homem.

O GENE ESPECULATIVO

A ciência norte-americana séria, competente e experimental realizava a tarefa hercúlea de relacionar os cromossomos à hereditariedade, ao passo que outra pseudociência, especulativa, errônea e imprudente, se fortalecia nas terras do Tio Sam pelas mãos de um biólogo credenciado pela renomada Universidade de Harvard: o Sr. Charles Davenport.

Enquanto o cromossomo X era apresentado à ciência médica, Davenport divulgava suas convicções a respeito da veracidade da eugenia. O norte-americano magro, de olhar sério e compenetrado, com ares de superioridade e imponência, assumiu a cadeira de diretor do Laboratório de Cold Spring Harbor em 1898. Davenport comandava a linha de pesquisa voltada para biologia marinha e evolução. Porém, sua função no laboratório sofreu uma guinada pelas notícias das leis de Mendel. Era tudo que o biólogo aguardava para reforçar suas teorias a respeito da evolução humana.

Davenport divulgava as teorias da eugenia em conversas com amigos, alunos e pós-graduandos. Por trás de seus ternos respeitosos, espalhava-se a pseudociência nascida pelas mãos de Galton, na Inglaterra. Ela pregava que havia raças superiores na humanidade, tal qual na evolução das espécies animais, e, obviamente, no topo da escala estava o homem branco. A eugenia de Galton encontrou um terreno fértil nos Estados Unidos. Desde meados do século XIX, já se procuravam indícios da superioridade do homem branco. Sementes de girassol preenchiam os crânios de esqueletos humanos para quantificar sua capacidade.[33] Os crânios dos homens brancos acomodavam um número maior de sementes do que os dos negros e índios. A pseudociência da eugenia confirmava a superioridade da raça branca. Volume maior significaria mais inteligência, atividade, cultura e civilidade.

Os pseudocientistas reconstituíram até mesmo a história humana. Para seus defensores, houve um tempo em que surgiu uma raça pura e superior. Eram os arianos, que emergiram das montanhas próximas ao atual Irã, cujo nome, aliás, deriva de *ariano*.[34] Lá estava o povo ideal, com genes voltados ao sucesso, ao trabalho, à saúde, à força e à inteligência. Os arianos apresentavam, lógico, pele clara e olhos azuis. Esse povo ativo, capaz, desbravador e heroico migrou para as diversas partes do globo e desperdiçou seus genes com cruzamentos inúteis com povos primitivos e inferiores. Uma pequena parcela daqueles arianos superiores teria migrado para o norte europeu, onde mais tarde seria a Alemanha. Lá permaneceram isolados para procriarem entre si, e, assim, preservaram a pureza de seu sangue, longe da contaminação de raças inferiores. A evolução desse povo ariano originou os teutões.

Enquanto o resto da humanidade se deteriorava com cruzamentos inferiores na África, na Ásia, na América e na Europa, essa parcela de sangue ideal permanecia no norte europeu. Esse povo, desbravando os mares, migrou para a Inglaterra para depois chegar à América.

Assim, para Davenport, como para Galton, havia um meio de melhorar a raça humana. Bastava lutarmos para clarear cada vez mais a pele de nossos descendentes. Galton defendia os casamentos entre indivíduos de sangue ideal para substituir a humanidade, de maneira gradual, por pessoas fadadas ao sucesso. Mas Davenport era adepto de excluir e eliminar ao máximo aqueles "inúteis" que contaminavam a civilização norte-americana e ameaçavam o futuro da nação com seus genes contaminados. Então, de repente, chega a lei de Mendel "comprovando" que as qualidades hereditárias destrutivas ameaçavam o futuro da civilização e dos Estados Unidos.

Enquanto McClung mergulhava no laboratório em busca do cromossomo ligado ao sexo, Davenport circulava na alta sociedade norte-americana em busca de adeptos da eugenia. Frequentava clubes e restaurantes luxuosos à procura de norte-americanos influentes que estivessem preocupados com o futuro da nação. Buscou apoio financeiro ao seu projeto em escritórios imponentes de milionários. Em 1904, o Instituto Carnegie, do magnata rei do aço Andrew Carnegie, despachou um cheque com quantia vultosa para Davenport fundar a Estação Experimental para Evolução em Cold Spring Harbor. O biólogo de Harvard manteve ligações próximas com a recém-fundada Associação dos Criadores Americanos e os convenceu da importância das leis de Mendel, também válidas para o homem. Uma legião de eugenistas surgiu nos Estados Unidos. Em 1903, o Congresso Americano determinou o fim da imigração daqueles suspeitos de contaminar o gene norte-americano através de cruzamentos defeituosos: proibiu a entrada de insanos e epilépticos. Mas o risco à nação se agravava com a imigração maciça à América. Em 1907, chegaram mais de um milhão de imigrantes empobrecidos da Europa; quantidade muito maior do que os pouco mais de 200 mil de nove anos antes. O Congresso respondeu: proibiu a entrada de tuberculosos. Por que tuberculosos? Os genes inferiores também favoreciam o surgimento de doenças contagiosas.

Barrar a imigração dos menos aptos, doentes e insanos não foi suficiente para que a raça pura se disseminasse. Tampouco o estímulo ao casamento entre descendentes de ancestrais famosos, saudáveis e bem-sucedidos; pois, para os eugenistas, as raças inferiores eram propensas a se proliferarem de maneira acelerada graças aos atos carnais promíscuos e ao desvio de com-

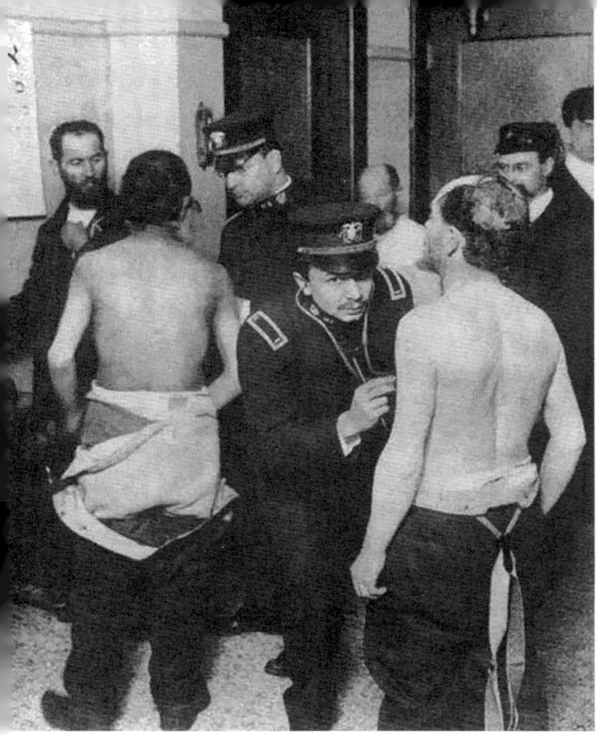

Médico examina imigrantes em busca de doenças contagiosas ou distúrbios psiquiátricos na ilha *Ellis*, próxima ao porto de Nova York. No auge da imigração chegavam cerca de 10 mil imigrantes por dia.

portamento. Assim, eles defendiam condutas mais enérgicas contra o avanço dos genes maléficos. Em 1907, o estado de Indiana aprovou a primeira lei de esterilização das ameaças. Criminosos, epilépticos e pessoas com defeitos hereditários eram enviados aos hospitais para pequenas cirurgias que os esterilizassem. Nos anos seguintes, a lei avançaria para 27 estados e levaria à esterilização de 70 mil norte-americanos.[35]

UMA MOSCA PRESENTEIA COM A CAIXA DE PANDORA

Enquanto Davenport angariava adeptos de renome e fundos à sua luta em prol do desenvolvimento dos Estados Unidos, outro pesquisador, da ciência verídica e séria, se embrenhava no laboratório em busca do verdadeiro local dos genes. Thomas Hunt Morgan tinha 43 anos quando mergulhou no estudo dos genes em 1909. Morgan havia obtido o bacharel em zoologia 23 anos antes, no mesmo ano em que fora admitido na Universidade de Johns Hopkins para doutorado no estudo das aranhas do mar. Na época das publicações das leis de Mendel, Morgan já tinha enorme bagagem de conhecimento zoológico para formar suas próprias conclusões. Ficara um ano na Estação Zoológica de Nápoles para coletar embriões, larvas e células marinhas. E vinha pesquisando havia cinco anos o desenvolvimento de ovos e embriões de anfíbios. Morgan se achava suficientemente conhecedor do assunto para negar as hipóteses de Mendel. Ele não acreditava nos fatores hereditários e defendia as mutações súbitas para formação das novas espécies animais.[36]

No meio acadêmico, Morgan empreendia embates contrários aos fatores hereditários e ao papel fundamental que muitos atribuíam aos cromossomos.[37] Para comprovar sua teoria das mutações abruptas, Morgan mergulhou no laboratório em busca de um número enorme de mutações. O objetivo era garimpar as mutações que originassem grandes alterações. Mas como encontrar tantas mutações em um curto tempo? O animal deveria ter ciclo de reprodução rápido com prole volumosa. Morgan optou por um inseto: a drosófila, a famosa mosca-da-fruta.

As moscas se reproduziam de maneira frenética em poucos dias. Além disso, centenas de ovos garantiam milhares de proles. Os gastos da criação eram mínimos: as moscas se alimentavam apenas de banana amassada. A escolha foi perfeita, pois as drosófilas sofrem mutações espontâneas a todo momento.

Não demorou para Morgan encontrar o que buscava. Algumas gerações de moscas, e lá estava um macho com olhos brancos, diferentes dos habituais vermelhos. A primeira mutação de muitas que ainda testemunharia. Aquele espécime raro foi cruzado com as moscas irmãs de olhos vermelhos, e toda a prole surgiu com os olhos vermelhos, mais de mil moscas. A característica de olho branco desaparecia. Porém, Morgan cruzou novamente entre si todas as mil moscas filhas daquele macho de olhos brancos. Para surpresa do cientista, que era crítico à lei de Mendel, os olhos brancos voltaram a aparecer na proporção que Mendel encontrou, 3:1. A mutação dos olhos brancos era uma característica recessiva. Os resultados foram desanimadores para o autor, que teve de se render à teoria de Mendel. Porém, nem tudo foi perdido. Morgan, sem saber, comprovou a presença dos genes nos cromossomos. Seu estudo abriria a caixa de Pandora que acondicionava os genes. Como comprovou isso? Nos olhos brancos de suas moscas mutantes.

Morgan percebeu que todas as moscas de olhos brancos eram machos. Ora, se um cromossomo determina o sexo das moscas e se todas as de olhos brancos são machos, então a mutação para olhos brancos estava no mesmo cromossomo sexual. Portanto, os cromossomos abrigavam os fatores hereditários. Mas cientistas renomados e universidades cobravam mais estudos comprobatórios, e Morgan teria que recolher mais dados. Por outro lado, a outra "ciência", a pseudociência especulativa dos eugenistas, ganhava adeptos a todo instante e se apossou das descobertas de Morgan para disseminar a ideia de raças superiores.

Enquanto Morgan publicava seus primeiros estudos em 1910, Davenport arregimentava multidões de adeptos da eugenia. Conseguiu abrir seu Escritório de Registro Eugênico à custa de patrocínio dos simpatizantes. A viúva milionária de Harriman, o rei das ferrovias norte-americanas, doou 10 mil dólares, que serviu como pedra fundamental do escritório.[38] Davenport, em pouco tempo, reuniu arquivos e catálogos das árvores genealógicas dos norte-americanos. Lá estavam os dados hereditários das famílias norte-americanas que orientariam as políticas de casamentos ideais, esterilização e banimentos. Funcionárias saíam a campo em busca de pobres, doentes, alcoólatras, loucos e criminosos. Rastreavam seus ancestrais para fichá-los como portadores de genes defeituosos.

Almoços e jantares atraíam futuros adeptos àquela ciência. Doações contínuas partiam das contas do magnata John Rockefeller, o rei do petróleo. O milionário fabricante de sabão da Filadélfia, Samuel Fels, também contribuía regularmente. Alexander Graham Bell, inventor do telefone, foi grande parceiro da luta de Davenport. Enquanto isso, os fichários das árvores genealógicas se multiplicavam pelas coletas das funcionárias de campo. Estar em uma ascendência de gene ideal era motivo de orgulho. Já aqueles que descendiam de sangue ruim eram fadados a insucesso, constrangimento e perseguição.

Davenport insistia na importância de rastrear todos os descendentes de ancestrais com genes defeituosos. Somente assim poder-se-ia interromper os casamentos que perpetuassem essa impureza em solo norte-americano. Como exemplo, apresentava o estudo do cientista Richard Dugdale, de 1877, que buscou pessoas indecentes à sociedade em hospitais, asilos, ruas e presídios. Descobriu a família Jukes, cuja matriarca foi responsável por setecentos descendentes, e desses, 181 prostitutas, 7 assassinos, 70 mendigos e 40 criminosos.[39] Estava claro que seu gene defeituoso passou para filhos, netos e bisnetos. Em 1913, vinte e nove estados já proibiam casamentos inter-raciais. No ano seguinte, Davenport organizou a I Conferência para Aperfeiçoamento da Raça, em Michigan. Contou com apoio do Dr. John Kellogg, irmão do famoso fabricante de cereais.

Enquanto isso, Morgan avançava nos estudos da localização dos genes, e sua descoberta viria de maneira lógica e racional. Morgan catalogou todas as mutações encontradas nas moscas, que desencadeavam mais de cem características diferentes nos mutantes. Surgiam moscas de cabeça branca, ocelos brancos, corpos escuros, asas escuras, olhos brancos, olhos pequenos, ausência de olhos, presença de um só olho, asa pequena ou residual, e assim por diante. Conseguiu, com isso, engrossar seus cruzamentos e coletar os dados. Ao final, uma grande descoberta: todas as mutações podiam ser reunidas em quatro grandes grupos. Por exemplo, as moscas de cabeça branca surgiam no mesmo grupo que as de ocelos brancos e corpos e asas escuras. Mas o que isso poderia significar? Quatro era exatamente o número de cromossomos presentes nos núcleos das células das drosófilas.[40] Ficava claro, então, que lá estavam os genes dos fatores hereditários. E mais, um dos grupos concentrava a maioria das mutações, outro continha um número muito pequeno de mutações, e os dois restantes, números intermediários. Isso vinha ao encontro dos achados ao microscópio. Um dos cromossomos das drosófilas era muito comprido, enquanto outro era extremamente pequeno e os dois restantes tinham tamanho intermediário. Tornava-se claro que os genes estariam lá. Assim, Morgan descobriu a presença dos genes nos cromossomos e abriu as portas para que pesquisas futuras buscassem o DNA escondido nos núcleos, mais especificamente nos cromossomos.

Na mesma época, o porta-voz da eugenia, Davenport, disseminava seus estudos. Deputados e senadores continuavam a aprovar leis contrárias à imigração e aos casamentos inter-raciais. As leis também ampliavam as esterilizações. Os cientistas eugênicos norte-americanos mantinham relações estreitas com os alemães. A eugenia alemã publicava trabalhos em conceituados jornais científicos dos EUA. A revista criada por Davenport, *Eugenical News*, publicava e elogiava o empenho alemão pela eugenia e, posteriormente, os estudos dos cientistas do regime nazista. Rockefeller também enviou dinheiro para patrocinar a ciência alemã.[41]

A ciência dos genes de Morgan deslanchou em novas pesquisas para desbravar os mistérios do núcleo celular. Ao passo que, mais tarde, com a eclosão da Segunda Guerra Mundial e suas consequências, a ciência de Davenport caiu no ostracismo e todos os seus adeptos saíram de cena de maneira bem discreta.

ANO 1912

O PREFÁCIO DOS TRANSPLANTES

UM ASSASSINATO ESTIMULA A PESQUISA

24 de junho de 1894. Uma multidão se perfilava nas laterais das ruas pavimentadas de Lyon. Sem encontrar espaço nas calçadas, alguns cidadãos subiam em muros e outros se espremiam nas janelas das construções. Todos aguardavam a passagem do presidente da república francesa, Marie François Sadi Carnot. Aquela visita deixara a cidade em polvorosa.

Finalmente a carruagem presidencial avançava sob o comando do cocheiro de meia-idade que controlava o ímpeto dos cavalos assustados e evitava solavancos e trancos desagradáveis ao nobre passageiro. A população deslumbrava a silhueta do líder da França na carruagem aberta. O presidente Carnot, sentado no assento traseiro, acenava à multidão, que, na ponta dos pés, esticava o pescoço para visualizar o maestro da república francesa. Gritos, aplausos e acenos tomavam conta do paredão humano que ladeava o séquito. Um pequeno e discreto homem, entre os que respondiam ao aceno real, avançou pelo pavimento enquanto, discretamente, se esquivava da guarda que acompanhava a lateral do veículo. Em certo momento, próximo o suficiente do alvo, o intruso acelerou o passo e correu. Sua trajetória diagonal o colocou em rota de colisão com o presidente. Um punhal na sua mão ganhou forma diante do olhar de alguns que o perceberam e anteviram a tragédia. O italiano anarquista Sante Geronimo Caserio atirou-se sobre o presidente e cravou a lâmina no abdome de Carnot: sua missão estava cumprida.

Os sorrisos e aplausos se transformaram em gritos de pavor e olhares assustados. O inimaginável ocorria. A carruagem saiu em disparada, enquanto Carnot, ferido, tingia o assento de sangue. Removido e carregado para uma sala improvisada, o presidente agonizou durante o resto do dia.

Os médicos recrutados em caráter de urgência rodeavam o corpo desfalecido e debatiam, inutilmente, alguma tentativa heroica de salvá-lo. Porém, a cada momento o abdome inchava. Isso era um mau sinal. O corpo clínico improvisado se conformava com a hipótese de que o punhal seccionara algum vaso sanguíneo abdominal. Isso explicaria, pelo sangramento ativo, a distensão do abdome de Carnot.

Não havia o que ser feito. O sangramento abundante não podia ser estancado, pois os médicos desconheciam alguma técnica cirúrgica para tratar lesões de grandes vasos sanguíneos. O grupo impotente assistiu à respiração agônica do presidente associada à palidez cutânea. Seus vasos sanguíneos secavam. O inevitável ocorreu pouco depois da meia-noite: morreu o presidente francês. O corpo foi levado à sala de necropsia acompanhado dos médicos. O abdome do presidente, rasgado pela lâmina do bisturi, expulsou a massa viscosa de sangue coagulado; depois, foi esvaziado, seco, e lá, no seu interior, os médicos se alternaram para visualizar a causa do óbito: o punhal transfixou a veia porta. O intenso fluxo sanguíneo daquela enorme veia extravasou pelo ferimento, e o presidente sangrou até a morte.

No tumulto que se seguiu na cidade, um jovem médico de 21 anos, Alexis Carrel, não se conformou com a morte presidencial. Como não existia uma técnica cirúrgica para suturar a veia porta? A Medicina avançara tanto no século XIX, mas um simples corte em uma veia matara o presidente da nação. Naquele momento, Carrel, recém-formado pela Faculdade de Medicina de Lyon, assumiu o desafio de descobrir maneiras de suturar vasos. Seus experimentos ocorriam no tempo livre das atividades no hospital de Lyon. Na bancada do laboratório, Carrel bloqueava o fluxo sanguíneo arterial dos animais para então seccionar as artérias secas. Dessa forma, reaproximava suas extremidades para, minuciosamente, reconectá-las. O trabalho artesanal não poderia deixar falhas que provocassem vazamento sanguíneo. Seus dedos seguravam agulhas de suturas finas e curvas, projetadas para os diminutos vasos sanguíneos. Carrel transfixava as camadas internas nas bordas dos vasos e as unia através de milimétricos fios de seda. Após a união das camadas internas, seguia o mesmo procedimento para as porções musculares e, finalmente, para as camadas externas.

As artérias, reunidas como tubulações de encanamentos, mostravam diversos pontos lado a lado para conter o vazamento sanguíneo. Finalizado o reparo, Carrel desbloqueava a chegada do sangue e aguardava eventual sangramento. A sutura mostrava sucesso: o sangue fluía pelo interior do vaso e o ponto de reunião permanecia seco. Carrel conseguiu religar artérias seccionadas para restabelecer o fluxo sanguíneo. Bastava, agora, aprimorar sua inovação.

Gravura do jornal *Le Petit* retrata o assassinato do presidente francês Sadi Carnot em 25 de junho de 1894.

Carrel aperfeiçoava sua técnica com a destreza manual que aprendera nas aulas de bordado da infância. Conseguiu agredir ao mínimo a delicada parede interna dos vasos desenvolvendo agulhas finas e, portanto, menos traumáticas. Notou que aos fios internos aderiam células sanguíneas que precipitavam a formação de coágulos. Resolveu o problema ao utilizar fios de seda embebidos com vaselina. Muitos animais morriam pelas infecções, o que levou Carrel à obsessão por medidas de assepsia que acompanhariam toda a sua vida científica.

Com o passar dos anos, a triangulação desenvolvida por Carrel trouxe os melhores resultados. A técnica consistia em escolher três pontos na circunferência do vaso seccionado; todos tinham que ser equidistantes. Carrel, então, transfixava um dos locais escolhidos com a agulha, o levava à outra extremidade seccionada do vaso para, então, uni-los com o fio de seda. Fazia o mesmo para os três pontos. A partir de então, Carrel puxava dois deles para transformar a curvatura em reta e suturá-la com mais precisão através de vários pontos com fios de seda. Depois realizava o mesmo procedimento para as outras duas partes.

A INOVAÇÃO TRANSPÕE O ATLÂNTICO

Em 1903, um grupo de missionários procurou Carrel, já reconhecido, para receber lições básicas de procedimentos cirúrgicos. O grupo receava ter que lidar com emergências médicas no local da missão, o Canadá. Carrel mostrou tanta perícia cirúrgica nas aulas na Universidade de Lyon, que os missionários insistiram para que viajasse com o grupo. Carrel declinou do convite, mas mudaria de ideia no ano seguinte.

O ano 1904 selou o futuro de Carrel. Ele acompanhou jovens peregrinos à cidade santa de Lourdes, nos Pirineus. Durante a viagem, testemunhou o sofrimento de uma jovem que agonizava por dor e distensão abdominal.[42] Para Carrel tratava-se de tuberculose no peritônio. O pulso fraco e a respiração agônica indicavam poucas horas de vida. Porém, o médico presenciou a melhora da jovem após se banhar nas águas milagrosas de Lourdes. Seu estado geral melhorou, sua respiração se fortificou e a disposição retornou.

Carrel relatou o fato milagroso aos colegas da universidade que, adeptos da ciência positivista, criticaram com veemência a ideia absurda de um médico universitário acreditar em milagre. A perseguição continuou com boatos de que ele jamais seria aprovado nos exames da faculdade devido às suas crenças religiosas. Sem opção, Carrel lembrou o convite dos missionários e embarcou para o outro lado do Atlântico. Deixou a França rumo à América.

No Canadá, apresentou-se no II Congresso Médico da Língua Francesa da América do Norte. Mostrou seus trabalhos revolucionários na união de vasos sanguíneos seccionados. A palestra impressionou o cirurgião Carl Beck, sentado na plateia. No mesmo dia, Carrel recebeu uma proposta para trabalhar na Universidade de Chicago sob o comando de Beck. Em quatro meses, o jovem francês descia na estação de trem de Chicago para continuar seus trabalhos.

Enquanto lapidava o seu inglês, o médico se enfurnava no laboratório em busca do aprimoramento de seus experimentos. Reunir vasos seccionados foi a pedra filosofal para diversos outros estudos. Carrel, agora, retirava segmentos de artérias de cachorros e os reimplantava em outros cães. Dia a dia, acompanhava a recuperação do animal recém-operado. Raramente encontrava infecção ou rejeição. Sua triangulação aperfeiçoada unia artérias com artérias, veias com veias e artérias com veias. Mas Carrel não parou por aí.

No ano seguinte, se posicionou diante de um cão anestesiado na mesa de seu laboratório. Vestido com longo avental, gorro e luvas para prevenir a temida infecção, deslizou o bisturi no abdome canino. Afastou suas vísceras para o lado, enquanto visualizava seu alvo, os rins, que, em minutos, foram retirados. Um deles seria transplantado. O local escolhido para reimplantá-lo foi o pescoço do animal. Por quê? Ali havia vasos grossos que facilitariam a cirurgia.

A artéria carótida do pescoço foi unida à artéria renal. Assim, o coração do cão bombearia sangue para sua carótida que, por sua vez, redirecionaria o sangue ao rim transplantado. O rim, agora oxigenado, teria que devolver o sangue ao coração do animal e, para isso, Carrel uniu a veia renal à jugular do cachorro. Restabeleceu dessa forma um circuito simples para o tecido renal receber e devolver o sangue. Tudo isso graças à sua descoberta de como unir vasos seccionados. Mas e a urina? O rim transplantado recebia o sangue e o filtrava para eliminar impurezas e toxinas pela urina. As diminutas porções renais direcionavam a urina para pequenos ductos que, unidos, formavam o ureter. Este último, em condições normais, transporta a urina à bexiga. Mas no rim retirado para transplante o ureter é seccionado. A criatividade de Carrel o fez unir o ureter ao esôfago do cachorro para drenar a urina. O animal sobreviveu com seu rim implantado no pescoço. Dessa forma, Carrel antecipou a possibilidade de transplante renal humano em 50 anos. O primeiro ocorreria em 1954. A união de vasos sanguíneos seccionados foi um passo fundamental para isso.

Carrel ganhou segurança suficiente para levar adiante seus desafios. Amputou a coxa de um desses animais para, em seguida, reimplantá-la em uma cirurgia trabalhosa que reuniu artérias, veias, músculos e nervos. Antecipou a possibilidade de reimplantação de membros humanos amputados em quase 60 anos.

Em 1906, reconhecido pelo seu trabalho, o pesquisador recebeu outro convite tentador. Deixou, assim, a Universidade de Chicago e desembarcou em Nova York: havia sido admitido no Instituto Rockfeller de Pesquisa Médica. Seu novo laboratório, repleto de animais para experimento, apresentava o piso e as paredes pintados de preto. As mesas cirúrgicas também receberam cobertura preta, e todos os funcionários circulavam pelo laboratório com aventais, luvas e gorros pretos. A entrada de visitantes foi restringida. Tudo por causa da obsessão do médico pelos perigos das infecções.

A CASA DOS HORRORES

Os implantes já não o contentavam. Chegou o momento de tentar preservar os tecidos fora do corpo animal para, depois, reimplantá-los. Mas como mantê-los vivos em laboratório? Quanto tempo as células suportariam? Qual a solução nutritiva ideal para preservar órgãos? Atrás de soluções, Carrel embebeu os tecidos em diferentes substâncias. Começou com glicerina e formalina, mas sem sucesso. Experimentou, então, os próprios líquidos animais: nada mais lógico que substâncias do organismo preservassem seus órgãos. Tentou o sangue e o soro sanguíneo dos animais; porém, outra decepção. Após várias tentativas frustradas, descobriu o método ideal para conservação: a baixa temperatura. Os tecidos refrigerados a 4 °C permaneciam viáveis por dias e, ao serem reimplantados, retomavam a função. Fragmentos de artérias eram reimplantadas após dias de refrigeração. Carrel deslumbrava a possibilidade de retirar órgãos, conservá-los em baixa temperatura e reimplantá-los. Seria possível, no futuro, um banco de órgãos?

O laboratório macabro do Instituto Rockfeller, com suas paredes e seus pisos enegrecidos, expunha a monstruosidade dos experimentos.[43] O circo de horrores apresentava cães com órgãos transplantados no pescoço: glândula tireoide e rim. O coração de um cachorro de pequeno porte implantado no pescoço de um animal maior. As experiências mostravam ótimos resultados: os vasos unidos, sem vazamento sanguíneo, funcionavam perfeitamente. Em raros momentos, alguns animais sucumbiam pelas infecções ou pela até então desconhecida rejeição. A ciência do século XX ainda precisaria avançar para o sucesso dos transplantes, mas Carrel foi um precursor. Em 1908, sua fama lhe trouxe o desafio de demonstrar o benefício prático de suas pesquisas. O médico foi procurado pela tradicional família Lambert, pois a recém-nascida Mary estava com sangramento intestinal. A pele clara, a respiração acelerada e os batimentos cardíacos disparados vinham da anemia profunda decorrente da perda sanguínea intestinal. Apenas uma transfusão sanguínea salvaria a vida do bebê, e, mesmo assim, se fosse de imediato. Mesmo contra sua vontade, Carrel teria que assumir os riscos de sua técnica, pois era o único médico capaz de unir a artéria do pai da criança diretamente à veia da recém-nascida. O pedido veio do próprio pai da menina, o Dr. Adrian V. S. Lambert, professor da faculdade de Medicina da Universidade de Columbia. O palco do desafio foi a sala de jantar do apartamento da família Lambert. Na mesa, Carrel lavou o braço paterno e, com anestesia local, fez uma pequena incisão no seu punho. Em questão de minutos, expôs a artéria radial do pulso esquerdo. Por que o esquerdo? Ambos desconheciam os riscos daquele procedimento inédito e, portanto, temiam que a falta de sangue colocasse em risco a oxigenação, o que poderia resultar na amputação da mão. Se isso ocorresse, pelo menos seria na mão esquerda daquele senhor destro.

Carrel deslizou seu bisturi na porção posterior do joelho da criança, afastou tecido gorduroso e, em pouco tempo, encontrou sua veia poplítea. Aproximou ambos os vasos para uni-los camada por camada. O punho do pai posicionado ao lado da perna da criança. Em poucos minutos, pai e filha estavam unidos pelos fios de sutura. Após confirmar a impermeabilidade de todos os pontos, Carrel descomprimiu a artéria paterna para liberar o sangue, que fluiu à veia da filha. A pele cor de cera da criança à beira da morte imediatamente tornou-se rosada. O procedimento foi um sucesso e, com a parada espontânea do sangramento intestinal, a recém-nascida sobreviveu. Por sorte, os tipos sanguíneos de ambos eram compatíveis, pois a urgência do procedimento impediu a tipagem ABO, já então utilizada, como veremos adiante.

Os experimentos continuaram. Carrel antecipou as cirurgias cardíacas em meio século. Em 1910, ele retirou um segmento da artéria coronária de um animal. O músculo cardíaco sofreria pela falta de suprimento sanguíneo e ficaria sem oxigenação. Mas o ousado médico encaixou o segmento arterial de outro animal na lacuna. As duas extremidades foram conectadas, pacientemente, para o surgimento de uma "ponte" criada com a nova artéria implantada. O sangue fluiu pela nova tubulação para suprir o músculo até então condenado. Como vimos, Carrel já havia aventado a possibilidade do transplante renal. Defendia a possibilidade de extrair o rim de um cadáver, mantê-lo viável em meios de cultura para reimplantá-lo em doentes com insuficiência renal. Agora, acrescia também a viabilidade de substituição de coronárias obstruídas por novas artérias ou veias. As futuras "pontes de safena" nasciam na sua mente.

Ambicioso, Carrel começou a desenvolver caldos nutritivos com tubulações de oxigenação para tentar manter tecidos animais viáveis em cubas de laboratório. Sonhava com estoques de frascos com corações, rins e pulmões à espera para serem transplantados conforme a necessidade.[44, 45] Em 1912, foi agraciado com o Prêmio Nobel pelos trabalhos na sutura dos vasos sanguíneos. Porém, a comemoração durou apenas dois anos.

OUTRO ASSASSINATO E OUTRA DESCOBERTA

Outro anarquista entrou no caminho de Carrel no dia 28 de junho de 1914. A comitiva do arquiduque Francisco Ferdinando, herdeiro do Império Austro-Húngaro, percorria as ruas de Sarajevo, quando um jovem afiliado a grupos nacionalistas sérvios partiu em sua direção. Dessa vez foi uma pistola que disparou o projétil em direção ao pescoço do herdeiro imperial. O Palácio do Governo recebeu o automóvel em fuga. Lá chegaram os corpos do arquiduque e de sua esposa, também atingida no abdome. Foi a última gota para transbordar as águas turbulentas do frágil cálice europeu.

A queda da primeira peça do dominó desencadeou a sequência. O Império Austro-Húngaro invadiu aquele reduto sérvio. A Alemanha deu carta branca à invasão e protegeu a retaguarda caso a Rússia se intrometesse. O inevitável aconteceu: a Rússia, em apoio à Sérvia, obrigou a entrada da Alemanha no conflito, que, por sua vez, forçou o envolvimento da França e, depois, da Inglaterra.

Começava a Primeira Guerra Mundial. Mesmo morando no Estados Unidos, Carrel foi recrutado como médico pelo governo francês.

O Exército francês, nas redondezas de Paris, bloqueava o avanço alemão e, lá na linha de frente, no hospital militar de Compiégne, estava Carrel.[46] A visão era assustadora. Os feridos e mutilados chegavam a todo o momento, vítimas do avanço tecnológico de uma guerra até então inimaginável. A humanidade aprimorara a arte de matar com metralhadoras, rifles automáticos, lança-chamas, gás cloro, granadas de mão, bombas, minas terrestres, tanques e granadas de fuzil. O sucesso dessa arte caía nas mãos de Carrel. O médico que lutou a vida toda para reunir artérias e reconstruir tecidos realizava, agora, uma amputação atrás de outra. Os ferimentos contaminados nos imundos campos de batalha infectavam. Secreções purulentas surgiam em horas, aliadas aos odores nauseantes dos gases bacterianos mesclados com tecidos necrosados. Fraturas, lesões de articulações e ferimentos rumavam para o mesmo destino: amputação. Quase três quartos dos feridos terminavam na sala cirúrgica para essa finalidade. Os poucos felizardos que escapavam conviveriam com infecções crônicas em ossos.

Indignado com a situação, Carrel buscava combater a frequente infecção dos ferimentos. Para isso, precisava de uma substância que eliminasse as bactérias assentadas nas lesões. Em uma época que nem se cogitava a palavra antibiótico, ele solicitou a ajuda do químico inglês Henry D. Dakin. Ambos lutariam para encontrar um produto químico que, despejado nas lesões, destruísse bactérias, cicatrizasse ferimentos e findasse a epidemia de amputação.

Enquanto Carrel tratava os franceses mutilados, Dakin buscava a solução na bancada do laboratório. Diversas combinações químicas, incluindo iodo, mercúrio, prata e fenol, eram despejadas em tubos de vidro para, então, serem testadas contra bactérias alguns dias depois. A presença de bactérias era um banho de água fria na esperança de Dakin: o produto químico falhara.

Além disso, Dakin comandava outro trabalho paralelo. O produto químico não poderia ser tóxico aos tecidos humanos. Não adiantaria umedecer os ferimentos com algo que eliminasse todas as bactérias, mas destruísse as células musculares e adiposas. Ele coletava fragmentos de pele e os mergulhava nos frascos com cada tipo de produto testado. Os microscópios revelavam os efeitos tóxicos nos tecidos. Lesões destrutivas indicavam necessidade de mudança dos elementos testados ou alteração na sua concentração. O equilíbrio precisava ser encontrado.

Finalmente surge o produto ideal. Após duzentos tipos diferentes de soluções testadas, emerge o frasco com rótulo de hipoclorito de sódio com bicarbonato de sódio.[47] Compressas mergulhadas nessa combinação química cobriam as lesões. A análise das secreções mostrava ausência de bactérias, enquanto os curativos diários cicatrizavam os ferimentos. Carrel e Dakin revolucionaram o tratamento dos ferimentos infectados e puseram fim a muitas amputações. O líquido é empregado até hoje para o tratamento de ferimentos e é conhecido como "líquido de Dakin".

DOIS HERÓIS CONTAMINADOS PELO NAZISMO

Em 1930, Carrel recebeu uma visita ilustre em seu laboratório de Nova York: o renomado aviador Charles A. Lindbergh. Sua cunhada agonizava por falência cardíaca, e os médicos a desacreditavam. O jovem aviador, porém, não desistiu. Usou sua influência política para conhecer a estranha pesquisa sobre cultura de órgãos que, quem sabe, possibilitaria à sua cunhada receber um novo coração. Foi assim que o destino uniu dois grandes nomes dos EUA da época: um vencedor do prêmio Nobel de Medicina e o primeiro homem a cruzar o Atlântico em voo solitário, em 1927.

Bain Collection (Library of Congress), s. d.

Bain Collection (Library of Congress), s. d.

O aviador Charles A. Lindbergh (esq.) procurou o doutor Alexis Carrel (dir.) para tentar salvar a vida da cunhada.

Lindbergh, na antessala do laboratório, lavou suas mãos com sabão sob rigorosa vigilância de Carrel. O aviador deslumbraria um novo mundo, vestido com um longo avental cirúrgico, que cobria todo o seu corpo, acompanhado de luvas, gorro e máscara. Todos pretos. A visão era assustadora para o jovem novato em experimentos médicos. Gaiolas enfileiradas acomodavam cães e gatos. De perto, Lindbergh visualizou feridas abertas no dorso de animais, expondo seus tecidos avermelhados. Carrel testava soluções que encurtassem o período de cicatrização e, ao mesmo tempo, evitassem infecção. Continuava seus experimentos após a descoberta do "líquido de Dakin".

Percorrendo aquele ambiente sinistro de paredes e pisos pretos, Lindbergh entrou na sala do refrigerador. Lá, sob baixas temperaturas, os tecidos animais se mantinham vivos enquanto mergulhados em soluções nutritivas viscosas e turvas. A imagem de uma tireoide de gato acomodada no recipiente refrigerado era mais fúnebre que o silêncio, os ventos gelados e a neve do seu voo solitário. Camundongos completavam o tom macabro daquelas salas pretas. Os pequenos roedores eram submetidos a condições extremas de dieta, infecção e toxicidade para que fossem selecionados os mais aptos. Os que sucumbiam tinham seus órgãos examinados.

Lindbergh comprou a ideia do médico francês e acreditou na possibilidade de manter um órgão viável fora do corpo para ser reutilizado. Apesar de os experimentos não estarem adiantados para salvar a cunhada de Lindbergh, ele se propôs a desenvolver, com seus conhecimentos mecânicos, uma máquina artificial que pudesse fazer circular substâncias nutritivas no tecido e, ao mesmo tempo, oxigenar os líquidos.[48] Daí nasceu uma parceria que seria interrompida, temporariamente, com o sequestro e o assassinato do filho de Lindbergh e, definitivamente, com a Segunda Guerra Mundial.

Ambos aprimoravam o desenvolvimento da engenhoca de Lindbergh.[49] O assunto sobre superioridade das raças parece ter sido comum em suas conversas. Carrel defendia a possibilidade de se alcançar um homem ideal. Lindbergh enaltecia a organização nazista da Alemanha que pôde testemunhar em visita ao país.[50] Teceu elogios à eficaz aviação de Hermann Goering, de quem recebeu uma medalha. No futuro, suas ideias mudariam com a queda da cortina que ocultava os bastidores do nazismo. Enquanto Lindbergh desfilava entre eminências políticas em homenagens, recepções e jantares, Carrel arrumava seus objetos pessoais para abandonar o laboratório do Instituto Rockefeller. A determinação da nova direção foi um nocaute em seus anos de dedicação: todo funcionário que completasse 65 anos de idade seria obrigado a aposentar-se. Carrel deixou sua sala de pesquisa para sempre em 1939, retornando para sua França natal bem no ano em que estourava a Segunda Guerra Mundial. O sonho utópico de manter órgãos vivos fora do organismo ruiu e, com ele, a parceria entre aviador e médico.

Na França ocupada pelo regime de Hitler, Carrel cometeu o erro de liderar um instituto recém-criado para perpetuar suas pesquisas. Isso lhe custou caro após a expulsão dos nazistas do solo francês. Ele teve sua imagem arranhada por provável participação e colaboração com o tão odiado regime da suástica.[51] As investigações não comprovaram sua parceria, mas não aliviaram seu desgosto. Um ano antes do fim da guerra, sua coronária não suportou e, antes que surgisse a cirurgia para revascularização miocárdica possibilitada por seus experimentos, Carrel morreu de infarto.

ANO 1919

O FIM DOS OSSOS FRACOS

O PREÇO DE UMA REVOLUÇÃO

Inglaterra, segunda metade do século XVIII, nascimento da Revolução Industrial. As inovações tecnológicas alcançaram os países da Europa continental, cruzaram o Atlântico e atingiram a América.[52] Em pouco tempo arrastaram o hemisfério Norte para a era das máquinas.

A indústria inglesa cresceu, no início, próximo às regiões fornecedoras de carvão, principal substrato da revolução. A recém-criada máquina a vapor engolia e destruía avidamente todo carvão desenterrado. Máquinas de fiar, tecer e cardar se espalharam pelo solo europeu. Caldeiras colossais fundiam minério de ferro com coque, posteriormente aço, para a produção crescente de máquinas e instrumentos.

A Europa, rasgada por estradas de ferro, presenciou o crescente desfile de vagões que ligavam jazidas de carvão e pedreiras às fábricas urbanas. Não tardou o transporte de passageiros. A bolsa londrina ferveu com a valorização das ações das companhias da construção ferroviária. Os mares não foram poupados: embarcações de ferro, e depois de aço, impulsionadas por caldeiras de carvão e hélices, ganharam a vastidão dos oceanos.[53]

As fábricas, invadidas pelas máquinas industriais, tomaram as cidades com a produção de roupas de algodão, seda, linho e lã. Os centros industriais urbanos desalojaram os moradores e os empurraram para os bairros pobres, que cresceram como nunca. As crianças, filhos dos operários urbanos, foram as principais vítimas dessa Revolução Industrial. Um menino desse século acordava ao lado do aglomerado de diferentes famílias que dividiam a mesma casa ou dormitório devido aos preços elevados dos aluguéis. O baixo salário impossibilitava o luxo de uma família operária ter sua exclusiva moradia alugada. O garoto, com a pele marcada pelas picadas dos insetos noturnos, partia para sua longa jornada de trabalho de doze horas em alguma fábrica. Retornaria exausto daquele árduo dia e, como se não bastasse, se alimentaria mal. Os elevados preços dos alimentos e salários irrisórios privavam-no de refeições saudáveis. Batatas, legumes, queijo e carne eram de má qualidade. Além disso, balanças adulteradas roubavam no peso. Passado esse obstáculo, havia também os alimentos adulterados: vinho do porto falsificado, pimenta misturada com cascas de nozes, chá misturado com folhas de ameixeiras, café moído misturado com chicória, açúcar misturado com farinha de arroz e farinha misturada com gesso ou argila.[54]

Nosso pequeno trabalhador podia ainda receber ópio e aguardente, hábito comum nas cidades industriais do século XIX. Tudo conspirava contra a saúde das crianças: excesso de trabalho, má alimentação, aglomerados humanos, ambiente mal arejado e falta de higiene. O resultado não poderia ser outro: mais da metade das crianças morria antes de completar 5 anos de idade. Eram levadas por escarlatina, tuberculose, diarreia, coqueluche, difteria, tifo, sarampo e varíola. Caso vencessem esses desafios, não seguiriam ilesas e testemunhariam a transformação dos seus esqueletos: surgiriam as crianças tortas do século XIX.

EPIDEMIA DE CRIANÇAS TORTAS

O carvão assumiu o patamar de metal precioso e obrigou a abertura de novas minas. O solo britânico foi esburacado por túneis subterrâneos intermináveis; o homem industrial ressuscitava o carvão que até então permanecera enterrado por milênios. As minas e os mineiros proliferavam no hemisfério Norte. Homens enegrecidos emergiam das cavernas artificiais seguidos por carros repletos daquele minério, força motora do século. Crianças e mulheres, apesar da fragilidade física, também eram empregadas nas minas. A Inglaterra, em 1839, produziu cerca de 36 milhões de toneladas de carvão, número que dobrou em 1854 e triplicou em 1866.

A rocha negra, emergida das profundezas, ardia na superfície e contaminava o ar com os gases provenientes da sua queima. Começávamos a inundar a atmosfera com gases que ficariam famosos pelo seu poder de potencializar o efeito estufa. Os fornos domiciliares e das fábricas queimavam toneladas de carvão. As cidades industriais do século XIX eram reconhecidas a quilômetros de distância pelos viajantes. Bastava avistarem as nuvens negras estacionadas.[55] Europeus e norte-americanos se habituavam às ruas poluídas por fornalhas, fornos e lareiras. A paisagem urbana estava dominada pela fuligem e pelos gases tóxicos gerados pela queima do carvão. A fumaça, misturada à neblina, era a receita para formação do famoso *smog* urbano, que reduzia a visibilidade. Foi nesse período, nesse cenário, que surgiu uma nova epidemia nas crianças citadinas: o raquitismo.

Conhecido desde a Antiguidade, os médicos do século XIX testemunharam um elevado número de crianças deformadas pelo raquitismo, causado pela falta de minerais nos ossos. As crianças cresciam sem incorporar cálcio e fósforo ao esqueleto. Isso prejudicava o crescimento ósseo e gerava batalhões infantis com baixa estatura. Além disso, os ossos não calcificados e, portanto, amolecidos, envergavam como resultado da incapacidade de sustentar o peso do corpo das crianças, que começavam a arquear as pernas. Os ossos dos braços e da coluna vertebral também cediam e ocasionavam, respectivamente, proeminentes corcundas e deformidades dos membros superiores. O esqueleto enfraquecido da arcada dentária provocava alterações e retardo da dentição. Traumas e quedas inofensivos precipitavam fraturas nesses esqueletos empobrecidos e desmineralizados.

O raquitismo tornou-se comum nas cidades esfumaçadas da Europa e da América. E o problema era ainda maior do que se imaginava. Ao vasculharem os ossos de crianças falecidas por outras doenças e, portanto, com ossos aparentemente saudáveis, os médicos descobriram que mais de 80% das crianças apresentavam graus diferentes de raquitismo. O número de pequenos jovens deformados se elevava no transcorrer do século XIX. Caso sobrevivessem, não seria impunemente. Sequelas deformantes do raquitismo infantil nos ossos pélvicos impediriam que futuras gestantes pudessem ter parto normal. O estreitamento dos canais de parto fizeram o médico escocês Murdock Cameron, em Glasgow, lançar mão da antiga técnica de cesariana que, sempre temida e evitada, passou a ser necessária na segunda metade do século.[56] Enquanto isso, médicos debatiam a causa do problema que, havia tempo, assolava a Europa em pleno século industrial. Seria o carvão? Em 1822, médicos documentaram que a doença reinava em crianças urbanas, mas era rara nas que moravam em áreas rurais. Parecia claro que algo presente nas cidades industriais ocasionava o raquitismo. Muitos, porém, não acreditavam ser a fumaça urbana e defendiam a tese de carência nutricional, uma hipótese mais lógica, já que alguns nutrientes nos alimentos ingeridos eram, sabidamente, incorporados pelos ossos para a sua formação sólida, forte e saudável. Os defensores da tese sobre a carência nutricional buscavam respaldo no mito de países nórdicos, segundo o qual era possível prevenir o raquitismo por meio da ingestão de óleo de fígado de bacalhau. Algo ainda desconhecido nesse óleo prevenia a doença? Médicos que rejeitavam essa hipótese lembravam que crianças chinesas, indianas e japonesas, mesmo pobres e desnutridas, não mostravam raquitismo. Como crianças bem mais desnutridas cresciam com ossos rígidos?

Então poderia ser a falta de banho de sol. A fumaça urbana, mesclada com a neblina, reduzia a visibilidade e nem mesmo os raios solares chegavam ao solo: uma diferença gritante entre crianças urbanas e rurais. Porém, era difícil acreditar que o raio solar pudesse interferir no crescimento ósseo. Mais fácil pensar que crianças urbanas não tinham tanta atividade física como as moradoras dos campos. A atividade física ativaria o crescimento e o fortalecimento ósseo? Era mais uma hipótese. Havia outras.

O raquitismo surgiria em crianças predispostas à doença, enquanto outras, resistentes, cresceriam saudáveis? Surgia a teoria genética. A descoberta de bactérias patogênicas, na segunda metade do século XIX, originou outra possibilidade. Nada mais lógico do que um número tão elevado de casos de raquitismo ser causado por uma epidemia de alguma bactéria desconhecida. O raquitismo seria infeccioso?

Enquanto o raquitismo avançava nas cidades industriais, as possíveis explicações se amontoavam e médicos se digladiavam em debates acalorados a respeito da sua verdadeira causa. Falta de exercícios físicos? Inalação de gases tóxicos emanados da queima de carvão? Falta de luz solar? Carência de algum nutriente na dieta? Bactéria desconhecida que se disseminava entre as crianças? A Medicina teria que aguardar. A solução do problema chegaria apenas após a Primeira Guerra Mundial.

UMA LONDRINA EM VIENA

A descoberta da causa do raquitismo chegou de trem no outono de 1919. Sentada no assento do vagão de passageiros, a londrina Harriette Chick viajava com destino a Viena. Chick, aos 44 anos, acompanhava a passagem dos campos austríacos pela janela do trem. As sobrancelhas caídas, o nariz fino e os lábios delgados com os cantos descendentes emprestavam um olhar triste àquela londrina de cabelos curtos e claros, repartidos de lado, um pouco além do centro de sua testa. Aquele olhar melancólico devia muito à vida feminina em uma Inglaterra vitoriana, em que a mulher não tinha direito a voto, reconhecimento intelectual para ocupar cargos profissionais superiores e nem mesmo eram valorizadas pelos maridos.

Apesar disso, vencendo todos os tabus e preconceitos, Chick se formou na Universidade de Londres, em 1894, e avançou no doutorado em bacteriologia com aperfeiçoamento em Munique e Viena.[57] A ciência dos microrganismos a seduziu naquela época de constantes descobertas de novas bactérias e parasitos causadores de antigas doenças.

Em 1905, aos 30 anos, foi a primeira mulher admitida no Instituto Lister de Medicina Preventiva de Londres. Sua função era pesquisar e coordenar a fabricação de soros e vacinas contra agentes infecciosos. Chick jamais imaginara que seu trabalho teria um papel fundamental com o início da Primeira Guerra Mundial. Os soldados ingleses tombados nos campos de batalha tinham mais um novo combate a vencer: a luta pela vida. Precisavam superar ferimentos sangrantes da guerra, enfrentar as infecções pelas bactérias oportunistas nos traumas da pele, e, como se não bastasse, o tétano, com período médio de incubação de uma semana, emergia no sétimo dia dos ferimentos. Esporos presentes na sujeira do solo acumulada nos tecidos danificados pelas feridas de guerra eclodiam para causar o tétano. Foi então que Harriette Chick entrou em cena ao comandar a fabricação da antitoxina do tétano em seu instituto.

Chick foi, indiretamente, uma das raras pessoas beneficiadas pela guerra. Estava trabalhando há nove anos no Instituto Lister, seu horizonte profissional era nebuloso, com pouca perspectiva de crescimento em um mundo comandado pelos homens. Porém, com a guerra, Chick viu-se sozinha em sua sala de trabalho. A maioria dos colegas, recrutados pelo Exército britânico, deixara Londres rumo ao campo de batalha. Chick passou a encabeçar seus projetos de pesquisa. Um deles era melhorar a nutrição dos combatentes ingleses. Isso a ajudaria a desvendar a causa do raquitismo.

As tropas inglesas adoeciam no Oriente vítimas de deficiências nutricionais. Tombavam contaminados por beribéri, escorbuto e pelagra, o que interrompia o avanço das tropas. Em uma época em que as vitaminas ganhavam notoriedade, as rações militares necessitavam de incrementos. Harriette Chick enfurnou-se no laboratório repleto de cobaias que recebiam rações balanceadas. As melhores proporções de nutrientes resultavam na melhora dos pesos e da agilidade dos animais. Em pouco tempo, Chick, agora especializada em estudos nutricionais, enviaria relatórios com rações ideais aos combatentes, à base de grãos, cereais, carne-seca, ovos, legumes e fermento.[58] Estudar carências nutricionais acabou direcionando sua pesquisa ao raquitismo. E novamente uma oportunidade surgiu com o fim da guerra. Por isso, Harriette Chick estava naquele trem, no outono de 1919, rumo a Viena.

Os europeus não estavam preparados para tamanha carnificina provocada pela Grande Guerra. Jamais imaginaram que a tecnologia criaria máquinas tão mortíferas, capazes de, no conflito de 1914-1918, matar 9 milhões de pessoas e mutilar outras 30 milhões. Mesmo distante dos campos de batalha, Viena também teria seus números exorbitantes de vítimas, porém não em combate, mas abatidas pela desnutrição.

A população vienense, de pouco mais de 2 milhões de habitantes, sentiu a escassez de alimentos, e, como sempre, as crianças foram as mais atingidas. França, Inglaterra e Rússia implantaram bloqueios comerciais aos países inimigos (Alemanha e Império Austro-Húngaro). Frotas navais policiavam o litoral europeu para cortar o abastecimento aos países centrais. Tudo que pudesse minar o poderio militar e civil inimigo era feito. Bloqueavam-se desde alimentos e petróleo até fertilizantes. O efeito era devastador: a Alemanha importava um terço dos 8 milhões de toneladas de fertilizantes consumidos por ano.

Os vienenses sentiram a escassez. Crianças desnutridas começaram a fazer parte do cenário da cidade. Assim como o raquitismo. No terceiro ano de guerra a situação piorou. Os habitantes se enfileiravam para receber rações distribuídas pelo governo. Pessoas se acotovelam para garantir o pão dos filhos. Em 1916, a Hungria, grande fornecedora de grãos à Áustria em troca de produtos industrializados, mostrou sinais de extrema queda das suas safras por causa da guerra: a importação dos grãos húngaros desabou de 2 milhões para 100 mil toneladas.[59] Crianças desnutridas cresceram em Viena durante os anos difíceis da guerra. A situação se agravaria com o corte de alimentos vindos da Romênia e, ainda mais, quando a Hungria declarou independência, cortando de vez a torneira dos grãos austríacos.

Foi nesse cenário pós-guerra que Chick desembarcou para presenciar uma Viena arrasada e aniquilada. Mais de 90% das crianças apresentavam desnutrição em decorrência das menos de 800 calorias diárias ingeridas no último ano da guerra.[60] E, como consequência, uma fábrica de crianças raquíticas aflorou em plena Viena de 1919. A epidemia de raquitismo acompanhava as de anemia e escorbuto. Chick, enviada do Instituto Lister, chegava com a incumbência de esclarecer a causa do raquitismo, além de trazer auxílio de Londres à derrotada Áustria.

O ESTUDO FINAL

A jovem londrina foi recebida pelo diretor do hospital infantil, Charles Pirquet, para quem apresentou o esboço de seu projeto. O experimento começou. As enfermeiras desfilavam pela ampla enfermaria pediátrica com seus longos aventais e gorros brancos. Nas mãos traziam as recomendações de Chick: dieta balanceada.

As crianças, a maioria com menos de 5 anos de idade, saíam dos berços de grades de ferro para serem alimentadas com leite, açúcar na forma de sacarose, carboidratos e suplementos de ferro para a anemia, além de vegetais e sucos cítricos para o escorbuto. Todos os dias, suas refeições balanceadas eram monitoradas por Chick, que acompanhava o peso diário das crianças. Porém, a londrina estava atrás de outra informação. O óleo de fígado de bacalhau, rico em vitamina A, realmente preveniria ou curaria o raquitismo? Para saber a resposta, deveria testá-lo em metade das crianças e comparar os dois grupos. Caso estivesse correta, Chick testemunharia a prevenção do raquitismo por essa gordura animal somente nos que a recebessem. Foi isso o que ela fez.

Metade das crianças alimentadas na ala hospitalar recebia diariamente sua porção do repulsivo óleo de fígado de bacalhau. Nas semanas seguintes, radiografias dos antebraços e pernas avaliavam o grau de calcificação óssea. Algumas chapas sequenciais mostraram sinais de rarefação óssea, o que claramente indicava perda de cálcio nos ossos e seu consequente enfraquecimento. Pouco mais de setenta crianças acompanhadas desciam para a unidade radiológica para expor seus ossos ao estudo. E destas, pouco menos de um quarto preocupou Chick devido à instalação do raquitismo. Mas em quais desses pacientes a doença se manifestou?

Apesar da angústia pelo surgimento da doença, Chick estava certa: nenhuma criança que apresentou o raquitismo estava no grupo que recebeu o óleo de fígado de bacalhau. Os resultados animadores confirmavam que aquelas crianças que torceram o nariz na ingestão do óleo asqueroso cresciam com ossos firmes e rígidos. O cálcio que recebiam se acumulava no arcabouço ósseo. Na mesma época, o farmacologista britânico Edward Mellanby chegava a resultados idênticos após tratar o raquitismo de filhotes de cães ofertando gordura animal com manteiga e margarina. Onde Mellanby encontrou esses filhotes raquíticos para o estudo? Ele mesmo os produziu a partir da prescrição de dieta indutora de raquitismo à base de grãos e leite.

Chick acreditava que a vitamina A do óleo de fígado de bacalhau prevenia o raquitismo. Os meses seguintes revelariam não ser apenas a vitamina A. Mas ela estava no caminho certo; bastavam apenas alguns detalhes. Enquanto separava as crianças que chegavam às enfermarias do hospital para o estudo, naquele mesmo ano, o médico alemão Kurt Huldschinsky trazia resultados animadores da cura do raquitismo por meio de banhos de sol ou mesmo iluminação artificial com lâmpada a vapor de mercúrio. O trabalho alemão se baseou na ideia, existente desde a Antiguidade, de que raios solares são vitais à saúde. Os tuberculosos dos sanatórios tinham sua hora terapêutica de banho solar. Agora, o mito também trazia melhorias ao raquitismo. Chick também comprovou isso em sua enfermaria experimental: 11 crianças raquíticas expostas regularmente a banho de sol e outras seis à luz irradiada de lâmpadas de mercúrio mostraram melhora na radiografia de braços e pernas. Afinal, qual era a causa do raquitismo: deficiência de vitamina A ou ausência de banho solar? Essa resposta foi encontrada por Chick, que, sem saber, realizou dois estudos em um só. Ao analisar os resultados de seu estudo, percebeu dois fatos distintos que conciliavam as duas teorias.

As crianças que receberam o suplemento do óleo de fígado de bacalhau não desenvolveram raquitismo, enquanto as que não receberam esse óleo apresentaram rarefação óssea nas radiografias. Até aqui não havia dúvida: algo no óleo protegia da doença. Porém, esse resultado foi encontrado no inverno, época em que os raios solares chegavam fracos à superfície da cidade. Quando Chick analisou seus resultados no verão, a história foi outra: não houve nenhuma diferença. Nenhuma criança apresentava raquitismo no verão, mesmo as que não recebiam o tal óleo de fígado de bacalhau. A explicação? Todas eram banhadas pelos raios solares porque ficavam horas no pátio. Conclusão: o óleo de fígado de bacalhau e os raios solares tinham o mesmo efeito protetor ou curativo.

A VITAMINA D

O próximo degrau dessa batalha foi tentar comprovar que a vitamina A, presente no óleo de fígado de bacalhau, era a substância responsável pela prevenção do raquitismo. Outra surpresa surgiu. Isso coube ao bioquímico norte-americano Elmer V. McCollum, de 43 anos. Enquanto Chick se despedia do hospital de Viena para retornar a Londres, McCollum testava sua teoria do outro lado do Atlântico. A vitamina A curava o raquitismo? Em busca de uma resposta, alimentou ratos raquíticos com gorduras animais portadoras da tal vitamina, mas, antes disso, retirou a vitamina A dessas gorduras.[61] Como? Oxidou e aqueceu as gorduras, destruindo, dessa forma, toda a vitamina A presente. Mesmo assim, para sua surpresa, os roedores cresceram com ossos fortes e rígidos. A conclusão era óbvia: outra molécula que não a vitamina A era responsável pela cura do raquitismo.[62] McCollum descobria uma nova molécula com ação óssea. Como já existiam as vitaminas

A, B e C, batizou essa quarta vitamina descoberta com a próxima letra do alfabeto: surgia a vitamina D.[63]

O quebra-cabeça começava a se formar no início da década de 1920. Cientistas britânicos e norte-americanos disputavam o conhecimento das causas do raquitismo. Hoje, sabe-se que o cálcio e o fósforo incorporados aos ossos evitam a doença. Para isso, não basta ingerir esses elementos, é necessária também a vitamina D. Somente ela precipita uma engrenagem de reações químicas que absorvem esses minerais no intestino, os equilibram no sangue e os aprisionam nos ossos. A vitamina D é tão essencial quanto os minerais ósseos. Por isso, os pediatras fornecem suplemento da vitamina D para lactentes: o leite materno é pobre nessa vitamina. As crianças europeias dos séculos anteriores à Revolução Industrial tinham uma dieta pobre em vitamina D, exceto as que habitavam o litoral e ingeriam peixes ricos nessa vitamina; por esse motivo, o óleo de fígado de bacalhau funcionava. Mas como adquiriam a vitamina D se a dieta era pobre nesse elemento?

Outra forma de aquisição da vitamina D está na pele, através de substâncias semelhantes ao colesterol e precursoras da vitamina D. Basta para isso receber a luz solar. O raio ultravioleta, na pele, altera a molécula dessa pró-vitamina para formar outra pré-vitamina. O calor entra em ação para que essa segunda estrutura se transforme em vitamina D. Esse era o mecanismo para que crianças carentes de alimentos com vitamina D a produzissem na pele e, assim, evitassem o raquitismo até a Revolução Industrial. Tudo mudou quando as primeiras cidades industriais emanaram as fumaças da queima do carvão e o *smog* passou a fazer parte da paisagem urbana. Os raios solares deixaram de banhar as crianças e, em suas peles, cessou a produção de vitamina D. O raquitismo avançou decorrente da poluição atmosférica. Esse era o motivo de a luz solar ou ultravioleta das lâmpadas a vapor de mercúrio melhorarem o raquitismo. O problema principal dessa doença não estava na desnutrição, mas, sim, na carência específica da vitamina D. Por isso, crianças desnutridas de países pobres não apresentavam graus intensos de raquitismo como às das cidades industriais europeias. Mas os cientistas da década de 1920 ainda precisariam descobrir tudo isso, e conseguiram usando o maior artifício humano à época: o raciocínio.

Duas cientistas britânicas creditaram ao "ar irradiado" a cura do raquitismo em 1923. Elas colocaram ratos raquíticos em gaiolas previamente irradiadas com luz ultravioleta. Como os ratos melhoraram, acreditaram que a cura ocorreu pela inalação de tal "ar".[64] Posteriormente, como outros cientistas não encontraram o mesmo resultado em estudos semelhantes, reanalisaram o "ar irradiado" e descobriram que a ração esquecida na gaiola havia sido irradiada e poderia ter ocasionado a melhora dos animais. De alguma forma a ração irradiada passou a apresentar a vitamina D. Os olhos da ciência se voltaram à radiação aplicada aos alimentos e aos animais.

Os norte-americanos descobriram, na mesma época, que ratos raquíticos irradiados com luz ultravioleta produziam a, então desconhecida, vitamina D. Para isso, irradiaram ratos raquíticos, retiraram seus fígados e forneceram seus pedaços a outros ratos na mesma condição. A ingestão das fatias de fígado curou os raquíticos: alguma substância fora produzida no fígado dos ratos irradiados. Outro estudo com a mesma comprovação veio com ratos irradiados colocados em gaiolas superiores às dos raquíticos. Urina, fezes, secreções e líquidos dos animais irradiados despencavam nas gaiolas inferiores dos raquíticos, que melhoravam. Conclusão: a vitamina D produzida pela luz solar também era eliminada nos líquidos e secreções. Porém, o que mais intrigou o norte-americano Harry Steenbock foi a ração esquecida nas gaiolas irradiadas das inglesas que buscavam o tal "ar irradiado". As rações pobres em vitamina D passaram a produzi-la depois de irradiadas. Esta foi a solução encontrada coletivamente para a prevenção da doença: fornecer alimentos irradiados à população infantil para pôr fim aos ossos fracos.

Steenbock passou a irradiar alimentos com luz ultravioleta para produzir vitamina D. Sua ideia foi um sucesso: os animais se curavam do raquitismo com alimentos pobres na vitamina, mas previamente irradiados. Pela primeira vez, a ciência conseguia produzir uma vitamina ao irradiar moléculas semelhantes ao colesterol presentes em vegetais. A vitamina D se apresentava em alimentos inesperados: surgia da irradiação de óleo de algodão, óleo de linhaça, do germe de trigo e até mesmo de alface. A indústria poderia, agora, sintetizar vitamina D e acrescentá-la aos alimentos produzidos. O raquitismo estava com seus dias contados. A indústria alimentícia Quaker Oats foi pioneira em obter licença para produzir cereais enriquecidos pela vitamina. Indústrias farmacêuticas lançaram suplementos alimentares com vitamina D; nascia o Viosterol.[65] Surgiria, depois, o leite enriquecido pela vitamina D.

Hoje, boa parte dos alimentos comercializados é enriquecida com vitamina D, cálcio e fósforo. A "epidemia" de raquitismo foi deixada para trás na história, apesar de a doença ainda estar presente em algumas regiões do planeta.

ANO 1921

INTRIGAS E BRIGAS NA DESCOBERTA DA INSULINA

O ENIGMA DO DIABETES

Médicos ingleses, no final do século XVIII, tentavam tratar seus pacientes diabéticos. Apesar de a doença ser conhecida desde a Antiguidade, a ciência da Era Georgiana estava longe de desvendar sua causa e a melhor forma de tratamento. Não se imaginava que o diabetes surgia pela falta de produção de insulina. Esse hormônio remove a glicose sanguínea para incorporá-la ao interior das células. A falta de insulina, portanto, priva as células do açúcar. O sangue dos diabéticos fica inundado de glicose. Sem opção, e de maneira natural, os rins filtram essas moléculas do açúcar em excesso e as despejam na urina. Uma vez na urina, a glicose "puxa" água por osmose, arrastando consigo rios de líquidos pelos rins. Conclusão: o diabético urina em demasia e, em consequência dessa desidratação, sente muita sede. Daí a doença receber seu nome na Antiguidade. A palavra diabetes deriva do termo grego que significa "sifão" ou "fluir através", como referência à água que fluía nos pacientes continuamente, desde a ingestão à excreção da urina, como em um sifão.

Através desses sintomas, alguns médicos do final do século XVIII tiravam conclusões equivocadas. Achavam que o problema estava no rim. Esse órgão, uma vez doente, perdia o açúcar do corpo. Os rins deixavam "vazar" a glicose do corpo. Assim, algumas formas de tratamento consistiam em repor o suposto açúcar perdido. Isso mesmo: houve um tempo em que se tratava diabetes com mais oferta de açúcar na dieta. A Medicina estava longe da descoberta da insulina.

Em 1788, o exame cadavérico de um doente, realizado pelo médico britânico Thomas Cawley, quase mudou o rumo da história da doença.

Cawley deslizou o bisturi no abdome de um corpo vitimado pelo diabetes. Após remover os órgãos abdominais, deparou-se com um pâncreas totalmente destruído. O órgão, com várias pedras no seu interior, estava completamente danificado por áreas de necrose e cicatrizes. Aquele corpo destrinchado na mesa metálica incendiou a mente de Cawley, que formulou sua teoria: o diabetes provinha de lesão no pâncreas. Hoje sabemos que estava certo, pois a insulina é produzida no pâncreas; e, lógico, aquele órgão inutilizado não produzia esse hormônio. Mas a descoberta de Cawley estava à frente de seu tempo, e poucos deram ouvidos. Na época não se imaginava a existência da insulina, quanto mais sua produção pelo pâncreas.

Sem descobrir a causa da doença, não havia forma segura de tratamento. Por isso, crianças diabéticas recebiam desde dietas com carne animal, vegetais e até ópio importado do Oriente. Pelo menos o açúcar saíra da lista. As mães temiam a doença em seus filhos. O receio do diabetes surgia quando as crianças urinavam muito e sentiam muita sede. Além disso, emagreciam devido às células não incorporarem a glicose como fonte energética. As mães, desconfiadas, levavam os filhos ao médico que, na época, buscava o diagnóstico pelo encontro de irritações e rachaduras na língua. Outra maneira de diagnosticar a doença vinha da velha técnica de testar o gosto da urina: o excesso de açúcar sanguíneo filtrado pelos rins ofertava-lhe um gosto doce. Daí o complemento do nome da doença *mellitus* (do latim: "meloso" ou "doce como mel"). Esse conjunto de achados identificava as crianças com diabetes *mellitus*.

Se o diagnóstico era presumido, o tratamento acontecia na base de erros e acertos. Em meados do século XIX, surge outra teoria para a causa da doença, com a descoberta das enzimas digestivas na saliva. Os químicos isolaram a ptialina, ou amilase salivar, responsável por quebrar o amido da dieta em diversas moléculas de maltose. O que é a maltose? Uma molécula formada pela união de duas moléculas de glicose. O raciocínio parecia óbvio: pacientes com excesso de atividade da ptialina gerariam muitas moléculas de maltose e, portanto, de glicose. Mais uma teoria da causa do diabetes.

A incriminação dessas enzimas digestivas como causa do diabetes durou pouco. Os cientistas aprofundaram o conhecimento sobre a ptialina e, em poucas décadas, a hipótese de sua participação no diabetes já estava nocauteada. Entre outras enzimas descobertas estava a pepsina, produzida pelo estômago e responsável pela digestão das proteínas. Um farmacêutico da Carolina do Norte teve a ideia de lançar um produto Medicinal para aliviar as dores estomacais. Reuniu a castanha de cola africana, rica em

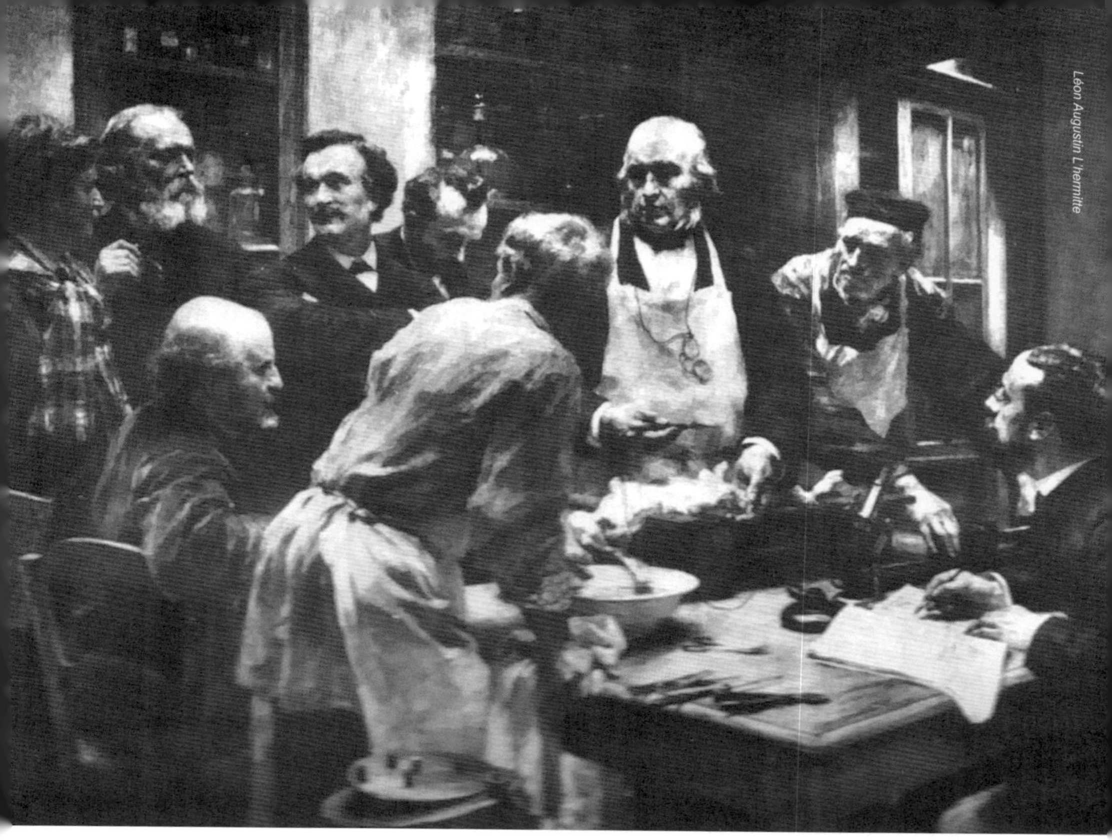

O fisiologista Claude Bernard, retratado em 1889, em uma de suas dissecções para esmiuçar o funcionamento dos órgãos internos. Um auxiliar toma nota de suas observações.

cafeína, com a recém-descoberta pepsina para criar seu xarope Medicinal para cólicas estomacais. A lógica estava em ofertar uma enzima digestiva de proteínas. Nascia a combinação química que se transformaria, no futuro, no refrigerante Pepsi-Cola (*pepsi* de pepsina e *cola* da castanha).[66] O refrigerante disputaria o mercado com a Cola-Cola, também nascida como produto Medicinal pela combinação, no início, de folhas de coca do Peru com a castanha de cola africana.

Apesar das descobertas, a verdadeira causa do diabetes se perdia entre teorias. Para complicar mais ainda a situação, surge outra hipótese muito mais sedutora. O francês Claude Bernard descobriu o glicogênio em fígado de animais.[67] Essa molécula gigante consiste em inúmeras moléculas de glicose unidas em uma arquitetura semelhante aos ramos dos galhos de árvores. Sua função é armazenar as moléculas de açúcar, daí glicogênio (gerador de glicose). É a reserva energética dos animais. Quando o organismo necessita de energia, em geral em casos de urgência, as moléculas de glicose se soltam das extremidades do glicogênio. Pelo esboço do glicogênio ser parecido com galhos de árvores, várias moléculas de glicose são liberadas ao mesmo tempo nas diversas extremidades. Os vegetais também têm sua reserva energética no amido, que consiste em outra estrutura gigante formada pela união de moléculas de glicose.

A descoberta de Bernard precipitou nova teoria sobre o diabetes: a causa estaria no fígado. Por algum mecanismo ainda desconhecido, o fígado quebraria o glicogênio, inundando o sangue com moléculas de glicose. A teoria explicava perfeitamente a elevação do açúcar.

Enquanto médicos debatiam, os europeus temiam o surgimento da doença em seu círculo, pois a mortalidade era enorme. O diagnóstico precário ainda era feito de forma "caseira". Alguns colocavam pequenas gotas de urina na superfície de um sapato preto para procurar indícios da doença. A água urinária do diabético se evaporaria e as moléculas de glicose, cristalizadas, seriam visualizadas como partículas sólidas brancas no contraste preto do sapato. Além disso, a presença de moscas e vespas na urina das crianças também seria mau presságio. Esses insetos eram atraídos pela alta concentração do açúcar urinário. Esses métodos, apesar de antigos e falhos,[68] permaneciam no imaginário europeu. Somente em 1841 a indústria química alemã lançou uma técnica diagnóstica: o primeiro teste para diabetes vendido em lojas.

As famílias desconfiadas compravam, por um centavo de dólar, o novo produto químico de diagnóstico domiciliar. O *kit* consistia na presença de um fungo dormente no qual se colocava a urina do paciente. O fungo incorporava o açúcar urinário, caso estivesse presente, para iniciar a fermentação.[69] Isso só ocorria na urina dos diabéticos, pois a urina normal não excreta glicose. Fermentação positiva indicava presença de glicose e, portanto, diabetes. O método diagnóstico circulou por algum tempo. Somente cerca de 80 anos depois, em 1923, a indústria química lançaria um teste caseiro mais prático para detectar glicose na urina. O teste custava um centavo de dólar e era mais rápido, prático e fácil de realizar.[70] As substâncias químicas do produto reagiam com moléculas de açúcar urinário, mudando a coloração do teste para tons que indicavam resultado positivo ou negativo. Faltava ainda saber a causa da doença.

O PÂNCREAS

Corria o ano de 1889. Na mesa de uma sala fria e mal iluminada repousava o corpo de um cão anestesiado. Seu abdome, já aberto pelo bisturi, expunha os órgãos internos. No comando da cirurgia estava Oskar Minkowski.[71] O médico de 31 anos manipulava o pâncreas do animal. Seus olhos se apertavam por trás dos aros redondos de seus óculos para melhor visualização do órgão. A cabeça, precocemente calva, estava úmida de suor pela dificuldade em deslocar manualmente o pâncreas sem danificar os órgãos adjacentes. Seu grande bigode em forma triangular avançava os limites dos lábios e absorvia qualquer gota de suor deslizada do rosto. Aquela cirurgia era um desafio, Oskar tentava retirar todo o pâncreas do animal, o que, para muitos, era uma tarefa impossível, por considerarem aquele órgão irremovível.

A família de Oskar abandonara sua terra natal, a Rússia, por causa das perseguições antissemitas do governo do czar. A Alemanha, em 1872, acolheu aqueles russos imigrantes, quando Oskar tinha 14 anos de idade. O jovem cresceu em meio à cultura de sua nova nação e formou-se médico. Agora, após 17 anos no seu novo país, Oskar tentava remover o pâncreas daquele cão. Calmamente, conseguiu liberar o órgão dos tecidos vizinhos, seccionar suas veias e artérias que supriam o sangue para, finalmente, retirá-lo por completo. Conclusão: era possível remover o pâncreas cirurgicamente.

O animal recém-operado revelaria a causa do diabetes. Após a cirurgia, o cachorro apresentou todos os sinais de diabetes. O experimento não deixou dúvidas: o pâncreas produzia alguma substância responsável por manter níveis normais de glicose no sangue, e sua falta elevava o açúcar sanguíneo. Apesar disso, Oskar travou uma árdua batalha para comprovar sua teoria. Os médicos não aceitaram seu trabalho revolucionário. E, pior, a disputa seria contra médicos renomados.

O principal crítico de Oskar foi um dos maiores fisiologista da época, Eduard Pfluger. Seus comentários ásperos condenaram o estudo de Oskar, que encontrou em Pfluger um adversário de peso a ser vencido. Aos 60 anos, Pfluger tinha três décadas de experiência na cátedra da Universidade de Bonn, e chefiava o jornal de fisiologia mais influente da Alemanha. Como se não bastasse, era considerado a maior autoridade no conhecimento do papel cerebral no comando do corpo. O encéfalo comandava toda a maquinaria humana, desde a contração muscular até os movimentos intestinais. E para ele não havia dúvida da causa do diabetes: o cérebro, por algum defeito desconhecido, ordenava o fígado a quebrar o glicogênio para produção de açúcar. Mas os dias da causa hepática estavam contados.

Nos anos seguintes, porém, a tese de Oskar ganhou espaço. Novos estudos traziam evidências que penderam a balança a seu favor. Finalmente, na virada do século, passou-se a buscar a cura do diabetes no interior pancreático. E os indícios apontavam para uma região particular do órgão: as ilhotas de Langerhans.

A anatomia pancreática era bem conhecida no início do século XX. O órgão estreito e comprido repousa atrás do estômago, com cerca de 15 centímetros de extensão. Deitado no sentido horizontal, o pâncreas é percorrido, no seu interior, por um ducto de ponta a ponta. Conhecido como principal, esse ducto mimetiza uma tubulação que recolhe as enzimas digestivas produzidas pelo pâncreas para direcioná-las e despejá-las no duodeno. Vários ductos menores recolhem as enzimas produzidas pelas células e alimentam esse ducto principal. Portanto, a arquitetura do órgão pode ser comparada à natureza. Ductos pequenos nascem no tecido pancreático, como se fossem nascentes de rios. Estes se unem para formar ductos maiores, que fluem em direção ao ducto principal. Finalmente, o ducto principal recebe todos os afluentes menores como um grande rio alimentado pela soma dos afluentes. Por ele caminham enzimas digestivas que, despejadas no intestino, destroem carboidratos, gorduras e proteínas.

Os médicos do início do século XX também conheciam bem as células acinares, produtoras das enzimas posicionadas nas adjacências dos ductos menores. Essas células, dispostas como uvas em um cacho, produzem e despejam enzimas em pequenas tubulações, como o galho do cacho de uva, que se unem para formar ductos maiores. A função das células acinares e dos ductos pancreáticos era bem clara na mente médica: produção e transporte ao intestino das enzimas destruidoras de gordura, proteína e carboidrato da dieta. Porém restava um mistério. Algumas células agrupadas não apresentavam nenhuma ligação com os ductos pancreáticos. Qual seria a função daquelas células isoladas? Deveria ser um papel não digestivo. Produziriam, então, alguma substância despejada no sangue? Esses agrupamentos celulares descobertos por Paul Langerhans, em 1869, se comportavam como ilhas esparsas pelo tecido pancreático. Por isso, foram batizadas como ilhotas de Langerhans.

Na ocasião, poucos haviam dado importância à descoberta de Langerhans. Aquelas ilhotas de células não pareciam ter função alguma. Porém, o trabalho de Oskar mudou toda a história. Sabia-se que o pâncreas estava ligado ao diabetes. E havia, dentro do órgão, células sem função digestiva. O raciocínio, então, percorreu três etapas óbvias. Primeira, a falta de alguma substância pancreática causava diabetes. Segunda, essa molécula misteriosa não estava nas células acinares, pois produziam enzimas digestivas que percorriam o ducto pancreático rumo ao intestino. Terceira, restava somente uma opção: as ilhotas de Langerhans. Essas células fabricariam alguma substância que, despejada no sangue, controlava os níveis glicêmicos, e sua falta precipitava o diabetes. Os cientistas apressaram-se em identificar tal molécula misteriosa para fornecê-la aos diabéticos.

Mesmo sem saber o que era a tal substância, surgiram novas tentativas de tratamento. Médicos retiravam pâncreas de carneiros e maceravam seu tecido até liquefazê-lo. A solução aquosa era, então, injetada na pele dos pacientes. Porém, as tentativas fracassaram. Sem saber, esses primeiros aventureiros inoculavam também as enzimas digestivas que, por sua vez, destruíam a própria substância antidiabética do líquido, bem como as gorduras e proteínas da pele do paciente. Os efeitos do tratamento: o local da injeção se avermelhava e inchava, além de causar dor intensa, febre e frequente infecção local. Uma injeção inútil e maléfica. Todas as tentativas de adquirir a tal molécula das ilhotas de Langerhans falharam. O motivo sempre esbarrava na presença das enzimas digestivas do pâncreas. Os diabéticos teriam que esperar pelo ano de 1921.

O QUARTETO DESUNIDO

Frederick Grant Banting cresceu na área rural de Ontário. Mais tarde, transferiu-se para Toronto, onde se formou em Medicina na universidade da cidade. Após breve interrupção dos estudos para servir o Exército do Canadá na Primeira Guerra Mundial, Banting reiniciou a residência médica em cirurgia geral. Na noite de 30 de outubro de 1920, o médico de 29 anos de testa longa, cabelo liso penteado para o lado, lia as novidades médicas no seu leito. As notícias chegavam pelos jornais especializados de Medicina. Um artigo prendeu sua respiração, pois ele percebeu que ali estaria a maneira de extrair a tão sonhada molécula curativa dos diabéticos.[72] Como ninguém havia pensado nisso antes? Como tal estratégia pôde passar despercebida na mente de tantos médicos experientes? Banting visualizou todas as etapas necessárias para a aquisição da substância produzida pelas ilhotas pancreáticas. Mas o que havia naquele artigo médico de tão especial?

O artigo do médico Moses Barron, de Minnesota, relatava a necropsia de um paciente que havia morrido por formação de pedra e obstrução no ducto principal do pâncreas. Até aqui nenhuma novidade. A surpresa estava no exame microscópico do órgão. As células acinares, produtoras das enzimas digestivas, estavam destruídas pela obstrução, enquanto as ilhotas de Langerhans se mantinham preservadas e intactas. Barron já constatara isso em estudos anteriores, em que ligava por fios de sutura o ducto principal do pâncreas de cães, gatos e coelhos. Sempre obtinha o mesmo achado:

destruição de células acinares e preservação temporária das ilhotas. O motivo disso? As enzimas digestivas não conseguiam fluir pelo ducto principal obstruído e, uma vez represadas nas células acinares, começavam a digerir e destruir essas células. Enquanto isso, as ilhotas, longe dos ductos e desse caos, sobreviviam por mais tempo antes de se deteriorar.

Banting se agitou no leito. Ali estava a fórmula para extrair a substância antidiabética. A estratégia? Ligar o ducto principal do pâncreas e aguardar as células acinares serem destruídas. Uma vez aniquilada a fábrica de produção das enzimas digestivas, se conseguiria interromper a produção. Depois, bastaria extrair a molécula que controlava a glicemia das ilhotas pancreáticas preservadas. Essa receita forneceria um extrato pancreático livre das enzimas digestivas causadoras de febre ou abscesso cutâneo nas tentativas fracassadas das injeções descritas anteriormente. A ideia de Banting era genial, bastava encontrar alguém para comprá-la. E, por isso, Banting foi ao encontro do professor de fisiologia da Universidade de Toronto, o Dr. John James R. Macleod.

No primeiro encontro, Banting recebeu um duro golpe. Macleod, profundo conhecedor do metabolismo dos carboidratos, menosprezou sua teoria. Ele defendia a hipótese de a causa do diabetes estar no fígado, por não utilizar a glicose para sintetizar o glicogênio. Tudo pela falta de comando cerebral. Além disso, achou impossível aquele jovem médico extrair uma substância que muitos pesquisadores experientes tentaram sem sucesso.

Banting insistiu. Macleod acabou cedendo e forneceu um pequeno espaço de seu departamento para Banting. Além disso, incumbiu um estagiário de seu laboratório da universidade para auxiliar os estudos: juntou-se ao grupo o então estudante Charles H. Best. O projeto ambicioso de Banting se iniciou em meados de maio de 1921, no Departamento de Fisiologia da Universidade de Toronto, no Canadá.

Banting transitava pelo laboratório com seu longo avental branco com mangas dobradas acima do cotovelo. Na sala cirúrgica, vestia outro avental, escuro, apropriado às sujeiras dos cães operados nos experimentos. Com incisão abdominal, trabalhava no pâncreas desses animais. Um fio cirúrgico abraçava o ducto principal e, com um nó, o obstruía. O cão, de volta ao canil, apresentava boa recuperação: alegre, agitado, ativo e sem demonstrar qualquer deterioração. Porém, enquanto isso, suas enzimas digestivas vazavam das células acinares e digeriam o tecido pancreático. Em semanas, as células destruídas não mais produziam enzimas digestivas, mas as células das ilhotas permaneciam íntegras. Nesse momento, o cão retornava à mesa cirúrgica de metal e tinha seu pâncreas extraído.

Banting e Best processavam, então, o pâncreas recém-extraído no laboratório. Ali, daquela sala pequena com uma bancada central de madeira, sairia a molécula curativa do diabetes. A bancada central acomodava tigelas de porcelana, tubos de borracha, cubas de vidro de tamanhos variados, filtros, tubos de ensaio, pipetas, seringas, agulhas e outros utensílios do arsenal da descoberta. Banting preservava o tecido pancreático imergindo-o em soluções resfriadas, pois as ilhotas teriam de ser preservadas fora do corpo do animal. Macerava delicadamente o tecido para liberar as substâncias de seu interior. O caldo final era filtrado para retirar as impurezas. Um leve aquecimento a 37 °C preparava a solução final.

Tudo pronto para o último teste. Banting e Best recrutaram cães diabéticos para o tratamento. Como encontraram cães diabéticos? Fabricaram-nos ao retirar o pâncreas dos animais e comprovar a consequente elevação dos níveis de glicose por meio de exames sanguíneos. O tratamento inicial foi frustrante, a solução injetada nos primeiros animais falhou. A dupla precisou aprimorar a técnica da extração: ainda havia resíduo das enzimas digestivas ou impurezas. Conclusão: sete em dez cães testados morreram, o que levou a dupla às ruas da cidade para comprar novos animais ao preço de 1 a 3 dólares canadenses.

Finalmente, o cão número 408, no início de agosto, trouxe resultados animadores. Seu nível de glicose sanguínea despencou após a administração da solução produzida pela dupla. A conclusão não deixou dúvida: Banting e Best conseguiram extrair a droga milagrosa. Mas o sucesso foi efêmero, pois, em poucos dias, ocorreu nova ascensão dos níveis de açúcar. Apesar disso, a dupla não desanimou. O batismo da molécula descoberta amadureceu na mente dos cientistas. A substância salvadora seria batizada pelo nome das células que a produziam: as ilhotas pancreáticas. A molécula era produzida nas "ilhas" do pâncreas. Portanto era de "natureza de" (do latim: *ina*) "ilhas" (do latim: *insula*): nascia a insulina.

Ao retornar das férias, Macleod animou-se com os resultados e sugeriu que refizessem os experimentos para confirmar os resultados com algumas mudanças no procedimento de extração da insulina. Banting, insatisfeito com a intervenção, reivindicou uma sala maior e mais bem aparelhada, aumento de salário e mais funcionários para o estudo. Ameaçou abandonar o projeto para se transferir a outros centros de pesquisas caso não fosse atendido. Um aumento temporário dos recursos financeiros deu trégua ao conflito.

Resolvido o primeiro embate, Banting melhorou a quantidade e a qualidade da aquisição da insulina. A quantidade da molécula extraída dos pâncreas caninos era mínima. Banting passou a usar pâncreas fetais, adquiridos nos abatedouros da redondeza. Era muito mais produtiva a extração de insulina dessa forma, pois o pâncreas fetal não produz enzimas digestivas e contém elevada concentração de ilhotas produtoras de insulina. Apesar dos resultados animadores, a quantidade de fetos era pequena. Após curta euforia, a solução foi voltar aos órgãos caninos e melhorar a técnica para extrair o máximo de insulina.

Macleod aprimorou o método ao sugerir embeber o tecido macerado com álcool em vez de solução salina. Argumentou que, ao aquecer a solução, bastariam poucos graus Celsius para evaporar o álcool e, assim, se preservaria a insulina. Diferentemente da solução salina, que necessitava de temperaturas maiores para evaporação da água. A nova sugestão empregada mostrou efeito: o grupo conseguiu maior quantidade de insulina. Porém, ainda estava longe do ideal de purificação e da isenção dos efeitos colaterais no local da injeção, como dor, vermelhidão, calor e infecção.

Nessa fase, surgiram novos embates entre os membros do grupo. Enquanto o jovem Best observava, Macleod e Banting trocavam palavras ásperas. Macleod apresentava os resultados dos experimentos nas palestras científicas com as palavras "nós" ou "nosso trabalho". Isso irritou Banting, que não reconhecia o papel do professor no avanço da pesquisa e, muito pelo contrário, sempre o acusava de retardá-la, já que se mostrou cético de início. Macleod, por sua vez, apregoava ter sido fundamental na descoberta devido à sua sugestão do emprego do álcool.

Em um momento de trégua, em dezembro de 1921, Banting e Macleod concordam com a necessidade de recrutar um novo membro para o grupo, a fim de ampliar a quantidade de extração da insulina. Essa tarefa caberia a um bioquímico experiente em reações químicas. Entrava em cena o canadense James B. Collip.

Collip iniciou uma série de combinações químicas para extrair o máximo de insulina preservada no tecido pancreático, eliminar as indesejáveis proteínas, gorduras e sais e, ainda, manter o extrato isento da presença das enzimas digestivas. Os testes de Collip revelaram ser possível concentrar o álcool a 90% no filtrado de pâncreas sem deteriorar a molécula de insulina. Além disso, a adição de outras substâncias ao álcool precipitava as impurezas que, através da centrifugação, eram removidas com facilidade. Com isso se obtinha insulina muito mais purificada. Em janeiro de 1922, estava tudo pronto para os experimentos em humanos.

Leonard Thompson, de 14 anos, foi o primeiro. O adolescente estaria com seus dias contados por causa da doença, se não fosse a descoberta da insulina. Jovens de 10 anos com diabetes, na época, não tinham mais de um ano de vida. Aqueles com surgimento da doença aos 30 anos contavam com apenas quatro de sobrevida. Thompson, portanto, estaria morto em um ano, se não fosse a injeção que recebeu em 23 de janeiro de 1922. Best testou as amostras de sangue e urina: os níveis de glicose despencaram para valores normais. No mês seguinte mais seis pacientes receberam a droga. As manchetes dos jornais de Toronto alardearam a chegada da cura do diabetes.

O sucesso da insulina incendiou as desavenças do grupo de pesquisadores. Banting não se conformava com os méritos injustos fornecidos a Macleod, que, por sua vez, acusava o jovem de ser imaturo e inexperiente para conduzir tal pesquisa. Ao passo que Collip ameaçava deixar o grupo para purificar e patentear a insulina. Banting entrou em depressão e buscou auxílio na bebida. O grupo se manteve unido por laços tênues, enquanto entrava em cena a companhia farmacêutica Eli Lilly para acordar os detalhes finais da produção da insulina através do pâncreas de porcos e de sua comercialização em larga escala. A insulina porcina emergiria no mercado entre as brigas e intrigas de sua descoberta.

As acusações mútuas persistiram em 1923. Macleod insistia que a inexperiência de Banting não traria sucesso ao trabalho sem sua ajuda, principalmente no que se referia à ideia da extração da insulina através do uso do álcool. Além disso, Macleod se dizia responsável pelo momento certo de chamar Collip ao grupo. Banting, por sua vez, o acusava de não acreditar no sucesso da pesquisa e de ser negativo quanto às possibilidades de purificação da insulina. E, por fim, afirmava que Collip havia chegado no final do trabalho, quando a técnica de extração da insulina estava em estágio bem avançado; portanto, pouco teria ajudado. Banting, desprezando o papel de Macleod na pesquisa, estampava sua face na capa da revista *Time* e em visitas a celebridades internacionais, como o rei George V da Inglaterra. Best ponderava a situação, reconhecendo o papel de Macleod, bem como os créditos de Collip.

Nem a concessão do Prêmio Nobel de Medicina, em 1923, para Macleod e Banting os aproximou. Ao contrário, um não aceitava o mérito do outro. Dividiram, porém, o dinheiro do prêmio com os demais companheiros. Banting o dividiu com Best. E Macleod, por sua vez, doou metade do que recebeu a Collip. Em meio ao caos, a insulina intocável era aclamada como solução aos diabéticos. Os cientistas das futuras décadas trabalhariam para aperfeiçoar sua molécula.

ANO 1927

UM INIMIGO INVISÍVEL SE TORNA ALIADO

A DESCOBERTA DOS RAIOS X

Em 1895, o reitor da Universidade de Würzburg, Wilhelm Conrad Röntgen, apresentava uma imponente aparência formal e austera, de olhar sério, sob a longa e esvoaçada barba negra. Sua seriedade de então contrastava com a juventude rebelde que lhe custou a expulsão de sua primeira escola técnica por mau comportamento. Transferido para a Escola Politécnica de Zurique, obteve o diploma de engenheiro mecânico e criou laços profissionais que o arrastaram à Universidade de Würzburg e, depois, ao Instituto de Física de Estrasburgo. Sua competência e os artigos científicos que publicava impressionavam os profissionais de cada localidade em que ingressava. O sucesso trouxe novo convite para retornar a Würzburg, mas, dessa vez, com cargo de reitor.[73]

Assim, em 8 de novembro de 1895, Röntgen transitava atarefado pelo seu laboratório abarrotado de objetos metálicos empilhados nas mesas de madeira, compostos químicos encostados pelos cantos e baterias acomodadas ao solo. Um comprido relógio de parede o acompanhava por trás de fios que escorriam dos azulejos da parede ou se arqueavam pelo teto: a medição do tempo e a corrente elétrica eram fundamentais aos experimentos. Naquele dia, Röntgen perseguia os raios catódicos.

Os cientistas estavam familiarizados com a famosa ampola de vidro produtora desses raios usados em experiências físicas. O artefato consistia em um tubo de vidro semelhante às lâmpadas que estamos acostumados em nossas casas, porém de dimensões bem maiores. A ampola recebia duas placas metálicas, distantes entre si, que, através de corrente elétrica, expulsavam elétrons em alta velocidade de um polo ao outro. A colisão da nuvem veloz de elétrons com o vidro gerava luminosidade na sua extremidade. O fluxo de elétrons partia do polo negativo (cátodo), e por isso os raios foram batizados de "raios catódicos". A grande vantagem da ampola estava na possibilidade da retirada do ar para criar vácuo. Dessa forma, diferentes tipos de gases no seu interior esmiuçariam os efeitos dos raios. A intensidade e a cor da luminosidade eram peculiares para cada tipo de gás aprisionado no artefato. A variação da pressão também influenciava a luminosidade. Mas Röntgen conhecia muito bem o apetrecho e, naquele dia, estava atrás de um provável problema na ampola de vidro. Sem saber, realizaria uma das maiores descobertas da Medicina.

Röntgen tentava confirmar o escape do raio catódico pelo vidro da ampola, pois havia tomado conhecimento de experimentos anteriores que alegavam tal possibilidade. Para isso, fechou as janelas de seu laboratório para escurecer a sala e cobriu a ampola com folhas grossas de papel preto. Qualquer vazamento luminoso seria facilmente visualizado. A seguir, acionou a corrente elétrica enquanto mantinha seus olhos atentos aos arredores do objeto em busca do escape dos raios. Nesse momento, no breu da sala, percebeu um brilho vindo da tábua de madeira de uma das mesas do seu laboratório. A fonte luminosa emergia de uma placa metálica banhada com compostos de bário reservada a outro experimento, para detecção de raios ultravioletas.

Röntgen desconfiou de que algum novo tipo de raio emitido pela ampola colidira com a placa com bário. Um raio invisível ao olho humano, mas capaz de transpassar a folha de papel que encobria o vidro. Imediatamente, Röntgen aventou a possibilidade de o raio também ultrapassar outras substâncias. Então, posicionou diferentes materiais entre o tubo e a placa, e constatou que o raio misterioso transpassava madeira, folhas de papel e livros, para gerar a luminescência no bário. Somente o chumbo bloqueou a trajetória dos raios. Röntgen mergulhou em novos experimentos com sua descoberta, que batizaria como "raios x". Passou a dormir no laboratório para trabalhar até altas horas da noite. A surpresa maior veio quando testou a penetração do raio em sua mão. Os raios x transpassavam com facilidade as partes moles, enquanto os ossos bloqueavam parcialmente sua trajetória. Conclusão: a imagem impregnada na placa de bário, como em uma fotografia, denunciava a silhueta nítida dos ossos da mão. Estupefato e sem acreditar no que via, Röntgen dividiu sua empolgação com a esposa e produziu a primeira imagem histórica: a radiografia da mão dela, que mostrava com nitidez os ossos e o contorno de seu anel.

A novidade do raio com poderes mágicos de revelar ossos humanos se espalhou entre os cientistas. Em meses, lâmpadas de raios catódicos conectadas em armações rudimentares de ferro e madeira se proliferaram pelos países: eram os protótipos dos futuros aparelhos de radiografia. A ciência presenciava um mundo desconhecido. Agora, médicos diagnosticavam pequenas fraturas ósseas, pedras nos rins e corações dilatados. As radiografias mostravam projéteis de armas de fogo em ferimentos antigos. Tudo desmascarado pelos raios x.[74]

Os primeiros aparelhos emissores dos raios x, ainda rudimentares, não dosavam a intensidade de radiação. As doses eram elevadas, queimavam a pele e precipitavam queda de cabelo em alguns pacientes. As primeiras vítimas foram os fabricantes do tubo a vácuo emissor de raios x. Os operários apresentavam queimaduras nas mãos pela radiação: a pele avermelhava, doía e descamava, enquanto as unhas se tornavam quebradiças. O efeito colateral, porém, se mostraria útil. Intrigado com os raios x, o estudante de Medicina Emil Grubbe, de apenas 21 anos, desconfiou de que havia potencial terapêutico na nova descoberta.

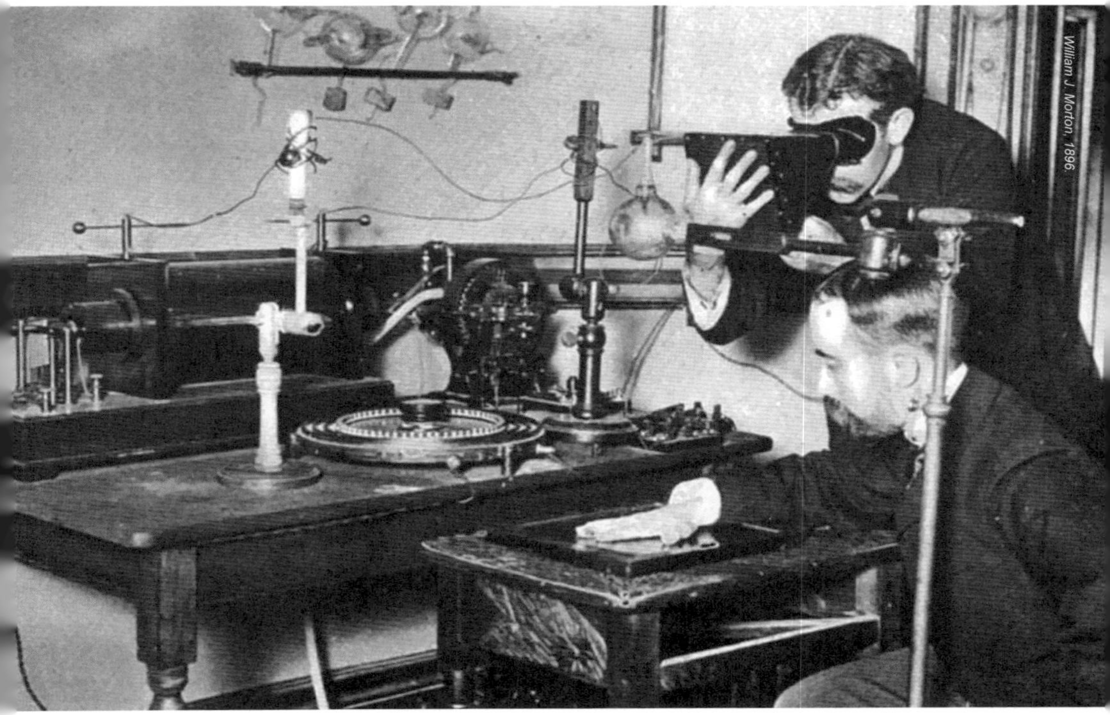

Experimento com raios x no final do século XIX. A ampola de vidro suspensa emite os raios. O cientista sentado fotografa sua mão em uma chapa, enquanto o outro visualiza diretamente os ossos da mão. Ao contrário dos dias de hoje, nenhum dos dois usa proteção, pois desconheciam-se os malefícios da radiação.

Grubbe suspeitou que, se direcionasse e concentrasse os raios na direção de tumores, poderia destruí-los. As células tumorais seriam suscetíveis aos raios? Para testar sua hipótese, Grubbe teria que bombardear os tumores com raios x e, ao mesmo tempo, documentar a redução do volume tumoral, o que era impossível nos cânceres internos ao corpo. Por isso, realizou seu experimento em tumores facilmente visualizados na pele. Três meses após a descoberta de Röntgen, Grubbe encontrou a paciente ideal para comprovar sua tese. A senhora Rose Lee havia sido operada para remoção de um tumor de mama. Porém, vestígios tumorais voltaram a crescer. O retorno do câncer aflorava na pele de seu tórax como a porção convexa de uma casca de laranja. Uma nova cirurgia estava fora de cogitação, e, portanto, não havia opção de tratamento. Por que não tentar a hipótese de Grubbe?

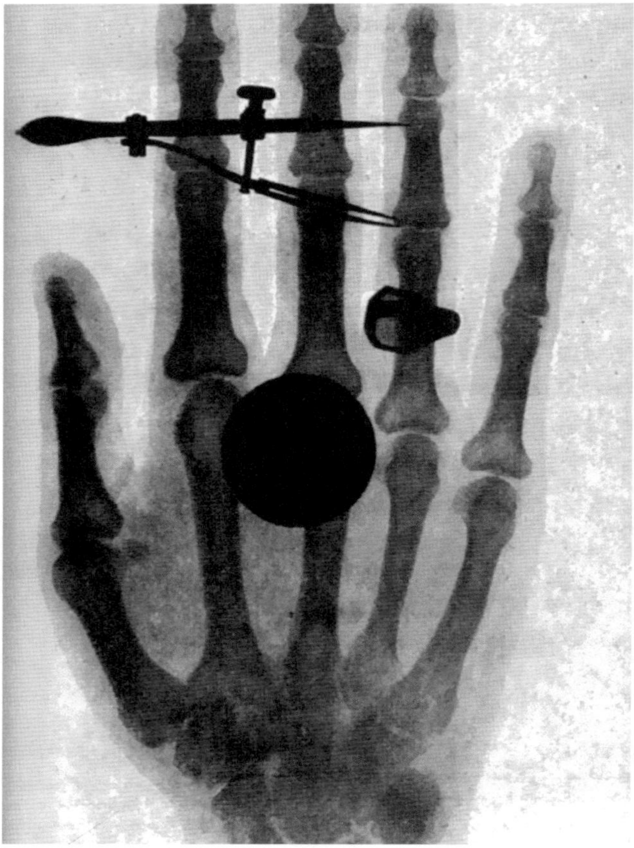

Uma das primeiras radiografias de Röntgen para avaliar a penetração dos raios x em diferentes tipos de materiais (compasso, anel e disco metálico) acomodados abaixo da mão estendida.

A senhora Lee se submeteu ao tratamento experimental por 18 dias consecutivos. Despia-se na sala do hospital para que Grubbe cobrisse sua pele sã, ao redor do tumor, com folhas de alumínio. O tumor se expunha isolado, como uma ilha rodeada pelo alumínio. O aparelho de raios x, aproximado da lesão, a bombardeava com radiação. Grubbe esperava que o alumínio protegesse a pele saudável. O acompanhamento dia a dia foi revelador: a lesão avermelhou, ulcerou, para, então, reduzir de tamanho. Grubber estava certo, os raios x destruíam células tumorais. A pedra fundamental da radioterapia estava assentada. Um novo horizonte se abriu. Médicos se animaram em tratar diferentes doenças com os raios do aparelho, que, até então, eram utilizados apenas para lúpus cutâneo e eczemas. A partir de então, raios x bombardeavam câncer gástrico e de pele. As doses radioativas aliviavam dores tumorais. Crescimento exagerado de pelos também era debelado com o raio.

O sucesso também atingiu a população leiga. Alguns parques recreativos expunham a novidade. A população se enfileirava nas tendas para radiografar partes do corpo. Todos queriam pequenas impressões fotográficas do próprio esqueleto, sem saber do perigo da radiação. Grubbe o sentiria na pele após anos de manipulação radioativa: desenvolveu tumores cutâneos e sofreu amputações dos dedos por necrose óssea radioativa.[75] Mas o pior ainda estava por vir. Outro perigo nascia em Paris no final do século XIX que, a exemplo dos raios x, ironicamente auxiliaria o combate ao câncer.

OUTRA RADIAÇÃO

Os raios de Röntgen também despertaram o interesse do físico francês Antoine Henri Becquerel. Sabendo que alguns cristais absorviam energia para transformá-la em luz fosforescente, a dúvida de Becquerel era simples: o aquecimento das substâncias fosforescentes geraria os recém-descobertos raios x? Três meses após a descoberta de Röntgen, Becquerel expunha minério de urânio à luz solar para avaliar se, aquecido pelos raios solares, emitiria raios x. Becquerel repousava o minério acima de uma placa fotográfica vedada por papelão. Os raios, caso emitidos, transpassariam o papel para reagir com a placa. E foi isso que ocorreu. Becquerel deduziu que o urânio energizado também emitia raios x. Porém, estava errado. O equívoco só foi descoberto pelo clima de março de 1896.

O tempo nublado impossibilitou o experimento que Becquerel programou para aquela manhã. Sua intenção era posicionar uma cruz de cobre entre a chapa fotográfica e o urânio, que, caso emitisse os raios, demarcaria a silhueta da cruz na revelação. Porém, o céu nublado adiou seu experimento. Frustrado, guardou o minério e a chapa fotográfica na gaveta de seu escritório. Sua sorte: a cruz de cobre posicionada entre os dois. Os dias se passaram e o sol não apareceu. Becquerel desembrulhou a chapa e, para sua surpresa, lá estava o contorno exato da cruz: a marca da radiação emitida pelo urânio.[76] A conclusão foi imediata. O urânio, mesmo não aquecido pelos raios solares, emitia de maneira espontânea raios desconhecidos. Ao contrário dos raios x, não havia necessidade de corrente elétrica ou fornecimento de energia para a liberação dos raios. A nova radiação, intrínseca ao composto, emanava continuamente. A radioatividade estava descoberta.

A nova descoberta de Becquerel mudou a rotina de mineradores europeus. No final do século XIX, uma multidão de homens enegrecidos trabalhava nos túneis das minas de Joachimsthaler, na atual República Checa, próximo à fronteira sul da Alemanha. A antiga riqueza naquela cadeia montanhosa fora descoberta no início do século XVI, quando, da noite para o dia, um exército de trabalhadores migrou para as minas de prata descobertas no "vale de Joachim". Em 1530, a cidadezinha já abrigava 18 mil habitantes, sendo 13 mil mineradores.[77]

A prata aflorava das minas de Joachimsthaler e seguia rumo aos países europeus. Somente entre 1520 a 1528, estima-se que de lá saíram 60 mil toneladas do metal. Em pouco tempo, a região ganhou reputação pela pureza de suas moedas de prata. Qualidade importante em um período rico em trapaças na fabricação desse metal.

Apesar de as reservas de prata terem minguado, as minas ainda estavam ativas no final do século XIX. Os mineradores, porém, não estavam atrás dos metais preciosos de outrora. Havia quase meio século que químicos descobriram como fabricar vidros com cores vivas e reluzentes, principalmente verdes e amarelos, acrescentando porções de compostos à base de urânio. E, com isso, a saúde das minas de Joachimsthaler foi revigorada: as rochas eram ricas nesse elemento. A partir de então, os mineradores recolhiam o maior número de rochas possível para extração do urânio. O composto era despachado, enquanto o lixo residual das reações era desprezado nas matas da região. Atordoados, os empregados presenciaram algo inusitado: caixas com aquele lixo seguiam para Paris. Quem encomendaria aquela sobra inútil da extração do urânio misturada com mato e terra? Não desconfiavam, mas aquele lixo valorizaria suas minas.

A montanha do lodo de Joachimsthaler se acumulava no pátio do laboratório de Marie Curie. Após a descoberta de Becquerel, a jovem polonesa apostava na existência de outro elemento radioativo naquela montanha de lixo. O árduo desafio de encontrá-lo não intimidava Marie, calejada por outras tantas batalhas impostas pela vida. Marie abandonou sua terra natal devido à opressão do czar russo diante dos poloneses, além de seu futuro profissional condenado: estudo para polonesas era proibido. As jovens burlavam a lei com aulas clandestinas, porém não reconhecidas para busca de empregos. Sem dinheiro, Marie aguardou sua vez de emigrar, enquanto a irmã completava os estudos de Medicina em Paris. Nesse ínterim, enterrou a mãe por tuberculose e uma das irmãs por tifo.[78]

Com ajuda financeira da irmã, Marie chegou a Paris em 1891, aos 24 anos de idade. Liberta do cabresto cultural que Varsóvia impunha, Marie graduou-se em Física e Matemática em Sorbonne. Lá também conheceu o professor Pierre Curie na faculdade, e, em um ano, estavam casados. A dedicada cientista foi convencida por Becquerel a mergulhar nos estudos da novidade científica: a radiação. Marie utilizou técnicas laboratoriais desenvolvidas pelo marido para constatar diferenças nas medições de radiação. O minério de urânio emitia maior intensidade de radiação do que o urânio puro. Para ela não havia dúvidas: existia outro elemento radioativo no minério que explicava a maior emissão radioativa. Esse foi o motivo de a lama desprezada em Joachimsthaler tomar o destino do laboratório de Marie.

Toneladas do resíduo eram desensacadas e despejadas no chão do barracão improvisado. O espaço, antigo local de dissecção de cadáveres, foi cedido pela Escola de Física. Marie manipulava o material entre goteiras de chuva pelo teto de vidro mal conservado e os quentes verões alternados pelos rigorosos invernos. Os fornos metalúrgicos derretiam os compostos, enquanto barras de ferro misturavam as soluções. Tonéis em que ocorriam reações químicas se perdiam entre nuvens de pó de carvão e ferro suspensas no ar daquele rústico laboratório. Água destilada lavava os compostos e subprodutos. Após manipular toneladas do material, Marie identificou o elemento suspeito. A surpresa: descobriu também um segundo elemento oculto no minério de urânio. O primeiro, isolado no final de 1898, recebeu o nome de "polônio" em homenagem à sua terra natal, a Polônia; enquanto o segundo, "rádio", isolado em 1902 e batizado a partir do termo latino *radius* (raio), originou a radioatividade. Após anos de trabalho árduo, Marie segurava nas mãos um frasco com um decigrama de rádio, que emitia uma luz azulada e era cem mil vezes mais radioativo que o urânio.[79]

O malefício da radioatividade foi sentido pelos seus próprios descobridores. Becquerel viajou a Londres para a apresentação da radioatividade em uma concorrida conferência inglesa. A estrela da noite seria apresentada à plateia, e, para isso, Becquerel carregou consigo um tubo com rádio no bolso do colete. O composto brilhante era frequentemente apresentado aos amigos que encontrava na turnê. Porém, sem saber, os raios atingiam sua pele na altura do bolso. Após duas semanas, notou a pele arder, avermelhar, para então, descascar.[80] A ferida no local levou semanas para cicatrizar. O local da lesão, compatível com a disposição do bolso onde acondicionava o frasco de rádio, denunciou a capacidade danosa da radioatividade.

Pierre Curie também experimentou os efeitos cutâneos causados pelo manuseio do rádio. Seus braços apresentavam cicatrizes de queimadura antigas, enquanto novas se formavam a todo instante. O surgimento das feridas foi interrompido quando descobriram que o chumbo bloqueava a radiação. A partir de então, o chumbo revestiria os frascos de rádio. Novamente, a exemplo dos raios de Röntgen, o efeito colateral do rádio se aliou à Medicina.

As queimaduras por rádio eram semelhantes às provocadas pelos raios x. O raciocínio foi lógico: os efeitos nos tumores deveriam ser os mesmos encontrados por Grubbe. Em 1902, o câncer de laringe de um paciente em Viena fora de possibilidades terapêuticas regrediu com aplicações radioativas de rádio. Dois anos depois, em Nova York, médicos implantaram rádio no interior de tumores.

As radiações pelos raios x ainda eram arriscadas. Os aparelhos, encostados nos pacientes, descarregavam intensas ondas radioativas, com frequentes queimaduras de pele. Enquanto a ciência aguardava melhorias tecnológicas para os raios x, o emprego do rádio obtinha ótimos resultados. Em 1908, os estudos comprovaram que sua radiação interrompia a divisão celular, característica das células tumorais. Como conseguiram evidências disso? Testaram em ovos de rãs, parasitos e galinhas.[81] Germinativas, eram células ideais para o experimento por apresentarem divisão intensa e veloz. A presença do rádio interrompia totalmente a proliferação celular.

Durante a comprovação da eficácia do rádio na primeira década do século XX, surgiram pistas do seu perigo. Seu efeito nas células germinativas também ocasionava crescimento de embriões malformados. A explicação viria no futuro, quando comprovadas as mutações pela radiação.

A euforia pela descoberta, no entanto, superava seu provável perigo. Indústrias norte-americanas recolhiam o minério de urânio em Utah, Colorado e Pensilvânia, para extrair diminutas porções de rádio despachadas a clínicas e hospitais. A Standard Chemical Company, uma das maiores empresas do ramo químico dos Estados Unidos, contratou médicos para desenvolverem pesquisas que comprovassem os benefícios da radiação no tratamento de diferentes tipos de doenças. Os industriais lançaram um jornal periódico com atualizações das principais descobertas à classe médica. As vendas se elevaram. O rádio repousava nas prateleiras das principais clínicas norte-americanas para aniquilar células tumorais, principalmente de pele. Por que a pele? Na época faltavam exames de imagem que precisassem a dimensão de cânceres no interior do corpo humano, o que impossibilitava avaliar a eficiência da radiação na redução tumoral. Por isso, tumores na pele vistos a olho nu foram os primeiros a receber tratamento. A radiação também queimava verrugas e marcas de nascença, além de eliminar excessos indesejáveis de pelos cutâneos femininos e outras doenças de pele. A febre pelo rádio era tamanha, que incluía propaganda equivocada da cura de tuberculose e reumatismo. Sem contar sua ampla utilização, dessa vez fundamentada, em tumores incuráveis ou no alívio da dor.

No início, placas metálicas envernizadas com rádio repousavam nos tumores exteriorizados na pele. Agulhas com pouco mais de um milímetro de diâmetro por quase três de comprimento eram preenchidas com rádio e inseridas nos tumores. Ao longo dos dias, a radiação destruía parcialmente as células danosas. Da mesma forma, cápsulas de rádio eram acomodadas na vagina contra câncer ginecológico.

Enquanto o rádio era fartamente empregado na debutante radioterapia, os raios x sofreram uma nova alavancada pelas descobertas de William Coolidge.[82] O físico norte-americano revolucionou o aparelho radiográfico ao utilizar filamentos de tungstênio como emissores dos elétrons. Sua descoberta proporcionou melhor aferição da intensidade das doses de radiação. A radioterapia pelos raios x passou a ser mais segura, com menos dano às células cutâneas. As qualidade das imagens das radiografias também melhorou.

POPULAÇÃO RADIOATIVA

Os médicos acompanhavam cada novidade emergida de laboratórios e clínicas. Apesar dos intensos avanços, a radioterapia ainda engatinhava. Raios bombardeados de maneira intensa e contínua nos tumores ainda queimavam a pele. Doses menores livravam dos prejuízos da radiação, mas liberavam o avanço tumoral. Como quantificar a dose ideal? A resposta viria somente na década de 1920, quando a população receberia radiação a todo o instante, mesmo sem estar em tratamento em clínicas e hospitais. Isso por um simples motivo: o rádio passou a estar presente na rotina diária do povo norte-americano.

De fato, o rádio passou a ser visto como solução para muitos problemas – e não apenas para aqueles testados cientificamente. Uma nova hipótese emergiu no meio médico: a energia descoberta do rádio energizaria a saúde humana. Seus raios revigorariam o organismo? Seu comprovado poder antitumoral também preveniria o surgimento de tumores? A ingestão contínua, em pequenas doses, revitalizaria a saúde? O contato com a radioatividade traria poder e força ao corpo? Mesmo sem pesquisas sobre isso, o mito nasceu pelo eterno anseio popular de obtenção de um organismo saudável, robusto e belo. Não demorou para a indústria explorar o uso comercial do produto.

Em 1912, foi inaugurado o Hotel Palácio do Rádio. Seu local estratégico? O berço do descobrimento do rádio: a montanha das minas de Joachimsthaler (aquelas que forneceram o lodo para Curie isolar o composto radioativo). A população entraria em contato direto com a montanha energizada pelo rádio de seu subsolo. A construção neoclássica e imponente foi instalada na base da colina, incrustada na floresta. A propaganda alegava que ondas radioativas naturais curavam doenças e revitalizavam o corpo. A saudável radiação ascendia do solo, enquanto os hóspedes inalavam ar radioativo, se banhavam nas termas com traços radioativos e ingeriam águas de fontes radioativas.[83] A hospedagem temporária naquele SPA recarregaria as baterias.

Propaganda francesa de cosmético à base de tório e rádio com promessa de embelezamento facial pela radioatividade, na década de 1930.

Logo após Curie apresentar seu material radioativo emissor de luz azulada, os empresários deslumbraram sua venda ao público. As promessas de seu efeito mágico eram estampadas nos anúncios dos jornais. Uma bela nova-iorquina mantinha sua pele aveludada à custa dos cremes radioativos comercializados. A película de pomada com rádio, aplicada à noite, rejuvenesceria sua face durante o sono. Em pouco tempo, o rádio mergulhava nos tonéis das fábricas de produtos de cosméticos, tônicos, xampus, sais de banho, cremes e sabonetes.

Clínicas e hospitais recebiam encomendas de rádio em agulhas, placas e cápsulas para empregá-los nos pacientes em tratamento radioterápico do câncer. Além desse uso terapêutico, o rádio cativava clientes saudáveis que apostavam nas ampolas de rádio administradas nas clínicas particulares. Os médicos favoráveis ao poder do rádio mantinham os estoques em suas gavetas.

Havia até cigarros radioativos. Isso mesmo, a indústria do tabaco encontrou espaço publicitário para lançar cigarros com pitadas de rádio que, uma vez inaladas, potencializariam a saúde. O campo, na década de 1910, também não escapava dos produtos radioativos. Agricultores conheciam a propaganda de novos fertilizantes acrescidos de elemento radioativo. A promessa era colheita farta de vegetais mais suculentos em virtude da absorção da energia despejada no solo. Rações com rádio prometiam, a um custo pouco mais elevado, ovos grandes e férteis.

Os domicílios norte-americanos recebiam, de portas abertas, a invasão do rádio em seus aposentos. Sprays repousavam nos armários para serem utilizados nos verões. Eram inseticidas com pitadas de um novo elemento letal aos indesejáveis mosquitos: o rádio. As empregadas domésticas ainda reservavam tempo para lustrar talheres com lustradores acrescidos com rádio e promessa de brilho garantido.

O sucesso do elemento e a busca por um organismo saudável gerou um novo produto comercial, lançado em 1925, por um fabricante de New Jersey: o Radithor. A água radioativa engarrafada se tornou febre entre os norte-americanos, que compravam a unidade por apenas um dólar. Nos cinco primeiros anos de seu lançamento, caminhões deixaram a fábrica com 400 mil garrafas rumo aos mercados. Além disso, havia água radioativa para a população que exigisse um produto de cunho Medicinal. Em 1920, uma companhia de Nova York lançou uma caixa de madeira com oito minigarrafas de vidro acomodadas no aparato.[84] Cada garrafa continha hastes de porcelana impregnadas com a porção adequada de rádio ao consumo diário. O consumidor era orientado a preencher o frasco com água até a marca identificada, aguardar quatro horas para a liberação do rádio pela haste e ingerir duas garrafas por dia.

O sucesso do Radithor acabou em 1932, antes mesmo de se comprovar os malefícios da radiação. O motivo? Uma morte. Os principais jornais da cidade divulgaram a morte da celebridade norte-americana Eben McBurney Byers. O óbito daquele rico empresário e atleta, de 52 anos, não passou despercebido pela população de Pittsburgh. As conversas pela cidade não abordavam outro assunto. A necropsia revelou algo surpreendente. O organismo de Byers estava minado por múltiplas agressões que contribuíram para a morte. Parte da mandíbula estava destruída. Seu pulmão, tomado por infecção. Bactérias ascenderam ao cérebro e o destruíram com abscessos, enquanto a anemia crônica debilitou seu corpo atlético. A explicação para todo esse dano era uma só: a ingestão do Radithor por anos. A população se apavorou com a possibilidade danosa da água radioativa até então considerada medicinal. Os médicos calcularam a quantidade do elemento radioativo no corpo de Byers e, com isso, estimaram que ele houvesse consumido mais de mil garrafas.[85] Esses dados seriam confirmados 30 anos depois, quando seu cadáver foi exumado para novas medições radioativas com aparelhos modernos. A morte de Byers, aliada ao pânico coletivo, foi suficiente para o desaparecimento da marca.

Apesar da abundância de rádio, sua concentração nos produtos comercializados era mínima devido ao seu preço elevado: 150 gramas do elemento custavam cerca de 20 milhões de dólares.[86] Para se extrair um grama do rádio eram necessárias cerca de 300 toneladas do minério de urânio, além de outras tantas toneladas de água destilada, reagentes químicos e carvão para o fornecimento de energia da extração. Os empresários acrescentavam porções desprezíveis em seus produtos, e, com isso, a população se livrou de elevadas doses radioativas. Sem contar as fraudes que ocorriam com frequência. Garrafas de águas prometiam potência concedida pelo rádio sem conter um só átomo do elemento. Esse foi o caso da primeira água radioativa, lançada em 1905, a Radium Radia,[87] e seguida por outros produtos.

Enquanto a população se bombardeava com doses mínimas, mas deletérias, de radiação, os pacientes submetidos à radioterapia as recebiam em doses cavalares pelos raios x ou rádio. O preço pago pela redução dos tumores eram queimaduras e feridas na pele, nos locais onde os raios adentravam para atingir o câncer. Então, surgiu uma ideia revolucionária para o tratamento radioterápico. O professor francês Claude Regaud aventou a possibilidade de, em vez de aplicar uma única e maciça dose radioativa, dividi-la em pequenas parcelas diárias. Sua ideia reduziria o tamanho do tumor, enquanto livraria a pele dos danos da aplicação única e elevada dos raios x. Só tinha um problema: como testar sua hipótese? Novamente entrava em cena a mente criativa.

Regaud teria que comprovar o efeito de seu tratamento em células com intensa divisão celular. Além disso, no mesmo local, teria que comprovar a destruição celular e documentar a ausência de lesão na pele saudável. Qual o local orgânico ideal para servir de teste?

A radiação foi emitida por curto período de tempo, mas em dias consecutivos, na bolsa escrotal de carneiros. A criatividade do trabalho foi perfeita. Pequenas doses radioativas penetravam na bolsa escrotal diariamente, enquanto Regaud acompanhava seus efeitos. A visualização de queimaduras na pele o fazia reduzir a intensidade radioativa aplicada. Enquanto isso, Regaud removia os testículos dos carneiros para avaliar as células germinativas em divisão ao microscópio. A produção de espermatozoides indicava pouco efeito terapêutico da radiação. Regaud elevava as doses. Queimaduras cutâneas e ausência de divisão celular o autorizavam a reduzir a intensidade dos raios. Assim, a pele escrotal e as células germinativas ocuparam lados opostos da balança para Regaud estipular a dose diária e o número de aplicações para o sucesso do tratamento.[88] Em 1927, Regaud revolucionou a radioterapia. Os médicos tratariam, a partir de então, os tumores com doses fracionadas.

No mesmo ano surgiram indícios de mutações causadas pela radiação. Cientistas submeteram moscas à radiação e comprovaram mutações genéticas. Surgia um novo temor relacionado à radiação. A radioatividade desencadearia mutações que predispunham o surgimento de câncer? O remédio empregado aos tumores poderia também ser a sua causa? A resposta emergia, ainda oculta, em fábricas norte-americanas produtoras de tintas.

A febre pela tinta radioativa se elevou na década de 1920. Galpões se multiplicaram para mergulhar rádio nos tonéis de tintas. A novidade encantava os norte-americanos: móveis e utensílios domésticos pintados com tintas que brilhavam no escuro. Latas de tinta eram vendidas ao público que quisesse impressionar as visitas com o brilho espontâneo das mobílias. Um objeto em especial ganhou os holofotes das tintas radioativas: os relógios. Marcadores e ponteiros tingidos brilhavam no escuro para revelar as horas à noite. A população adquiria seus relógios de parede, de pulso ou de mesa, com a intenção de admirar as horas noturnas "fluorescentes". Só não sabiam que, por causa daquele luxo, morreriam centenas de jovens norte-americanas: as conhecidas "garotas do rádio".

Moças norte-americanas eram empregadas na fabricação dos mostradores de relógio. Sentavam em mesas enfileiradas lado a lado para mergulhar pincéis nas tintas radioativas e pincelar, debruçadas na mesa, pequenos ponteiros e números dos mostruários dos relógios. As jovens umedeciam as cerdas dos pincéis nos lábios para levá-las, novamente, aos potes de tinta. O rádio, deglutido e absorvido, se acumulava no corpo, principalmente nos ossos. As garotas progrediam para anemia, enjoo e fadiga. A quantidade excessiva de rádio diariamente em contato com a cavidade oral lançava radiação às estruturas vizinhas. Graças a um dentista o alerta foi dado.

Theodore Blum, dentista de Nova York, estranhou tantos casos atendidos de infecções ósseas e destruição da mandíbula em jovens. Inconformado, Blum esmiuçou a vida das pacientes e notou que todas trabalhavam com pintura radioativa. O primeiro alerta foi dado, Blum batizou a patologia como "mandíbula do rádio". As fábricas advertiram as jovens a não encostar as cerdas dos pincéis nos lábios. Consideravam ser uma medida suficiente à época.

Em 1929, foi criada uma comissão para investigar o real risco da manipulação do rádio pelas funcionárias. Investigadores visitaram fábricas, rastrearam o paradeiro das funcionárias afastadas por problemas de saúde, revisaram prontuários médicos das adoentadas e levantaram causas de óbito das que faleceram. Emergiu uma montanha de patologias atribuídas ao rádio: tumores ósseos, sarcomas, necroses de mandíbula, infecções ósseas, queda de dentes e anemia. Mesmo assim, as causas ainda foram atribuídas ao excesso de ingestão acidental do rádio. A prevenção seria minimizar o contato com as mucosas.

Somente depois da Segunda Guerra Mundial surgiram estudos em animais que comprovaram o real problema da radiação. Seus efeitos danosos foram observados em gaiolas radioativas. A concentração de rádio nos ossos era detectada por técnicas modernas de medição. Muitas das garotas do rádio foram recrutadas através dos registros urbanos e fotografias passadas. Antigas funcionárias reconheciam amigas nas fotos e ajudavam os cientistas a encontrá-las.[89] Ao serem submetidas à detecção de quantidade radioativa e alterações ósseas, ajudaram a esclarecer os efeitos tardios do acúmulo da radiação. Enquanto a ciência punha fim à manipulação insegura da radioatividade, a Medicina avançava para tornar a radioterapia segura e confiável. Com o tempo, a radiação, uma inimiga invisível, se consolidou como uma aliada contra o câncer.

ANO 1935

CHEGAM OS ANTIBIÓTICOS

AS SEMENTES PLANTADAS NO SÉCULO XIX

Gerhard Domagk conferia os últimos preparativos de seu novo experimento em camundongos. Aos 37 anos de idade, o jovem médico se isolava à mesa do escritório repleta de artigos de jornais médicos e anotações, enquanto as ruas se agitavam na véspera das eleições alemãs. Corria o ano de 1932.

Distante de passeatas e comícios políticos, Domagk rascunhava o esboço do iminente experimento. Um frasco de vidro repleto de um líquido vermelho repousava em sua mesa. Um tom rosa tingia seu rosto de pele clara, e sua mente se perdia no novo composto químico que acabara de receber naquele frasco. O silêncio da sala era abalado pelo borbulhar da água fervente sobre uma chama que estava na bancada do laboratório repleta de cubas de vidro, tubos, frascos, borrachas e soluções coloridas.

A empresa empregadora do jovem Domagk nascera do avanço da ciência germânica. O líquido avermelhado fora criado em seus laboratórios. A filosofia do teste prestes a ser realizado nos camundongos amadureceu pela química alemã. Tudo isso teve início na segunda metade do século XIX com a industrialização. Os químicos despertaram como as locomotivas dessa industrialização. As universidades alimentavam as indústrias com pesquisas e recém-formados qualificados, ao passo que os industriais se amparavam e investiam na vida acadêmica. Essa relação simbiótica impulsionou a indústria química na Alemanha.

Os laboratórios químicos se proliferaram e, com eles, pesquisadores tornavam-se celebridades pelas descobertas industriais que eclodiam desde o final do século XIX. O ferro e o carvão jorravam do solo impulsionando a industrialização do país que deixava a vida agrária para alcançar a França e a Inglaterra. Se por um lado os químicos alavancavam a indústria alemã, por outro, um produto especial estimulava as pesquisas químicas: o corante.

Os industriais aperfeiçoaram as reações químicas para desenvolver novos corantes. A indústria têxtil agradecia e, em parte por isso, a Alemanha se tornava uma potência. A estrutura do benzeno fora descoberta e, assim, se podia manipular a molécula dos aromáticos. Os corantes deixaram de vir de plantas e animais. Nasciam nos laboratórios alemães. Surgiu a alanina, que também auxiliava a Medicina por colorir células animais e vegetais. Os patologistas agradeciam. O verde metílico foi produzido e corava os núcleos celulares. Um novo mundo microscópico surgia aos olhos da ciência. O recém-criado violeta metílico denunciou a presença de bactérias nas lâminas do microscópio. Enquanto isso, os laços entre indústrias privadas e universidades se estreitavam. Cartas e telegramas transitavam entre essas instituições. Cientistas trocavam informações e pesquisas. Emergiu o índigo sintético, a naftalina e a antracina.

Nasciam os futuros impérios industriais alemães: Bayer, Basf, Hoechst, Agfa e Kalle. O século XX se iniciou com a produção de ferro e aço alemã suplantando a da Inglaterra. As fábricas assentadas ao longo de rios e trilhos produziam 140 mil toneladas de corantes por ano: quase 90% da produção mundial. Somente a indústria química alemã empregava mais de 180 mil trabalhadores. Em 1908, o químico alemão Fritz Haber conseguiu fixar o nitrogênio, sob elevada pressão e temperatura, para sintetizar a amônia. Nasciam os fertilizantes. Navios e trens partiam da Alemanha com porões lotados de produtos de exportações: sabão, detergente, corantes, fertilizantes, explosivos, tintas, material fotográfico, produtos farmacêuticos e verniz. A Bayer e Hoechst concentravam seus esforços nas pesquisas de produtos farmacêuticos. A Basf se fortalecia na produção de fertilizantes. Na década de 1920, deu-se uma jogada de mestre. As seis gigantes da química alemã se aliaram em um único conglomerado. Nascia a I.G. Farben da união da Basf, Bayer, Hoechst, Agfa, Cassella e Kalle. Cada qual se mantinha independente, mas melhoraram os meios de partilha dos lucros e reduziram a concorrência.

Em 1929, entrou em cena Domagk, contratado pela I.G. Farben, para trabalhar no instituto de pesquisa em bacteriologia. O jovem diretor focou sua pesquisa no combate às infecções. Domagk presenciou catastróficas infecções na Primeira Guerra Mundial, quando interrompeu seus estudos e adiou sua formatura na universidade de Kiel. Durante o conflito europeu, presenciou a morte de milhares de soldados vitimados pelos ferimentos infectados.

O objetivo de Domagk com aquele líquido vermelho, também decorrente do nascimento dos novos corantes, vinha dos postulados médicos nascidos no século XIX. A filosofia do experimento presente na mente de

Domagk nasceu na década de 1870, quando o jovem médico alemão Paul Ehrlich trabalhava no laboratório de anatomia da Universidade de Estrasburgo. Acostumado a visualizar lâminas de tecidos humanos coradas ao microscópio, Ehrlich elaborou sua teoria. Uma hipótese simples, porém revolucionária. Os corantes atingiam o alvo e impregnavam as proteínas animais e vegetais. Uniam-se aos tecidos de maneira irreversível. Roupas de lã e algodão fixavam as diferentes cores. Além disso, os tecidos humanos também eram sensíveis a diferentes tipos de corantes: o núcleo celular se impregnava por corante diferente do citoplasma. Isso deixava clara a predileção de determinados corantes por diferentes estruturas biológicas.

Ehrlich suspeitou que os microrganismos também apresentassem receptores para esses diferentes corantes. Se assim fosse, seria possível desenvolver uma substância que destruiria os micróbios quando aderida a eles. Ehrlich criou sua teoria da "bala mágica". Uma substância direcionada a estruturas celulares de microrganismos, ou até mesmo células cancerosas, que os aniquilasse. Nascia a ideia da quimioterapia. Seguindo o mesmo princípio, o pesquisador descobriu o tratamento da sífilis à base de arsênio. Após testar diferentes soluções com diluições variadas do arsênio em coelhos infectados pela bactéria da sífilis, Ehrlich testemunhou a regressão da lesão sifilítica com o composto de número 606. Em 1910, era lançado o fármaco Salvarsan, para tratamento de pacientes sifilíticos. Em cinco anos, a incidência da doença despencou em 50% nos países europeus. Graças ao arsênio. Os efeitos colaterais de uma droga tão tóxica, porém, obrigavam as indústrias farmacêuticas a buscar novas opções de tratamento. Na época, entretanto, entre o tóxico arsênio e a letal sífilis, os pacientes davam preferência à primeira escolha.

A cena de Domagk diante do líquido avermelhado era fruto de toda essa história. O médico alemão tentava encontrar um corante ideal que aderisse às bactérias e as destruísse. Conseguiu, após várias tentativas, um tênue sucesso com uma substância derivada da sulfonamida. Isso foi o bastante para os animados diretores da empresa Bayer solicitarem que a I.G. Farben enviasse todos os corantes recém-criados ao laboratório de Domagk. Assim, em 1932, Domagk recebeu aquele líquido avermelhado batizado como prontosil: um corante vermelho apropriado para couro.

Domagk testaria o novo produto, como havia feito com inúmeros outros; porém, esse seria diferente. Camundongos do laboratório de Domagk eram retirados das gaiolas e inoculados com bactérias cultivadas em líquidos nutritivos das estufas. Os microrganismos se multiplicariam no sangue dos animais, que, inevitavelmente, seguiriam à morte em três ou quatro dias. Porém, 12 desses animais receberam, através de tubos introduzidos no estômago, doses de prontosil cerca de uma hora depois da inoculação bacteriana. Domagk, após quatro dias de observação, se surpreendeu: os roedores que receberam prontosil estavam saudáveis, enquanto os outros 14 sucumbiram pela proliferação bacteriana.[90] A droga era revolucionária. Domagk descobrira, finalmente, a substância direcionada às bactérias tão sonhada pelo seu ídolo Paul Ehrlich.

UMA PATENTE EFÊMERA

O trabalho de Domagk foi publicado somente em 1935, ano em que o meio científico conheceu sua grande descoberta. A notícia cruzou o Atlântico. A droga ganhou fama e sua eficácia foi alavancada quando o filho do presidente norte-americano Flanklin Roosevelt curou sua tonsilite bacteriana com o prontosil. Na mesma época, um médico londrino relatava a façanha de salvar a vida de 57 mulheres com febre puerperal após administração dessa substância. Até então, a doença infecciosa condenava o destino das mulheres. Os laboratórios da Bayer, agora, cuspiam caixas de prontosil. Porém, a patente da nova droga sofreu um nocaute pelo Instituto Pasteur de Paris. Como poderia uma droga recém-lançada e eficaz ser arruinada?

Com a ascensão de Hitler, os cofres da I.G. Farben acomodavam um fluxo crescente de dinheiro. A saúde da megacorporação se revigorava com a nova política nazista. Em fevereiro de 1933, o futuro *fuhrer* apregoava combate ao comunismo, fim do desemprego, melhorias na saúde, incentivo à agricultura e, principalmente, progresso industrial. Em pouco tempo, desempregados foram absorvidos nas obras do progresso. A mão de obra alemã foi direcionada à construção de bases militares, estradas, aeroportos e armazéns. A modernização das cidades absorveu desempregados para edificação de apartamentos populares, reformas, construção de praças, parques e monumentos. A I.G. Farben lucraria com a modernização da nação.

A moratória da dívida alemã, lançada por Hitler, injetou mais dinheiro nos projetos industriais. A Alemanha se preparava para a guerra com o desenvolvimento da aviação e da marinha. A I.G. Farben foi encarregada de tornar a Alemanha autossuficiente e, portanto, bloquear as importações. Seus diretores emitiam ordens para projetos audaciosos. O carvão deveria ser hidrogenado para produção de petróleo: produziriam combustível sintético. Os químicos encontrariam um meio industrial para a fabricação de borracha sintética. As fibras sintéticas livrariam a nação das importações de lã e algodão. As metas da corporação foram atingidas, mesmo que em alguns casos, como no do combustível sintético, à custa de reações complexas e dispendiosas.

Em 1936, a I.G. Farben, em virtude do crescimento da aviação, fechou contrato com a cúpula nazista para a produção anual de 200 mil toneladas de combustível sintético.[91] Nesse ínterim, um de seus tentáculos, a Bayer, avistava nova fortuna com o lançamento do primeiro antibiótico eficaz. O prontosil seria a galinha dos ovos de ouro, se não fosse pelo Instituto Pasteur.

Cientistas do instituto parisiense notaram algo peculiar na nova droga. O prontosil debelava infecções bacterianas quando administrado em pacientes ou animais de laboratório. Porém, a droga não surtia efeito se colocada em contato direto com os frascos de cultura bacteriana. As bactérias se proliferavam mesmo banhadas pelo antibiótico. Os pesquisadores deduziram que a droga, dentro do organismo, sofria ação de enzimas que a transformavam em outra molécula. E era esta a responsável pelo efeito antibacteriano.

As bancadas do laboratório francês buscaram a molécula responsável pela eficácia do prontosil. E não demorou para a encontrarem. A molécula do prontosil era formada por dois grandes anéis de átomos de carbono unidos por nitrogênios pendurados em cada extremidade. Quando os cientistas quebraram a ligação do nitrogênio, separaram as duas cadeias para dividir a molécula ao meio.[92] Uma das partes consistia na molécula conhecida da sulfanilamida, e os testes de laboratório confirmaram que essa metade detinha o poder antibacteriano, enquanto a outra metade nada fazia. O mistério foi esclarecido. No organismo humano, nossas enzimas quebravam a molécula do prontosil e liberavam a sulfanilamida. Para a Bayer, ramo da I.G. Farben, essa descoberta foi um banho de água fria, porque a sulfanilamida não era uma molécula recém-descoberta; portanto, a indústria não tinha direito à patente. A própria Bayer a havia descoberto em 1909,[93] quando fora sintetizada como um excelente corante para lã. Agora, sem a patente de uma molécula descoberta há quase três décadas, qualquer laboratório poderia lançar novos antibióticos à base da sulfanilamida ou mesmo desenvolver novas variações de sua estrutura, como a sulfonamida. Imediatamente, químicos ingleses e norte-americanos se lançaram ao trabalho e, em pouco tempo, obtiveram sucesso. No entanto, os norte-americanos pagaram um elevado preço por adentrar em um terreno desconhecido.

Em setembro e outubro de 1937, foram distribuídos nos Estados Unidos cerca de duzentos galões da novidade farmacêutica: "elixir de sulfanilamida". Os médicos não demoraram a prescrever o novo milagre da indústria farmacêutica contra infecções. Porém, em poucos dias, os primeiros felizardos se tornaram mártires por causa da droga revolucionária. Sua ingestão precipitou náuseas e vômitos.[94] Muitos familiares trataram seus parentes com cuidados gerais, interpretando os sintomas como simples indisposição estomacal. Mas novos sintomas se somaram aos iniciais: dores de cabeça e abdominais atormentavam os pacientes. Os rins paralisaram e os enfermos, já internados, evoluíram para convulsões e morte. Em poucos dias, passaram de cem os óbitos causados pelo "elixir de sulfanilamida" em mais de dez estados norte-americanos.

Os primeiros óbitos alardearam a opinião pública. Telegramas partiram das agências de saúde com alertas quanto ao perigo do novo elixir. Em pouco tempo, surgiam laudos investigativos da droga. Dentro de semanas, solucionou-se o mistério. A sulfanilamida, até então fornecida em comprimido ou em pó, havia sido sintetizada na forma líquida. Para isso, químicos encontraram um excelente solvente da droga: o dietileno glicol.[95] Até então utilizado como anticongelante, essa substância revelou-se extremamente tóxica quando ingerida. Os galões do elixir estavam repletos da substância tóxica. Em um ano, o Congresso norte-americano apertou o cerco a todo novo medicamento lançado no mercado. O antes pouco atuante FDA (Food and Drugs Administration), semelhante à nossa Anvisa, passou a exigir testes rigorosos de segurança.

O acidente norte-americano não destruiu o sucesso da nova droga. Em 1938, os laboratórios do Reino Unido lançaram sua nova formulação da sulfa; e os dos Estados Unidos, em 1939. A Bayer, após perder a patente de seu primeiro antibiótico, presenciou o surgimento de drogas similares. Mesmo assim, Domagk insistiu em novos testes para a busca de novas drogas. A perda financeira da Bayer não abalou a gigante I.G. Farben, que enriqueceu pela colaboração com o regime nazista e se fortaleceu por causa das condutas políticas de Hitler. Estourou a Segunda Guerra Mundial, e, com ela, surgiu um novo antibiótico.

UM ANTIBIÓTICO DESENTERRADO

O judeu Ernst Chain deixara a Alemanha em 1933, com a ascensão de Hitler. Em abril daquele ano, uma nova lei proibia a permanência de funcionários não arianos ou socialistas nos cargos públicos. Cerca de mil professores universitários fizeram as malas e deixaram a vida acadêmica alemã: pouco mais de trezentos eram catedráticos. Enquanto os professores eram expulsos das universidades, os alunos eram barrados. Uma nova lei, no mesmo mês, limitava o número de estudantes judeus admitidos nas escolas e universidades para apenas 1,5% do total.[96]

O êxodo em massa de acadêmicos se iniciou logo. Somente na área da Física, a Alemanha perdeu um quarto de seus cientistas. A Inglaterra e os Estados Unidos agradeceram e receberam de braços abertos a imensa comunidade intelectual desperdiçada por Hitler. Assim, em 1933, o porto de Londres recebia Ernst Chain, de apenas 27 anos, um jovem de cabelos pretos penteados para trás, semblante sereno, com farto bigode de bordas bem delimitadas. Sua fisionomia era semelhante à de Albert Einstein quando jovem. Mesmo bastante novo, o cientista tinha uma carreira promissora e já reconhecida entre os bioquímicos. Isso garantiu seu primeiro emprego na Universidade de Cambridge. A experiência e a dedicação do jovem judeu o impulsionaram a Oxford. Howard Florey, professor de patologia, montou um time de pesquisadores na universidade para pesquisa de novas drogas direcionadas às bactérias. Chain completaria a equipe por seu conhecimento sobre o metabolismo dos fungos.

Após os primeiros testes fracassados, o novo membro da equipe buscou artigos médicos antigos que relatassem qualquer substância com poder antimicrobiano. As sulfas descobertas por Domagk incendiaram a esperança dos pesquisadores de Oxford. Na biblioteca, entre mesas repletas de publicações, Chain descobriu um artigo médico de 1929. As linhas descreviam uma substância produzida pelos fungos, tão conhecidos de Chain, com efeito letal às bactérias. Florey e Chain não entenderam como aquele trabalho promissor permaneceu esquecido por uma década.

O artigo se originou graças a uma experiência ocorrida no Hospital Santa Maria de Londres. No verão anterior do ano de sua publicação, um esporo fúngico se desgarrou do laboratório de micologia alojado no primeiro andar do hospital.[97] A pequena semente flutuou suavemente pela corrente de ar dos corredores da construção. O movimento de portas e transeuntes pelos corredores impulsionou o microscópico corpúsculo pelas escadas. O fluxo de ar o conduziu para o andar superior e o introduziu na sala do médico Alexander Fleming. Após a longa jornada, o esporo assentou no recipiente circular acomodado na bancada do laboratório de Fleming. Uma gelatina nutritiva recebeu aquele minúsculo esporo. Naquela placa de cultura, o microbiologista Fleming havia introduzido colônias bacterianas para suas pesquisas, mas não contava com a presença do invasor.

Com a saída de Fleming para suas férias, uma batalha microscópica se instalou naquele pequeno campo de guerra. As bactérias se proliferavam e ameaçavam invadir a área ocupada pelo fungo intrometido, que, por sua vez, também tentava conquistar seu espaço nutritivo. No transcorrer dos dias, bactérias estenderam seu território e chegaram às imediações do fungo. Porém, o invasor tinha uma arma química para lançar na fronteira de sua região. O fungo produzia uma substância tóxica às bactérias. A molécula fúngica lançada no meio de cultura se diluiu na periferia das colônias do fungo e armou uma carapaça protetora. As bactérias que se aproximavam daquela barreira química eram aniquiladas pela substância. Fleming, ao retornar das férias, se deparou com o final da batalha microscópica. A placa estava tomada de colônias bacterianas que se proliferaram, mas ao redor do fungo havia uma zona morta, onde as bactérias interrompiam sua conquista territorial.

Fleming suspeitou que aquele fungo produzisse alguma substância que, liberada na redondeza do bolor, inibia o avanço bacteriano. Em semanas, descobriu o primeiro antibiótico. O fungo, já conhecido, era do gênero *Penicillium*; logo, Fleming batizou a molécula produzida por ele como penicilina. Os testes seguintes mostraram o efeito devastador da penicilina contra bactérias responsáveis por doenças humanas. Florey e Chain não se conformaram com aquela pedra filosofal esquecida em um artigo com papel já amarelado. Como nenhum cientista investiu no potencial da penicilina?

Fleming não foi intempestivo o suficiente para alardear sua descoberta. Sua personalidade introvertida empalideceu sua descoberta. O médico londrino apenas desenvolveu cremes e pomadas à base da penicilina para infecções cutâneas. As poucas tentativas de elaborar um medicamento com penicilina fracassaram, porque sua molécula era instável demais para formulação em comprimido ou líquido. Enquanto os holofotes se concentravam na sulfa de Domagk, a penicilina recuava e saía de cena. Pelo menos até o momento de sua redescoberta por Florey e Chain.

Enquanto a Alemanha e a União Soviética avançavam no território da Polônia, Chain desfilava nos corredores de Oxford com frascos de culturas do *Penicillium*. O desafio? Purificar a penicilina e desenvolver um método para sua produção em larga escala. Cilindros metálicos foram desenvolvidos a fim de quantificar a produção da droga. Culturas do fungo forneciam caldos repletos de penicilina. Reações químicas e físicas retiravam suas impurezas. A árdua tarefa gerou fruto em 1941, quando Florey e Chain garimparam uma quantidade suficiente de penicilina para testes humanos. A droga funcionara em experimentos com camundongos, mas, agora, era vez dos humanos. Entre os alertas das sirenes e a correria pelas ruas londrinas devido aos bombardeios nazistas, seis doentes debilitados por infecções bacterianas receberam doses da penicilina recém-nascida do laboratório de Florey e Chain. Os enfermos não tinham qualquer esperança, pois a administração prévia da sulfonamida falhara.

Para alegria da dupla, quatro dos seis pacientes se recuperaram após receber penicilina. Os outros dois evoluíram ao óbito, porém responderam no início com a nova droga. Não havia dúvida, a penicilina, uma vez produzida em larga escala, seria eficaz no combate das infecções. Mas como produzi-la em grandes quantidades? Diferentemente da sulfanilamida, em que reações químicas ejetavam a droga sintética, a penicilina dependia da proliferação fúngica em meios de cultura para, então, filtrar o líquido extraído e purificar a penicilina. Isso requeria extensas prateleiras para acomodar incontáveis frascos de cultura do fungo. Uma tarefa impossível.

A dificuldade era tamanha, que Florey, além de transformar seu laboratório em fábrica de penicilina, reciclou a droga utilizada nos pacientes. Como? Seus ajudantes percorriam as ruas londrinas ao amanhecer para buscar urina recolhida dos pacientes internados que recebiam penicilina. A droga percorria o sangue dos enfermos, e cerca de dois terços eram filtrados pelos rins e eliminados na urina. O laboratório de Florey recolhia urina em galões para, pela filtração e centrifugação, reaproveitar metade da penicilina excretada. Mas isso ainda não era suficiente. A produção necessitava de amplo investimento da indústria com complexo aparato industrial, tudo de que a Inglaterra, em guerra, não dispunha naquele ano em que as bombas nazistas choviam nas noites londrinas. Sem opção caseira, Florey buscou auxílio do outro lado do Atlântico.

Em julho de 1941, a viagem de Florey aos Estados Unidos surtiu efeitos. Os industriais norte-americanos investiram na produção da penicilina. Sua eficácia e seu benefício recompensariam os esforços. Cinco grandes companhias farmacêuticas norte-americanas iniciaram a produção.[98] O tímido e embrionário projeto norte-americano para a produção da penicilina seria alavancado, em parte, pelos fatos de dezembro daquele ano. Ao final da guerra, a produção mensal da penicilina seria de 420 quilos: uma enorme quantidade para a época.[99] Mas qual fato de dezembro de 1941 catapultou a produção da penicilina?

A PRODUÇÃO EM MASSA

Enquanto Domagk se enfurnava nas pesquisas de novas drogas à base da sulfa, sua corporação se afundava na lama da guerra. O comando da I.G. Farben se reunia a portas fechadas com as lideranças do regime nazista, sob o comando do químico Otto Ambros, do comitê da borracha e do plástico da I. G. Farben. O avanço da guerra obrigava a elevação na produção de borracha sintética. Hitler exigiu uma produção anual de 150 mil toneladas e, para isso, a construção de mais duas fábricas da I. G. Farben, até então a quarta maior empresa mundial, abaixo apenas de General Motors, Standard Oil Company e United States Steel.

Enquanto isso, militares da Sociedade de Medicina de Honolulu, no Havaí, assistiam à aula do cirurgião nova-iorquino John Moorhead, em 5 de dezembro de 1941.[100] A palestra divulgava avanços no tratamento de feridas de guerra através de limpeza e remoção precoces de tecidos desvitalizados por projéteis, queimaduras e bombas. Outra novidade vinha do revolucionário *kit* de primeiros socorros carregado pelos combatentes que, agora, incluía pomada de sulfanilamida. O efeito antibacteriano da sulfa descoberto por Domagk se tornava acessório indispensável na guerra. O tratamento revolucionário antibacteriano encantou parte da plateia, que deixou o recinto com comentários eufóricos. O que não sabiam é que a aula teórica se transformaria em prática após 36 horas daquela apresentação, quando a aviação japonesa cobriu os céus de Pearl Habor.

A entrada dos EUA no conflito mundial obrigou a produção em massa da penicilina solicitada por Florey. Em 1942, os britânicos a empregavam nos combatentes feridos trazidos dos *fronts* africanos a Bristol. Em 1943, os aliados dispunham das duas opções de antibióticos: penicilina e sulfas. Em dezembro, Winston Churchill, na cidade de Tunis, manifestou tosse e febre durante uma reunião em que traçaria a nova estratégia de ataque. A radiografia portátil da campanha militar britânica revelou pneumonia no líder inglês, que se recuperou graças à sulfonamida.[101] No mesmo ano, combatentes norte-americanos feridos durante a invasão da Sicília e do sul da península itálica recebiam penicilina.[102]

A dupla antimicrobiana revolucionou o tratamento das temidas infecções nos ferimentos de guerra que, na Antiguidade, eram tratados com banhos de água quente e cobertos por cerveja, macerados de plantas, mel, vinho ou excremento de jumento. Os antibióticos suplantaram o tratamento à base de cauterização a ferro em brasa ou óleo fervente da Idade Média e as amputações incrementadas nas guerras napoleônicas.

O fim do conflito mundial coincidiu com a implantação dos antibióticos para curar infecções humanas. Porém, outra história dessas drogas foi mantida em segredo por 60 anos. Por que em segredo? Por sua faceta obscura e negra.

O LADO NEGRO DA PENICILINA

As doenças sexualmente transmissíveis eram arduamente tratadas. Os sifilíticos recebiam medicamento à base do tóxico arsênio. Já os que purgavam secreções pela uretra, devido à bactéria da gonorreia, recebiam um tratamento mais agressivo, desde a década de 1930: dolorosas injeções de prata ou mercúrio no local. Outros se submetiam ao tratamento à base de calor: o corpo no interior de estufas a temperaturas de 41 °C, pois acreditava-se que o calor exterminasse as bactérias. Outra opção de cura vinha dos metais quentes nas proximidades da área genital infeccionada. Como conseguir isso? Elementos metálicos a 44 °C eram introduzidos no reto ou vagina por cerca de duas horas. Diante desse sofrimento, a sulfa chegou como esperança terapêutica amplamente utilizada. Porém, alguns pacientes não melhoravam a despeito do novo antibiótico. Nesses casos, havia outra possibilidade: o emprego da penicilina. Mas havia um grande empecilho, os médicos ainda não conheciam sua eficácia contra a sífilis nem a dose e a duração ideais do tratamento. A resposta seria possível apenas com experimentos humanos, situação delicada em virtude das experiências nazistas que vieram à luz no término do conflito.

As doenças venéreas eram uma preocupação do governo brasileiro. No cartaz à esquerda, propaganda do Círculo Brasileiro de Educação Sexual da década de 1930 em que a sífilis é retratada como víbora traiçoeira e a gonorreia, como monstro alado. A imagem à direita é do Asilo das Madalenas em Belém, inaugurado em 1921, destinado à internação compulsória para tratamento e ao afastamento das prostitutas contaminadas pela sífilis. Na época, elas eram consideradas o mal disseminador da doença.

Após a guerra, o mundo tomou conhecimento das experiências nazistas em humanos. As atrocidades dos médicos nazistas ganhavam as manchetes dos jornais e a lista de testes aos quais os prisioneiros dos campos de concentração eram submetidos incluía ferimentos provocados para avaliar a eficácia da sulfanilamida; uso de balas venenosas e exposição a gases tóxicos; judeus submetidos, em salas especiais, ao frio extremo e a elevadas pressões atmosféricas para avaliar o limite da tolerância humana; inoculação de agentes infecciosos para estudar os efeitos de malária, cólera e tifo; ingestão de água do mar para avaliar quanto suportariam antes de morrer.

As fábricas da I.G. Farben também colaboravam com esses "experimentos". Injeções de hormônios humanos, produzidos por elas, eram aplicadas em humanos para encontrar a tão sonhada fórmula do rejuvenescimento ou a possibilidade de gravidez múltipla[103]: metas fundamentais para aumentar a população ariana do almejado império nazista. Injeções de hormônios masculinos tentavam curar a homossexualidade masculina. O mundo, perplexo, assistia à lista de experimentos.

Em 17 de agosto de 1947, o médico pessoal de Hitler, Karl Brandt, recebeu sua sentença no Tribunal Militar de Nuremberg: morte por enforcamento. Brandt tinha conhecimento de todos os experimentos realizados, arquitetara muitos outros e fora o responsável pela autorização dos testes humanos. Liderou as atrocidades nazistas. Alguns cúmplices, porém, conseguiram fugir para a América Latina. Foram bem-sucedidos Joseph Mengele e Karl Vaernet. O paradeiro de muitos outros médicos nazistas permaneceu desconhecido. Brandt recebeu sua sentença de morte pelos experimentos criminosos, mas outro crime semelhante se iniciara havia três meses. O autor? O renomado médico norte-americano John C. Cutler. O local? A Guatemala. As cobaias humanas? Prisioneiros e doentes mentais.

Cutler era médico do serviço de saúde pública norte-americano e especialista em doenças sexualmente transmissíveis. Seu projeto incluía a solução de diversas dúvidas. A penicilina poderia ser empregada na prevenção da sífilis? Paciente em uso da penicilina estaria protegido? Sifilíticos tratados poderiam se reinfectar? A formulação oral da penicilina seria eficaz no tratamento da sífilis? Qual dose curaria a infecção e por quanto tempo? Somente experimentos humanos trariam as respostas.

Cutler decidiu implantar seu experimento na Guatemala. O motivo? Tinha íntimo contato com o doutor Juan Funes, principal funcionário do serviço de saúde pública guatemalteca e que, além disso, havia feito capacitação médica nos Estados Unidos. Funes abriu as portas para o estudo. A

Guatemala sofria forte influência dos EUA pela ação da companhia de frutas norte-americana, que injetava dinheiro na nação e controlava parte da sua economia. Assim, na mesma época em que os auditórios de Nuremberg lotavam a plateia para os julgamentos, do outro lado do Atlântico, na Guatemala, outra sala testemunhava reuniões secretas para acertar os detalhes finais de um experimento confidencial. Participaram o Ministro da Saúde da Guatemala, o representante do Hospital Nacional de Saúde Mental e Cutler, representando o serviço de saúde pública norte-americano.[104]

Enquanto se buscava punir os culpados por submeter judeus, ciganos, homossexuais e prisioneiros de guerra a experimentos desumanos na Alemanha nazista, na Guatemala, o estudo de Cutler apresentou sua lista de cobaias: doentes mentais internados no Hospital Nacional e presos da Penitenciária Nacional. O "trabalho científico" se iniciou em maio de 1947.

Presos guatemaltecos receberam, felizes, visitas íntimas de prostitutas. O que não sabiam é que os líderes do estudo selecionaram aquelas infectadas por sífilis ou gonorreia. Outras foram submetidas a exames ginecológicos para inoculação de bactérias no colo do útero antes de serem encaminhadas para as visitas à penitenciária. Os presos recebiam, antes das relações sexuais, doses variadas de penicilina, para se encontrar a quantidade ideal que prevenisse a doença.

No Hospital Nacional, doentes mentais entravam na úmida sala de azulejo e piso frio para testes. Após serem fotografados para os arquivos do experimento, testemunhavam procedimentos incompreensíveis para a condição mental que apresentavam. Os homens, deitados nas macas, expunham o pênis. O prepúcio era retraído e um algodão embebido em solução repleta de bactérias da sífilis cobria a superfície do órgão genital. Outros tinham as mucosas sexuais ligeiramente raspadas com lâminas afiadas para inocular as bactérias sifilíticas na área cruenta. Os exames de sangue colhidos nos dias subsequentes confirmavam a infecção. Enquanto isso, os infectados eram tratados com diferentes quantidades de penicilina para se descobrir a dose e o tempo ideais para a cura. Muitos eram reinfectados para saber se a doença retornaria após o tratamento.

Já as mulheres, assentadas em uma sala fria, testemunhavam agulhas infectadas pela bactéria inseridas em seus braços. A mucosa da cavidade oral e a face também eram feridas com agulhas infectadas em meios de cultura bacteriana. Outros homens do hospital recebiam penicilina para, uma hora depois, serem inoculados com bactérias da sífilis através de seringas introduzidas na uretra. Além disso, Cutler queria responder se a sífilis seria transmitida por via oral. Outra remessa de doentes mentais ingeriu uma mistura de tecido de testículo macerado acrescido de água destilada e bactérias da sífilis.[105]

Desde o início do experimento, em maio de 1947, o estudo inoculou bactérias da sífilis em quase 700 pessoas, e pouco mais disso para a bactéria da gonorreia. Aqueles que contraíram a doença foram tratados com doses diferentes de penicilina para se encontrar o tratamento ideal. Com isso, estima-se que cerca de 14% dos infectados pela sífilis não receberam tratamento correto.

Após oito meses do fim dos julgamentos de Nuremberg, o estudo de Cutler foi encerrado de maneira abrupta. Os supervisores norte-americanos de Cutler o obrigaram a pôr fim à experiência por receio de que se tornasse público. Nuremberg expôs os experimentos desumanos nazistas em tempo recorde após a Segunda Guerra Mundial e condenou alguns dos envolvidos. Já os estudos de Cutler foram descobertos e expostos apenas 60 anos depois. Enquanto comissões judaicas vasculhavam a América Latina em busca de médicos nazistas refugiados, Cutler permaneceu fora de qualquer suspeita em solo americano. Enquanto Joseph Mengele e Karl Vaernet se escondiam e ocultavam seus testes, Cutler recebia homenagens e prêmios com seus arquivos e fotos do experimento trancados a sete chaves na gaveta. Morreu em 2003, sete anos antes de um pesquisador descobrir – e divulgar – documentos secretos do programa na Universidade de Pittsburg.

ANO 1947

DA LARANJA À TUBERCULOSE

UM ESTUDO EM ALTO-MAR

Maio de 1747. A Inglaterra, em guerra contra as forças navais espanholas, reforçava o patrulhamento nos mares. Atritos com a França prenunciavam o iminente enfrentamento que, mais tarde, entraria para a história como a "Guerra dos Sete Anos". As nações europeias disputavam palmo a palmo as terras das colônias longínquas. Os embates se estendiam também no solo europeu por meio da guerra pela sucessão do trono austríaco: a Inglaterra se aliou à Áustria contra França e Espanha. Naquela Europa em desordem, o controle dos mares era fundamental. A Marinha Real inglesa dispersou sua frota pelos oceanos.

Era nesse cenário que o navio de guerra *Salisbury* deslizava em prontidão e vigília em busca de navios inimigos. A embarcação, construída um ano antes, abrigava cerca de 300 homens a serviço da realeza inglesa. Enquanto militares temiam pelas batalhas, o médico escocês James Lind, de 31 anos de idade, aguardava a inevitável chegada do temido mal dos marinheiros: o escorbuto. A doença acompanhava as longas viagens marítimas desde sua primeira aparição na frota de Vasco da Gama que contornou o sul da África em busca das Índias.[106] A causa do escorbuto ainda era desconhecida e, portanto, intratável. Descobriu-se depois que o problema estava na dieta a bordo. Os alimentos da tripulação não incluíam frutas e vegetais frescos, ricos em vitamina C. No transcorrer de uma viagem longa, a carência dessa vitamina, essencial para a produção da proteína do colágeno, causava o escorbuto. Porém, na época, nada disso se sabia.

O receio de Lind se concretizou. Naquele maio de 1747 começavam as queixas da tripulação. A doença não respeitava hierarquia. Tombavam serventes, carpinteiros, cozinheiros e artilheiros. Todos com os mesmos sintomas: letargia, moleza pelo corpo, manchas avermelhadas pela pele e edema nas pernas. Na cavidade oral se manifestava o grande sinal do escorbuto: gengivas doentes. Inchadas, amolecidas, sangrantes e infectadas, com odor pútrido, elas esfacelavam. O mal se alastrava pelo navio. Em pouco tempo, um décimo da tripulação estava derrubado pela doença. Já se suspeitava, na época, da carência de algum alimento como causa do escorbuto. Nos porões do *Salisbury*, à espera da morte, encontravam-se cerca de 30 a 40 marinheiros aos cuidados de Lind. Por que não usá-los para tentar encontrar a cura da doença? O jovem médico escocês não titubeou.

Lind esboçou o primeiro estudo médico que, aperfeiçoado no futuro, seria a tônica dos trabalhos da Medicina moderna. O médico separou 12 pacientes e os acomodou na enfermaria improvisada no porão. Os 12 desfalecidos, ajudados por membros da tripulação, eram sentados e alimentados diariamente. Pacientemente, os voluntários amparavam os doentes, enquanto ofertavam entre as gengivas destruídas e inchadas todo tipo de alimento orientado por Lind. Recebiam goles de água com açúcar, groselha, caldos, pudim, sagu, cevada, porções de arroz, aveia, vinho e o asqueroso biscoito, que se deteriorava ao longo do tempo nas viagens, comum no cardápio das embarcações.[107]

Essa miscelânea alimentar não melhoraria os sintomas, e isso Lind sabia; afinal, eram alimentos ofertados no dia a dia. A cura do escorbuto viria daqueles nutrientes conservados na dispensa da embarcação e que raramente a tripulação consumia. Começou, então, seu experimento. Lind dividiu os 12 pacientes em duplas. Dessa forma, separou-os em seis grupos com dois doentes em cada um.[108, 109] Próximo passo, trazer os alimentos da dispensa inacessível à tripulação e ofertá-los aos grupos para avaliar qual ou quais melhorariam.

A primeira dupla recebeu sidra, sem apresentar qualquer sinal de melhora. O mesmo ocorreu às duplas que receberam elixir de vitríolo, vinagre, água do mar ou noz-moscada. Nenhum funcionou. Porém, os dois doentes do grupo destinado a receber limão e laranja deram nítidos sinais de melhora. Em poucos dias um voltava ao trabalho; ao passo que o outro, recuperado, ajudava os demais pacientes que definhavam no porão. Lind encontrara a cura e a prevenção do escorbuto: limão e laranja. Hoje sabe-se que esses alimentos, ricos em vitamina C, previnem a doença. A descoberta de Lind influenciou médicos do século XVIII e se transformou em tratado médico sobre o escorbuto, apesar de levar alguns anos para ser reconhecida. Lind inovou a Medicina com seu trabalho, que comparava os resultados de diferentes formas de tratamento para diversos grupos de doentes. Sem saber, estruturou um estudo científico comparativo que seria o pilar da Medicina moderna. Mas, para isso, seria necessário o aperfeiçoamento de outra disciplina: a estatística.

Somente em meados do século XX surgiria o primeiro trabalho semelhante ao de Lind, mas, dessa vez, certificado pelos cálculos estatísticos. O fruto desse empenho comprovou outra grande vitória da ciência: provou a eficácia da primeira droga descoberta contra a tuberculose. Dois grandes avanços da Medicina frutos de um único trabalho científico. A viabilidade do experimento dependeu do desenvolvimento da estatística, o que se deu, novamente, pelas experiências com vegetais.

NAS PLANTAÇÕES DA INGLATERRA

A comprovação da vitória contra a tuberculose nasceria, em parte, pelas mãos de um jovem cientista inglês: Ronald Aylmer Fisher. Excêntrico, desde a infância adorava matemática e astronomia. Graduou-se em Cambridge na ciência dos números e, aos 29 anos, no ano de 1919, mudou-se com a família para a área rural ao norte de Londres: começaria em um novo emprego.

Fisher foi contratado pela Estação Experimental de Rothamsted. Havia noventa anos que a ciência britânica estudava novidades que incrementassem a colheita das plantações, e Rothamsted foi uma das pioneiras. Desde meados do século XIX, cientistas ingleses testavam diferentes formulações químicas para a agricultura, a fim de fortificar as colheitas. Resultados animadores vinham das safras dos solos enriquecidos com nitrogênio, potássio, magnésio, fósforo e sódio. Fertilizantes naturais ou acrescidos desses elementos melhoravam o rendimento das plantações para a ávida população crescente do Reino Unido. Foi assim que nasceu a fazenda de experimentos agrícolas de Rothamsted. Em seus lotes de terra, cientistas fizeram experimentos anuais com diferentes tipos e concentrações dos elementos. Tudo catalogado e arquivado em livros com capa de couro. Mas o que fazer com todos aqueles dados? Fisher poderia lançar mão de seu vasto conhecimento estatístico para analisar aqueles noventa anos de registros.

Os arquivos eram um tesouro acumulado após quase um século de estudos.[110] Várias comprovações científicas sairiam daqueles livros empoeirados, só que agora respaldadas pelos cálculos estatísticos de Fisher. Todos os dados relativos a cada colheita anual de trigo, batata, cevada e centeio estavam ali. Mais do que isso, todas as variáveis que interferiram nas safras foram minuciosamente anotadas: intensidade das chuvas de verão, rigor de cada inverno ou, mesmo, calor extremo dos verões. Todas as concentrações e os tipos de sais minerais empregados em cada semeadura. Cada campo de trigo delatava as concentrações recebidas anualmente de estrume natural, sódio, potássio, magnésio, nitrogênio ou fósforo.

Uma conclusão parecia óbvia: em diversos momentos, aqueles sais minerais engordaram a safra. Os vegetais, ávidos pelos elementos, cresciam. Mas será que todos os fertilizantes eram iguais? Fisher estava ali para comparar os resultados de cada safra com os diferentes tipos de fertilizante. Com os anos que passou enclausurado naquela fazenda, Fisher revolucionaria parte da estatística e influenciaria os futuros trabalhos médicos, abrindo as portas para a comprovação da primeira vitória contra a tuberculose.

O pesquisador encontrou desafio muito maior do que imaginou. Todos aqueles registros agregavam fatores demais, o que prejudicava a análise. Além disso, as colheitas variavam de excelentes a medíocres. O clima, as chuvas, as pragas, as secas e a temperatura interferiam na análise da eficiência do fertilizante. Se tanta variação de safra ocorria a despeito do uso do mesmo fertilizante, como comparar diferentes tipos destes em anos diferentes? Como saber, por exemplo, se a excelente safra com o emprego de concentração dobrada de fósforo foi determinada pelo mineral em si ou pelo inverno ameno e pelas chuvas ideais que haviam ocorrido naquele ano específico?

O desafio vinha de todos os lados, e isso ficou claro em uma área reservada ao trigo. Os registros mostravam queda na colheita a partir de 1876. Seria uma combinação inadequada de fertilizantes? Não. Nos anos anteriores, as crianças eram empregadas para retirada manual das ervas daninhas. Porém, naquele ano, a nova lei britânica proibiu o emprego de crianças, e, pela falta de mão de obra, as ervas grassaram e as safras minguaram. A partir de 1894, as safras de trigo voltaram ao esplendor, enquanto as ervas regrediram. Seria o novo fertilizante testado? Novamente não. Naquele ano, o diretor do colégio interno vizinho à fazenda instituiu atividades físicas para suas alunas e, com a autorização dos administradores de Rothamsted, reservou horários diários para que elas retirassem ervas daninhas do campo. A partir de 1901, novo avanço das ervas com queda das safras de trigo. O motivo dessa vez foi a morte do diretor do colégio, o que interrompeu a atuação do exército de alunas que capturavam as ervas daninhas. Não havia possibilidade, mesmo com a estatística, de se comparar os resultados arquivados por décadas.

Fisher foi obrigado a mudar a estratégia dos experimentos. Somente assim comprovaria o efeito de diferentes fertilizantes com mínima interferência possível de outros fatores. Fisher mostrou que para testar um novo fertilizante teria que compará-lo aos antigos no mesmo ano, e não em anos diferentes. Em dois verões haveria muitas diferenças relativas a chuvas, temperatura, umidade do ar, intensidade solar, e assim por diante. A solução que encontrou, empregada com base no conhecimento adquirido em seus anos em Rothamsted, foi fazer o experimento em uma mesma época.

No mesmo ano, Fisher separaria dois lotes de terra aleatoriamente. Um receberia o fertilizante, e o outro não (seria o controle). Os grãos derramados no solo cresceriam em ambos os terrenos sob as mesmas condições climáticas, pois o estudo seria concomitante. Assim, as duas plantações ficavam expostas à mesma intensidade de chuvas, de geada, de calor e de frio. A única diferença era o uso do fertilizante a ser testado. Fisher criava, assim, o método da randomização, empregado pela primeira vez na Medicina na luta contra a tuberculose, como veremos adiante. Mas o que é um estudo randomizado na Medicina?

Imagine que alguém alegue ter descoberto um novo medicamento que promove gestação. Para provar sua eficiência, primeiro é necessário testá-lo. Apresentam-se, então, os resultados de um estudo em que 100 mulheres receberam o medicamento e 90 delas obtiveram sucesso, ou seja, engravidaram. Em outro grupo, dito controle, 100 mulheres não receberam o remédio e nenhuma engravidou. O resultado parece eficaz: 90% das que tomaram o novo medicamento engravidaram contra 0% das que não o receberam. Para que isso fosse comprovado, o estudo deveria ser randomizado, isto é, todas as mulheres teriam que ter o mesmo perfil e ser separadas nos dois grupos de maneira aleatória. Em outras palavras, se fossem incluídas no grupo que recebeu a droga apenas mulheres com 25 anos e, no que não a recebeu, mulheres de 45 anos, seria lógico esperar que, independentemente do medicamento, as mulheres mais jovens engravidassem com maior facilidade. Conclusão: o teste não foi adequadamente randomizado. Imagine, ainda, outro cenário: o grupo de mulheres que não receberam o remédio incluía muitas que já haviam tentado engravidar sem sucesso no passado. O remédio faria menos efeito naquelas com antecedente de tentativas frustradas. Portanto, randomizar esse estudo seria escolher mulheres com características semelhantes em ambos os grupos: sem abortamentos, sem tentativas anteriores de engravidar, mesma idade, mesmo nível socioeconômico, mesmos hábitos de saúde, mesma frequência de atividade sexual, e assim por diante. E, principalmente, separá-las de maneira aleatória. Foi isso que Fisher fez na fazenda de Rothamsted: um estudo randomizado.

De forma geral, usa-se a estatística para comprovar se a hipótese testada está certa ou errada. As contribuições de Fisher, consideradas por muitos como verdadeiro marco na estatística moderna, foram muito além. Ele criou modelos experimentais e fórmulas estatísticas. Os seus métodos tornaram-se indispensáveis na comprovação ou refutação dos estudos médicos.

A TUBERCULOSE

Enquanto Fisher se enfurnava na fazenda inglesa, a tuberculose imperava nas cidades. Ao lado da sífilis, era um dos maiores temores no início do século XX. Os países do Ocidente empregavam todos os cuidados possíveis para evitar sua infecção altamente fatal na população. A rotina diária incluía cuidados com secreções expelidas pelo pulmão. Afinal, desde a década de 1880, se sabia sua causa: a bactéria *Mycobacterium tuberculosis*, visualizada ao microscópio pelo bacteriologista alemão Robert Koch.

A população receava que o microrganismo circulasse livremente para infectar novas pessoas. O pânico desencadeava receios exagerados e errôneos. O doente, ao tossir nas mãos, carregaria a bactéria para transmiti-la em um inocente aperto de mãos nas ruas. Levar as mãos ao bolso também contaminaria roupas. Lenços infectados transfeririam a bactéria aos bolsos, às mãos e às mangas. Os doentes seriam fábricas ambulantes da doença. Escarrar no chão significava liberar bactérias ávidas e prontas para ascender aos pulmões. E as bactérias que ficassem no rosto, próximas à cavidade oral? As mães temiam o beijo de adultos na face de seus filhos ou mesmo carinhos no rosto com mãos contaminadas.[111] Nas cidades, os adultos passaram a direcionar seus líquidos e secreções das vias respiratórias a um destino único: as escarradeiras. Essa nova mobília, surgida na França no início de 1890,[112] conquistou o mundo ocidental e se espalhou por entradas de restaurantes, hotéis, cinemas, igrejas, domicílios, teatros e lojas.[113]

Ternos, gravatas, sapatos e chapéus cobriam homens elegantes do início do século que não se constrangiam em escarrar nos recipientes alojados nas portas comerciais. Os locais mais refinados escolhiam escarradeiras condizentes ao seu fino estabelecimento e, também, transformavam-nas em decoração. Surgiram escarradeiras de cerâmica, porcelana, vidro, metais nobres e faiança. Seus formatos se tornaram variados. Seu tom charmoso também era evidenciado por ornamentos e figuras em autorrelevo. No interior das escarradeiras, as bactérias da tuberculose encontravam produtos que supostamente as retinham ou destruíam, desde ácido fênico a areia, serragem e cinzas.

Havia também escarradeiras portáteis, de metal, carregadas no bolso do paletó. Aos doentes, sabidamente exportadores da bactéria, era imperativo ter sua própria escarradeira portátil. Adoecer já era um martírio e mau presságio. O portador de tosse prolongada e seca era visto com receio, pela possibilidade de estar infectado. Suores ou febre noturnos e emagrecimento confirmavam a suspeita. No hospital, o veredito vinha do exame de escarro com a visualização da bactéria e da radiografia do pulmão esburacado pela doença. Temor maior chegava quando o sangue tingia esse escarro, sinal de doença avançada acometendo os vasos sanguíneos.

Ao doente não restava alternativa além de mudar-se para os sanatórios de tratamento, nas montanhas. Ali desfrutaria de clima seco, repouso e ar limpo. As opções terapêuticas, porém, eram desoladoras. Os tuberculosos chegavam com sua maleta de roupas e se alojavam em um dos quartos. Na primeira noite, apesar de fria, tinham que se habituar às janelas abertas para circulação do importante ar limpo, enquanto o frio era disfarçado pelos cobertores.[114] Pela manhã começava a rotina diária de boa alimentação e repouso. Sanatórios nos Alpes forneciam seis refeições diárias, todas hipercalóricas, com muita proteína. Exceto por um leve passeio matinal em busca do ar limpo, o resto do dia se passava nas cadeiras e camas. O repouso era fundamental. Além disso, o banho solar trazia benefício aos enfermos.

Os doentes precisavam colaborar com fatores importantes à cura: otimismo e tranquilidade mental, ambos difíceis naquelas décadas.[115] Havia, sim, histórias de pacientes que conseguiram ter alta médica dos sanatórios, o que seria motivo para otimismo. Porém, corpos inertes retirados na calada da madrugada denunciavam que a maioria não tinha a mesma sorte. Como ter tranquilidade mental se os internos aguardavam, ansiosamente, o momento do exame clínico realizado pelo médico que definiria a alta ou a permanência no sanatório? E quanto ao temido exame de escarro que confirmaria a cura ou a continuidade da maldita bactéria? As esperanças não eram muitas, pelo menos até 1948, quando médicos britânicos deram os últimos passos iniciados por Lind e aperfeiçoados por Fisher.

O EXPERIMENTO REVOLUCIONÁRIO

Em setembro de 1946, um comitê de cientistas, criado pelo Conselho de Pesquisa Médica Britânica, recebeu a missão de testar uma nova droga promissora no combate à tuberculose. Caso os dados preliminares se comprovassem, a Medicina estaria diante de um remédio potente contra a bactéria que martirizava a população. Entre os clínicos, pneumologistas, patologistas e radiologistas, estava Austin Bradford Hill, responsável por elaborar a estratégia estatística do estudo.

Aos 49 anos de idade, Hill era um sobrevivente. Poucos imaginavam o que havia passado aquele homem de pele clara, cabelo loiro curto e repartido no meio, lábios finos, mandíbula larga e olhar firme. Sempre bem-vestido, sua elegância contrastava com sua aparência de décadas antes. Hill era piloto da força britânica na Primeira Guerra Mundial quando adoeceu pela tuberculose.

Sem perspectivas de cura, foi orientado a permanecer em casa à espera da morte. Porém, contrariando todas as expectativas da época, houve melhora da disposição, do apetite e do aspecto doente. Hill engordou, enquanto sua tosse regredia e sua febre cessava. Em pouco tempo, o improvável ocorreu: a tuberculose o deixou. Mas a doença empurrou sua carreira de piloto para as áreas da epidemiologia e da estatística, graças à influência de amigos de seu pai. Não tardou para Hill se destacar por seus conhecimentos matemáticos e estatísticos aplicados aos estudos clínicos; e, por isso, embora não fosse médico, estava ali, sentado à mesa de discussão para apresentar sua estratégia de estudo. A droga a ser testada era a recém-descoberta estreptomicina.[116]

Havia três anos que cientistas norte-americanos tinham descoberto a estreptomicina, produzida por uma bactéria presente no solo.[117] A substância, quando isolada, funcionava como um antibiótico natural contra outras bactérias. Uma guerra química era travada nesse mundo microscópico pela disputa do espaço nutritivo e pela sobrevivência. Os genes do microrganismo *Streptomyces* fabricavam a então batizada estreptomicina que, lançada no meio externo, funcionava como uma bomba dirigida a outras bactérias concorrentes que se aproximassem. A vantagem evolutiva ajudou o *Streptomyces* a fabricar essa arma química, que, logicamente, era inofensiva ao seu organismo produtor. Os cientistas, agora, roubavam essa arma natural, na esperança de utilizá-la contra bactérias nocivas ao homem. A nova droga foi testada no combate a diversos tipos bacterianos. Então, os médicos se regozijaram: a droga liquidava diversos tipos de bactéria.[118] Entre elas, as bactérias da tuberculose, que não se proliferavam nos frascos com estreptomicina. A droga destruía a bactéria da tuberculose.

O próximo passo seria testar em cobaias de laboratório. Os animais inoculados pela bactéria desenvolveram a doença. No entanto, as cobaias que receberam a estreptomicina curaram-se. Agora a ciência precisava comprovar sua eficácia em humanos através de estudos corroborados pelo poder de isenção da estatística. Aqui entrava Hill e o seu papel na comissão de 1946. O estatístico elaborou um trabalho com o mínimo de interferências nos resultados. Para isso, lançou mão da randomização de Fisher. Pela primeira vez na história da Medicina se realizaria um experimento com esse modelo estatístico.

Em janeiro de 1947, o primeiro paciente chegava ao centro de tratamento. Sua idade era semelhante à dos demais que apareceriam, entre 15 e 25 anos. Hill estipulara o perfil dos doentes que entrariam no estudo para que fosse o mais semelhante possível. Não se poderia fornecer a droga a um enfermo com aparência saudável e comparar com outro tuberculoso que não a recebesse, mas que estivesse à beira da morte. Era certo que a estreptomicina mostraria benefício. Portanto, aquele primeiro doente de janeiro conviveria, nos próximos seis meses, com outros tuberculosos da mesma faixa etária, com o mesmo padrão da doença verificado na radiografia do tórax e que apresentassem surgimento recente dos sintomas. Pouco a pouco, os hospitais contatados para o estudo selecionavam os doentes diagnosticados e os enviavam ao experimento elaborado por Hill.

Em poucos meses, mais de cem pacientes estavam internados nas enfermarias que participavam do trabalho. Todos eram submetidos ao tratamento padrão: repouso. Porém, metade deles recebia, diariamente, a estreptomicina por injeções musculares. O tratamento não influenciaria uma possível e subjetiva sensação de melhora, pois os tuberculosos incluídos no estudo não sabiam que recebiam a droga experimental. Acreditavam estar internados para o tratamento padrão. Dessa forma, eliminava-se qualquer sensação de melhora por efeito psicológico, o que poderia ocorrer caso soubessem que recebiam um medicamento novo promissor.

Os pacientes visitavam, inicialmente, o centro recrutador da pesquisa e lá recebiam um envelope lacrado com a indicação de um número e o hospital ao qual seriam encaminhados para o tratamento. Os médicos responsáveis pelos pacientes não sabiam o que continha o envelope de cada doente. Uma vez admitido e apto para iniciar o tratamento, cada paciente tinha então seu envelope aberto, e ali dentro estava um cartão com seu destino. O cartão com a letra "S" indicava internação na enfermaria e recebimento diário de estreptomicina, enquanto os cartões com a letra "C" selavam o destino ao "grupo controle", que receberia o tratamento padrão, repouso e boa alimentação e serviria de comparação estatística com o primeiro grupo.[119] Foi essa a forma que Hill encontrou para separar os doentes nos dois grupos, de maneira aleatória e sem influência de qualquer participante do estudo, ou seja, utilizando o método da randomização. Lembremos que os pacientes, durante todo o tratamento, não sabiam que estavam sendo testados.

As semanas se passavam e os doentes eram monitorados. Os registros apontavam todos os parâmetros importantes para se avaliar sua melhora. Os dados computavam quais pacientes engordavam ou em quais cessava a febre, a tosse e a fraqueza. O laboratório, a todo instante, recebia as amostras de escarros para os laudos de desaparecimento ou permanência da bactéria da tuberculose. Dois radiologistas analisavam as imagens de raios x dos pulmões para avaliar os sinais de melhora ou piora. Ambos desconheciam se as radiografias analisadas pertenciam a um paciente que recebia estreptomicina ou fazia parte do grupo controle.

Exatos duzentos anos se passaram desde o primeiro estudo científico baseado em comparações de dados, realizado por Lind na famosa embarcação Salisbury, até os experimentos com os tuberculosos de Hill, internados por seis meses em Londres. Em dois séculos, o rigor estatístico ganhou importância e, graças aos métodos elaborados na fazenda de Fisher, a Medicina incorporou o método randômico pela primeira vez em 1947. Desde então, esse modelo se tornou a tônica de diversos estudos que quiseram comprovar a eficácia de algum novo medicamento. Mas o que Hill encontrou?

Os resultados confirmaram que a tuberculose estava com os seus dias contados. Apenas 7% dos pacientes tratados com a estreptomicina não sobreviveram até o término do sexto mês de tratamento. Enquanto no grupo controle, em que os doentes apenas repousaram, 27% dos pacientes morreram. Mais da metade dos tratados apresentou melhora clínica exuberante contra apenas 8% dos não tratados. Não havia dúvida de que a nova medicação era eficaz, os resultados dos cálculos estatísticos comprovavam o sucesso. Apesar disso, a Medicina encontraria novas dificuldades para o tratamento da tuberculose. Não se sabia ainda que muitas bactérias eram naturalmente resistentes à droga e que, portanto, havia a necessidade de tratar os pacientes com três tipos diferentes de medicamento para driblar esse problema. Tal avanço surgiria com os trabalhos seguintes e com o aparecimento de novas drogas. Cinco anos após o estudo com a estreptomicina, já havia mais três novas drogas para o combate contra a tuberculose; dentre elas, a mais eficaz até os dias de hoje: a isoniazida.

ANO 1952

A MALDITA FUMAÇA

AS CATÁSTROFES PASSADAS

Os londrinos não imaginavam a catástrofe que ocorreria na véspera do Natal de 1952. A tragédia, de certa forma, havia sido anunciada por dois episódios anteriores, ambos negligenciados, na Bélgica e nos Estados Unidos. Em meio ao caos que os habitantes de Londres vivenciariam naquele ano, dois médicos realizavam pesquisas que causariam uma reviravolta nos hábitos da população. Essa dupla de cientistas de avental branco entraria para a história com sua descoberta bombástica, enquanto a tragédia londrina ainda repercutiria por anos na memória inglesa. A humanidade ocidental cairia em si sobre o envenenamento maciço que sofria sem desconfiar. O protagonista desses três acontecimentos foi o mesmo: a fumaça.

A cidade de Liège, banhada pelo rio Meuse, era a força motora da economia belga em 1930. No século passado, o vale daquele rio foi intensamente industrializado com a elevação de fábricas produtoras de aço, vidro, zinco, fertilizantes e explosivos. A área industrial ao longo das margens do rio atingia a extensão de vinte quilômetros. Acoplados aos complexos industriais cresceram vilas, vilarejos e cidades operárias. Com pouco mais de 3 mil operários e a meio caminho da faixa industrial, Engis seria a cidade mais atingida pelos acontecimentos de dezembro daquele ano.

A rotina do vale amanheceu a mesma em 1º de dezembro de 1930. Operários acordaram antes de clarear, vestiram suas roupas simples e encardidas dos dias anteriores para mais uma exaustiva jornada de trabalho. No caminho das fábricas notaram a rotineira neblina que se apossava das margens do rio. Mas daquela vez ela seria mortal. Uma massa de ar frio estacionara na atmosfera e a inversão térmica impossibilitava que as fumaças tóxicas despejadas pelas chaminés industriais ascendessem. A manhã de trabalho no vale industrial fervia, enquanto a nuvem tóxica expelida pelas chaminés se acomodava ao longo dos vinte quilômetros do Meuse.

A leve brisa que atingia em torno de 1 a 3 quilômetros por hora não foi suficiente para dispersar os gases tóxicos. Além disso, a geografia da região precipitou uma armadilha mortal aos operários. As elevações montanhosas com cerca de cem metros de altura que ladeavam o vale contribuíram para aprisionar a fumaça tóxica ao longo do rio. O terreno da catástrofe estava formado.

Os habitantes inalaram fumaça e poeira retidas na atmosfera por cinco dias. Moléculas com nitrogênio, carbono, enxofre, hidrocarbonetos, zinco e sulfitos invadiram seus pulmões, inflamando-os. Os primeiros sintomas surgiram: irritação de laringe, tosse, dores no tórax, náuseas e vômitos. A falta de ar denunciava gravidade e má evolução. As mortes surgiram pelo intenso dano pulmonar que ocasionava extravasamento de líquido e sangue no interior dos pulmões. Daí a falta de ar. A população sabia que algo estava errado. O número de doentes e mortes superava qualquer estatística dos meses anteriores. Surgiam diferentes rumores e explicações leigas naquele caos de dezembro. Enquanto isso, o dióxido de enxofre, protagonista maior da tragédia, continuava a ser lançado pelas chaminés na quantidade estimada de 60 toneladas por dia.[120]

Os acontecimentos do vale do Meuse estampavam os noticiários, e o pânico reinava na população operária. A rainha Elisabeth da Bélgica, como os políticos atuais, visitou a área afetada demonstrando preocupação e solidariedade. Uma comissão multiprofissional foi designada para esclarecer o motivo da morte de mais de sessenta pessoas. Médicos, toxicologistas, meteorologistas e químicos industriais apontaram a causa: a fumaça tóxica das indústrias. Apesar disso, aqueles cinco dias caíram no esquecimento.

A cidade norte-americana de Donora havia testemunhado, em 1948, catástrofe semelhante. As águas do rio Monongahela chegavam à cidade industrial após percorrerem 48 quilômetros desde a passagem por Pittsburgh. O fluxo do rio trazia embarcações repletas de carvão, que aportavam na acentuada curva onde se assentava Donora. Desde o início do século XX, a cidade industrial queimava toneladas de carvão para a fundição de ferro e produção de aço. Pitadas de zinco revestiam os produtos industriais finais para prevenção de ferrugem. Conclusão: as fábricas funcionavam 24 horas por dia na produção de zinco, ferro, aço e arame. Na madrugada de 26 de outubro, surgiu a primeira vítima da tragédia.

Novamente, uma inversão térmica aprisionou gases tóxicos, poeira e fumaça nas ruas da cidade. As colinas de 120 metros de altura que circun-

Gravura de Gustave Doré retrata bairro pobre de Londres com famílias de trabalhadores dividindo uma mesma construção sem sistema de fornecimento de água e esgoto em 1872.

davam a cidade concentraram as fumaças em um caldeirão tóxico que se formou em Donora.[121] Na tarde daquele sábado já havia 17 mortos. Pouco a pouco, moradores chegavam ao hospital em busca de ajuda. A neblina tóxica envolveu os 13 mil habitantes da região, e quase metade apresentou sintomas respiratórios. Foram cinco dias que abalaram a região norte-americana.

Os moradores inalavam compostos químicos com carbono, enxofre, metais pesados, cálcio e flúor. O número de internações aumentava com o passar dos dias. Mais de um terço da cidade apresentou tosse, dor de garganta, irritação nos olhos, falta de ar e náusea. Quatrocentas pessoas lotaram os leitos do hospital; destas, vinte sairiam em caixões.[122] Os jornais divulgaram os cinco dias de desespero vividos na cidade. Mais um acidente se somou aos perigos que o *smog* ocasionava. Muitos sobreviventes se tornariam portadores de problemas respiratórios nos anos seguintes. Os gases desencadeavam doenças crônicas. Os médicos alertavam os órgãos sanitários quanto aos riscos de uma atmosfera contaminada pelas mãos humanas, mas faltou um último incidente para medidas mais enérgicas serem tomadas. E, dessa vez, seria um acidente muito mais trágico e de maior proporção. É aqui que retornamos a Londres de 1952.

UM EXPERIMENTO NO MEIO DA CATÁSTROFE

Mais uma vez, a inversão térmica, aliada a pouco vento e baixa temperatura, foi a protagonista dos acontecimentos de 1952. No início de dezembro, dois médicos ingleses, Richard Doll e Austin Bradford Hill, debatiam os resultados parciais do estudo científico iniciado no ano anterior, mas os dados por eles coletados ainda eram escassos para concluir o que suspeitavam. Enquanto isso, Londres se preparava para a tragédia iminente. Como foi visto, Hill havia mergulhado, anos antes, no estudo da estreptomicina contra a tuberculose. Agora, utilizava seus conhecimentos estatísticos para comprovar o malefício de outro vilão.

A trajetória de Doll foi bem menos árdua do que a de Hill. Desde jovem, mostrava grandes habilidades matemáticas, apesar de desviar seu caminho para a Medicina por insistência do pai. O destino o fez aliar suas duas paixões. Por seu trabalho meticuloso e com rigor estatístico para comprovar fatores ambientais na causa da úlcera gástrica, Doll foi convidado por Hill, em 1948, para trabalhar no seu novo projeto de estudo. Agora, com 40 anos, Doll se reunia com Hill naquele dezembro de 1952.

A dupla visitava o escritório de registro geral do Reino Unido em busca de dados para sua pesquisa em 5 de dezembro. O órgão coletava a causa dos óbitos da nação para, então, tabular a estatística britânica. Portanto, para saber o número de mortes por qualquer tipo de doença, era só vasculhar seus registros. Porém, naquele dia, se iniciou o caos londrino, que paralisaria temporariamente o trabalho da dupla médica. Os ventos cessaram na capital inglesa. A famosa inversão térmica fez o *smog* repousar nos céus londrinos. Aliado a isso, as chaminés das fábricas e dos lares permaneceram com o fluxo constante de fumaça, poeira e gases tóxicos. Pior, a acentuada baixa temperatura daquele inverno fez os lares queimarem insistentemente carvão e, portanto, liberarem mais dióxido de enxofre pelos telhados. A umidade do Tâmisa temperou a neblina.

Atrás das mortes arquivadas no registro geral, Doll e Hill devem ter notado que um número muito maior de óbitos ocorria naqueles dias. A grande maioria atribuída às inflamações pulmonares e ao colapso circulatório. Enquanto os órgãos de saúde tentavam amenizar o problema, a paisagem londrina não disfarçava a catástrofe. O dia virou noite. As lâmpadas dos postes e os faróis dos carros permaneciam acesos de dia devido à escuridão. Coincidentemente, fazia apenas cinco meses que toda a frota elétrica do transporte coletivo da cidade havia sido substituída por veículos a diesel. Assim, centenas de ônibus queimavam esse combustível para piorar a situação. Mas afinal, o que Doll e Hill buscavam nas estatísticas de óbitos?

Os cientistas estavam atrás das mortes ocasionadas por câncer de pulmão. Mas Doll e Hill teriam que ter muita paciência, pois os tabuladores se atolavam na montanha de atestados de óbito que chegavam pela catástrofe que Londres vivia. Centenas de mortes ocorriam na cidade. O *smog* londrino de 1952, apesar de durar apenas cinco dias, foi suficiente para que os hospitais emitissem cerca de 4 mil atestados de óbito ao escritório de registro geral.[123] Outros quase 8 mil óbitos ainda ocorreriam nos três meses seguintes, ainda por efeitos indiretos do *smog*.[124] Guardas tentavam coordenar o trânsito caótico no breu das ruas com iluminação artificial por lanternas ou chamas acesas nos entroncamentos das avenidas. Enquanto isso, a população inalava o ar envenenado da atmosfera com cem vezes mais materiais particulados que nos dias atuais.[125] A maioria em forma de poeira, fumaça e outras moléculas sólidas emitidas pela queima de carvão e diesel. Os elementos adjuvantes desse cenário catastrófico, zinco e chumbo, também se assentavam nos pulmões londrinos.[126] A concentração de fumaça atingia 40 vezes o valor dos meses anteriores, enquanto a de dióxido de enxofre chegava a 20 vezes o habitual. As raras máscaras encontradas na face de poucos londrinos ajudavam pouco.

Os pesquisadores queriam saber a causa do câncer de pulmão. Desconfiavam que algum novo fator presente no século XX estava por trás da doença. Já era fato que a doença se transformara em epidemia no século XX. Muitos clínicos aventavam a possibilidade de as fumaças dos automóveis e a presença do asfalto serem os responsáveis. O grande número de doentes forçou os médicos a desenvolverem cirurgias para remoção da parte pulmonar tomada pelo tumor. O norte-americano Evarts Graham executou, em 1933, a primeira cirurgia bem-sucedida para ressecar a porção pulmonar doente. Mas a técnica cirúrgica tinha pouco benefício para uma doença diagnosticada em fase avançada, e, por isso, na década de 1940, os médicos buscavam sua causa para poder preveni-la. Queriam eliminar o contato da população com o misterioso agente causador. Até então, gases provenientes das indústrias, fumaça e poeira das fábricas eram suspeitos de causarem o câncer. Uma hipótese bem plausível, pois eram fatores novos nas cidades industriais.

Apesar de muitos acreditarem na fumaça industrial, um pequeno grupo desconfiava de algo bem mais próximo das pessoas e presente no interior das residências: o cigarro consumido assiduamente desde o início do século. Uma hipótese ainda vista com muito ceticismo. O próprio Graham, autoridade na cirurgia que desenvolveu, não acreditava nas hipóteses inalatórias, nem do cigarro, nem das fumaças industriais. Ele alegava que, se o cigarro causasse o câncer, a doença seria encontrada em ambos os pulmões, pois a fumaça se distribuía nos dois órgãos. A polêmica a esse respeito se avolumava.

A BUSCA DO CULPADO

O cigarro, para alguns, era um forte candidato, pois seu consumo exorbitante também coincidiu com a elevação nas taxas de morte pelo câncer de pulmão. A história do tabaco começou com os primeiros colonizadores europeus da América. Suas plantações salvaram os primeiros ingleses assentados em Jamestown, cidade fundada em homenagem ao rei James. As exportações para a Europa enriqueceram a colônia. Em pouco tempo as plantações ganharam a região de Maryland (nome em homenagem a Maria, esposa do rei Carlos I) e se expandiram por toda colônia da Virgínia (um tributo à rainha Elizabete, "a rainha virgem").[127] O sucesso do tabaco foi copiado pelos colonos da Carolina do Norte. Mãos negras escravas importadas da África semeavam e colhiam o então tesouro norte-americano. Os enormes lucros com a exportação explicavam a expansão cada vez maior de suas plantações. Mas sua intensa exploração se tornaria tímida com a reviravolta sofrida pelo invento do norte-americano James Bonsack.

Em 1881, sua máquina entremeada por polias, correntes, cilindros, roldanas e esteiras passou a enrolar o tabaco em finas lâminas de papel e cuspir 200

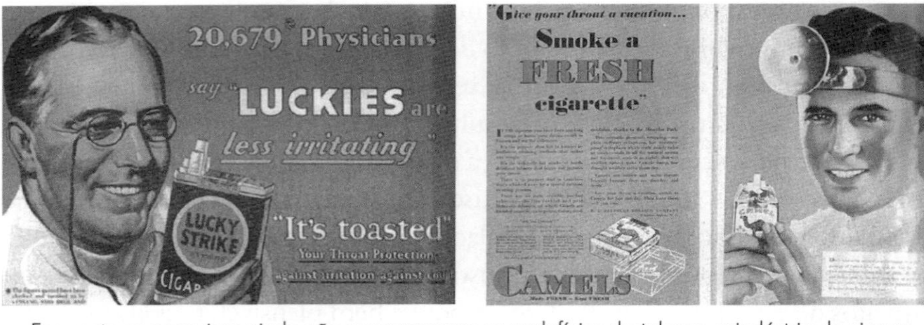

Enquanto as pesquisas ainda não comprovavam os malefícios do tabaco, a indústria de cigarro difundia o produto em publicidades estreladas por médicos.

cigarros por minuto. Doze mil por hora e 120 mil cigarros por dia. Desde então, a indústria do tabaco deslanchou. Novos fregueses eram atraídos ao vício, já no século XX, por várias estratégias. Garotos eram conquistados através dos brindes nos maços: cartões que estampavam figuras de jogadores de beisebol ou de mulheres em trajes e posições sensuais, porém muito distantes das que estamos acostumados a ver hoje. Propagandas em revistas, jornais e *outdoors* apresentavam homens bem-sucedidos, com roupas elegantes e tragando o símbolo do sucesso nos lábios. Casais também expunham seu consumo diário e trocavam olhares apaixonados entremeados pela fumaça. O estilo de vida refinado norte-americano era associado ao tabaco em numerosas propagandas. O que pode soar mais incrível nos dias de hoje é que o tabagismo era aprovado pela classe médica. Médicos expunham a face sorridente para recomendar as melhores marcas de cigarro, que causavam menos irritação pulmonar e tosse, em anúncios publicitários. Muitos ainda indicavam o cigarro como purificador pulmonar. "Mais médicos fumam *Camel* em vez de qualquer outro cigarro",[128] dizia uma propaganda da década de 1940. Com o avanço do século XX, os anúncios cativavam cada vez mais a população. O cigarro passava a ser recomendado por médicos e celebridades como digestivo após refeições; os elegantes jantares eram encerrados com seu charme.

Um novo apelo ao consumo foi lançado pelas estrelas de Hollywood. A população assistia a seus ídolos cinematográficos acendendo e fumando cigarros nas telas de cinema: Humphrey Bogart, Marlene Dietrich, Fredric March, Joan Bennett, Paul Henreid, Bette Davis, Dana Andrews, Joan Fontaine e outros para qualquer tipo de gosto. Mas, agora, no auge das campanhas publicitárias e de consumo de tabaco, Doll e Hill travavam uma batalha para confirmar suas convicções sobre seu malefício à saúde.

Em 1952, em Londres, a dupla britânica encontrava-se irredutível: o cigarro estava por trás da causa do câncer de pulmão. Doll e Hill haviam feito um estudo anterior, fazia quatro anos, para encontrar a causa do câncer. No início da pesquisa, em 1948, ainda acreditavam que a inalação da fumaça dos automóveis em associação com o asfalto das ruas provocava a doença. Para provar isso, buscaram pelos hospitais da nação todos os doentes com diagnóstico do câncer pulmonar. Em um ano, conseguiram agrupar pouco mais de seiscentos pacientes. Encontrar os doentes já fora uma tarefa hercúlea, porém nada comparado ao que ainda enfrentariam. Vasculharam a vida de todos os enfermos na busca do agente causador. Questionaram toda a rotina diária e pregressa para recolher informações sobre dietas pobres em nutrientes, profissão, hábitos de fumar, tipos de vida e de moradia, hábitos das vidas sociais, uso de medicamentos novos ou drogas, procedimentos cirúrgicos prévios e medicamentos usados no passado. Finalmente, a árdua tarefa trouxe resultados. Hill e Doll, em 1949, tinham nas mãos a causa do câncer de pulmão. Os resultados tabulados e os métodos estatísticos empregados não deixaram dúvidas: todos os doentes tinham o hábito de fumar. O cigarro era a causa da doença que explodiu no século XX.

A dupla britânica não estava sozinha nas suas conclusões. No mesmo período, outros dois médicos norte-americanos realizaram estudo semelhante do outro lado do Atlântico, e, entre eles, estava Graham, o mesmo que desenvolveu a técnica cirúrgica para remoção da parte pulmonar acometida pelo tumor. Enquanto Graham encabeçava o estudo norte-americano, seu jovem colega de 30 anos de idade, Ernst Wynder, partiu pelas estradas dos EUA em busca dos pacientes. Wynder já experimentara viagens longas ao desconhecido quando fugiu da Alemanha nazista, em 1938, para aportar em Nova York. Porém, agora, as circunstâncias eram bem diferentes. A Sociedade Americana do Câncer financiou as viagens de Wynder que, em pouco tempo, conseguiu recolher mais de seiscentos doentes pelos hospitais norte-americanos, número semelhante ao do trabalho britânico. O questionário norte-americano submetido aos doentes incluía não apenas o hábito de fumar, mas também o número de cigarros consumidos diariamente. Graham e Wynder dividiram os pacientes em cinco grupos, desde fumante leve até fumante inveterado, além, lógico, de investigar a inalação de inseticidas, fumaças provenientes da queima de gasolina, entre outras substâncias.

Os resultados coincidiram com os dos britânicos. Com apenas quatro meses de intervalo, em 1950, foram publicados os estudos de ambos os grupos. Os médicos folheavam nas revistas médicas, especializadas e conceituadas, as conclusões de Doll e Hill e de Graham e Wynder: o cigarro causava câncer de pulmão. Vitória da Medicina? Não! Ainda não! O motivo? Os médicos e estatísticos não estavam preparados para o esboço desses estudos.

Ambos os trabalhos receberam críticas ferrenhas da classe médica e também de renomados estatísticos da época. A Medicina estava acostumada às conclusões de trabalhos prospectivos. O que é isso? Se um médico quisesse saber os efeitos de algum novo medicamento, deveria fornecê-lo aos pacientes e acompanhá-los a partir de então. Nesse exemplo, metade dos pacientes receberia a nova droga, enquanto a outra não. Isso era um estudo prospectivo. Se quisesse saber se o cigarro causava o câncer, então deveria acompanhar um grupo em que metade dos pacientes fosse composta de fumantes para compará-la à outra metade, de não fumantes. Os resultados viriam no futuro.

Doll e Hill sabiam da preferência do estudo prospectivo, mas era óbvio que tal estudo terminaria em anos, talvez décadas. Imagine acompanhar tabagistas no aguardo do surgimento do tumor. Por isso, optaram pelo estudo retrospectivo, mas certificado pela estatística rigorosa. Fizeram o caminho inverso: encontraram os doentes com câncer de pulmão para então estudar os hábitos passados. Os doentes contavam a retrospectiva de suas vidas. Para validar a estatística do estudo, compararam esse grupo de cancerosos com outro saudável. Por isso, também estudaram um grupo de pessoas livres do câncer pulmonar. Mas tudo isso não funcionou, os médicos ainda não aceitavam essas inovações retrospectivas. Apesar dos precisos cálculos estatísticos, os trabalhos sofreram críticas fervorosas.

Entre as críticas estava o fato de os pesquisadores saberem o que procurar. Será que nos pacientes com diagnóstico de câncer eles insistiram no questionário para supervalorizar o hábito do fumo? Vasculharam com mais empenho o hábito do tabaco na vida pregressa dos doentes, ao passo que, nos pacientes sem câncer, menosprezaram o tabaco nas perguntas? Será que foram tão incisivos no interrogatório para encontrar o tabagismo pregresso na vida dos saudáveis? Será que os pacientes se lembraram do hábito do tabagismo de maneira precisa? Alguém lembraria com precisão se fumava pouco ou muito havia dez ou vinte anos? Não adiantava insistir. Doll e Hill, apesar de empregar métodos estatísticos adequados, foram obrigados a se render a um novo estudo e, dessa vez, teria de ser prospectivo.

A GRANDE CRIATIVIDADE

Enquanto a indústria do tabaco festejava as críticas aos trabalhos contrários ao seu produto, Doll e Hill se esforçavam para encontrar uma nova estratégia de estudo. Mas os percalços que enfrentariam eram desanimadores. Como juntar dois grupos de pessoas com hábitos de vida semelhantes? Ambos os grupos teriam de ter uma vida cotidiana similar, ter os mesmos hábitos de alimentação, as mesmas condições e jornadas de trabalho, morar em casas com semelhantes condições de higiene e núcleo familiar, entre outros tantos fatores. O grande diferencial dos dois grupos deveria ser apenas o hábito de fumar. Além disso, a estatística reivindicava um grupo grande de pessoas, teriam que reunir dezenas de milhares de pessoas com qualidade e hábitos de vida semelhantes. Não adiantaria comparar dez tabagistas com outros dez não fumantes.

Caso conseguissem vencer esses desafios iniciais, ainda haveria outro problema para Doll e Hill. O trabalho poderia durar muito tempo. Como saberiam quem adoeceu pelo câncer de pulmão? Como saberiam se morreram de câncer? Como acompanhariam os cidadãos agrupados, se estes tinham a possibilidade de mudar de endereço ou cidade? Papéis e mais papéis com nomes e dados se perderiam na mesa de trabalho de Doll e Hill. Não teriam a menor condição de procurar ou saber o nome daqueles com essa doença. Mas apesar da aparentemente impossível solução para tal estudo, eles conseguiram com criatividade e inteligência vencer todos os obstáculos e estabelecer, de maneira fantástica, uma estratégia de trabalho. Em 1951, estavam prontos para iniciar o trabalho prospectivo tão cobrado pelos seus críticos.

Eles contaram com ajuda de 40 mil médicos britânicos. Isso mesmo, dezenas de milhares de médicos auxiliaram o estudo prospectivo respondendo a questionários, pois eles próprios seriam as cobaias estudadas. Doll e Hill encontraram o tão buscado grupo de fumantes e não fumantes nos médicos britânicos. A ideia foi excelente, encontraram um grande grupo de pessoas semelhantes para associar o consumo de tabaco com o câncer de pulmão. Endereçaram, em outubro de 1951, questionários para 60 mil médicos. A Associação Médica Britânica auxiliou o estudo fornecendo a lista de médicos britânicos com seus respectivos endereços. Além disso, despachou as correspondências com o questionário aos consultórios e às residências. Os médicos participaram ao responder ao questionário que, propositalmente, era curto e simples, para obter o máximo de aderência de seus colegas. Apesar de simples, lá estavam todas as respostas de que Doll e Hill precisavam. Fuma ou não? Se fuma, quantos cigarros consome por dia e desde que idade? Sempre fumou a mesma quantidade? Se não fuma, já fumou no passado? Quantos cigarros? Quando iniciou e quando parou?

A resposta ao apelo foi surpreendente: 40 mil médicos responderam e reenviaram os questionários. A primeira surpresa, aqueles acima de 35 anos de idade eram massivamente adeptos do hábito: quase nove em cada dez fumavam.[129] Agora que estavam com os questionários nas mãos, Doll e Hill aguardariam o surgimento de óbitos pelo câncer de pulmão na classe médica. Os médicos poderiam até mudar de endereço ou cidade, que Doll e Hill não perderiam seus paradeiros, pois os encontrariam no escritório de registro geral britânico, que tabulava e computava os óbitos da nação. O escritório participou da solicitação da dupla ao informar todo médico falecido nos anos de estudo. Todos os atestados de óbito dos profissionais médicos eram reportados a Doll e Hill, que, assim, não perderiam o paradeiro dos participantes. Agora era só aguardar os resultados para lançar mão da estatística. Se bem que não foi "só isso", em uma época sem computador, em que os dados eram listados a lápis em pilhas de papel e os cálculos, feitos em calculadora à manivela.

Enquanto Londres se sufocava naquele dezembro de 1952, Doll e Hill recebiam o número de óbitos de médicos alocados no estudo. Em meio a tantas mortes britânicas pela inalação de fumaça tóxica, chegavam dados de médicos falecidos por inúmeras causas e, entre elas, câncer de pulmão. O dia se transformava em noite na capital britânica; Doll e Hill estavam na metade do tempo previsto para finalizar o trabalho. Seus primeiros resultados sairiam em pouco mais de um ano, no início de 1954. A catástrofe londrina foi a gota d'água para que medidas mais enérgicas fossem implantadas a fim de limitar a emissão de gases venenosos pelas fábricas das cidades industriais. Enquanto isso, os resultados dos dados coletados por Doll e Hill caminhavam em direção ao ataque de outra fumaça tóxica inalada pelo Ocidente.

Ao final da pesquisa, foram computadas quase 800 mortes de médicos britânicos acima de 35 anos de idade. Lá estavam diversas causas, desde o frequente infarto, passando por doenças respiratórias, a cânceres em geral e outras doenças cardíacas. Dentre as mortes, 36 ocasionadas por câncer pulmonar. Esse era o número a ser estudado. Os resultados? Nenhuma morte por câncer pulmonar foi encontrada nos médicos que não fumavam; os 36 óbitos ocorreram em tabagistas leves, moderados ou intensos. Ao calcular a incidência do câncer pulmonar em cada mil médicos, Doll e Hill encontraram uma associação maior da doença com a quantidade de tabagismo. A incidência do câncer era maior quanto maior o número de cigarros consumidos diariamente.

Dessa vez a ciência recebia o tão cobrado trabalho prospectivo com resultados estatísticos indiscutíveis: o cigarro causava câncer de pulmão. A ciência comprovou, à custa de vidas humanas, que as fumaças urbanas das fábricas inflamavam os pulmões e, portanto, deveriam ser energicamente reduzidas. No mesmo período, os médicos também comprovaram a fumaça do tabaco como origem do câncer pulmonar. Mesmo assim as indústrias do tabaco se apressaram em lançar campanhas publicitárias para desmoralizar os estudos e defender arduamente seu claudicante produto. Como? Contrataram médicos que, com prováveis salários estratosféricos, fizeram novos estudos que lançavam dúvidas à relação entre cigarro e câncer. Os artifícios incluíram o desenvolvimento dos filtros nos cigarros, com a alegação de reterem os gases nocivos. As indústrias mudaram o pH do filtro de papel de maneira que a fumaça alterasse sua coloração, escurecendo-o. O artifício dava a falsa impressão de que o filtro retinha substâncias tóxicas. Outras empresas lançavam cigarros com menor concentração de nicotina e alcatrão. De lá para cá muita coisa mudou. No Brasil, por exemplo, a propaganda de cigarro é proibida. Porém, há pouco tempo, em 2011, nos deparamos com a notícia de indústrias norte-americanas processando o FDA por ferir a Constituição ao exigir que os maços contenham imagens de alerta dos malefícios do cigarro.

ANO 1952

UM GREGO SALVA AS MULHERES

O ÁRDUO INÍCIO DO IMIGRANTE

As ruas do centro de Nova York fervilhavam em 1913. A cidade, expandida pela imigração, expunha o período elegante de homens trajando terno e chapéu acompanhados das esposas finamente vestidas. Na esquina da Broadway com a rua 33, um aglomerado de pessoas entrava, a passos curtos, em uma das maiores lojas de departamento da cidade, a Gimbel Brothers. Todas as manhãs a construção abria suas portas para receber centenas de nova-iorquinos, a maioria de classe média, que diariamente circulavam pela loja. Os compradores se esparramavam pelos andares da Gimbels em busca dos produtos baratos em oferta. Visitavam setores de vestuário, produtos de higiene pessoal e banheiro, calçados, roupas de cama, presentes, joias, móveis, produtos de beleza e outros artigos distribuídos pelos andares.

Os vendedores se agitavam, de um lado a outro, para atender à multidão espalhada entre balcões, corredores, mostruários e artigos pendurados. Entre colunas elevadas e teto alto, que davam *glamour* à loja, havia o setor de tapetes para os que queriam embelezar a sala da casa. O balcão dos tapetes, naquele ano de 1913, estava ocupado por um vendedor grego. Aquele funcionário com sorriso fácil e expressão simpática ainda não sabia, mas iria salvar a vida de milhares de mulheres.

Recém-chegado da Grécia, o vendedor de 30 anos conseguiu o emprego temporário na loja de departamento enquanto aguardava por algo melhor. Seu currículo demonstrava que viera à América em busca de outro tipo de emprego. Diversos clientes se dirigiam ao imigrante grego sem saber que estavam diante de um médico formado na Universidade de Atenas com PhD em zoologia na Universidade de Munique. O nome do anônimo vendedor? George Papanicolaou. As instabilidades políticas e os conflitos nos Bálcãs fizeram-no tentar a vida na América.

Detroit Publishing Company Photograph Collection, c. 1900-11.

Logo que chegou em Nova York, Papanicolaou empregou-se na loja de departamentos Gimbel Brothers. A foto mostra a primeira filial da rede na Filadélfia.

Papanicolaou se candidatou ao emprego na Gimbels para cobrir suas despesas enquanto aguardava a sonhada admissão na Universidade Cornell.[130] Fazia seu currículo transitar pelas mesas da universidade na esperança de admissão no meio acadêmico. Nesse ínterim, só lhe restava expor tapetes à venda e aperfeiçoar seu fraco inglês. Finalmente, o esperado aconteceu. Papanicolaou foi aceito na universidade.

A euforia do emprego conquistado foi sufocada por discreta decepção nos primeiros dias no novo trabalho. Sua rotina não seria bem aquilo que pretendia. Papanicolaou foi incumbido de estudar as alterações nas células uterinas. O trabalho documentaria as modificações morfológicas celulares do colo uterino provocadas pela variação hormonal do ciclo menstrual. Um trabalho de certa maneira interessante, se não fosse por um detalhe: o estudo não seria em humanos, mas em úteros de cobaias. Papanicolaou, sem opção, arregaçou as mangas. Apreendia os roedores e anestesiava-os para, com um minúsculo aparelho introduzido na vagina, alcançar o colo uterino e aspirar secreções que continham algumas células desgarradas. O líquido deslizado em uma lâmina de vidro era levado ao microscópio e, lá, Papanicolaou garimpava as raras células e desenhava sua aparência.

O experimento se repetia todos os dias. Papanicolaou anotava e esboçava a aparência das células e comparava suas variações com o ciclo menstrual. Os desenhos, postos lado a lado, revelaram a descoberta. As células, em períodos fixos do ciclo, apresentavam sempre as mesmas alterações de tamanho e aspecto. Logo após a menstruação, estavam lá os mesmos aspectos celulares, enquanto alguns surgiam somente no meio do ciclo e outras mudanças ocorriam no final. A aparência das células era específica para cada fase do ciclo menstrual. Sempre de forma cíclica e repetida. Esses achados deixavam clara a conclusão: os hormônios do ciclo menstrual interferiam no aspecto das células desgarradas do colo uterino das cobaias. Papanicolaou expôs seus achados e aventou a possibilidade de ocorrer o mesmo nas mulheres. As células uterinas humanas teriam a mesma variação cíclica no período menstrual? Bastaria colher o aspirado da secreção vaginal para confirmar em que estágio do ciclo menstrual uma mulher estaria?

Apesar de a hipótese ser interessante e curiosa, tinha pouca utilidade prática. Os críticos alegaram não ter sentido todo esse esforço. Para que tal coleta se as mulheres informavam o dia da última menstruação? Uma simples pergunta à paciente seria suficiente para saber sua fase do ciclo. Papanicolaou sabia que os médicos estavam certos. Sua linha de pesquisa teria que trazer informações mais surpreendentes à prática médica. Se as células uterinas modificavam seu aspecto pelos hormônios, será que se alterariam também por outros fatores? Papanicolaou buscou nova utilidade em visualizá-las.

Sua pesquisa, agora, tomava outro rumo: buscava diagnosticar doenças através da análise das células desgarradas do colo uterino. Será que infecções bacterianas também causavam alterações típicas nas células? Cistos modificariam seus aspectos? E furúnculos? Papanicolaou passou os anos seguintes em busca dos resultados. E, para isso, não teve outra saída a não ser examinar essas células em vítimas de diversas doenças.

Mulheres com diferentes diagnósticos eram submetidas ao exame ginecológico para obter as secreções genitais. Papanicolaou buscava alterações e, caso presentes, catalogava-as para encontrar mudanças específicas de cada doença. Estudou mulheres com infecções por diversas bactérias, inclusive gonorreia, sífilis, abscessos, furúnculos e tuberculose. Além disso, mulheres com gestação de risco também entraram no estudo. Diferentes condições ginecológicas entravam na análise. Sua esperança se renovava a cada observação. Seria possível fazer um diagnóstico de tuberculose pulmonar pelas alterações encontradas nas células uterinas? Ou mesmo um tumor oculto no interior de um paciente? Diagnósticos difíceis em pacientes doentes poderiam ser firmados através desse exame? A hipótese era bem sedutora e, caso confirmada, utilíssima à Medicina. Porém, Papanicolaou esbarrou em um problema: não encontrou nenhuma doença que ocasionasse alteração específica nas células uterinas examinadas. Pior, nenhuma modificação foi vista. Porém, houve uma exceção. Uma única, mas fundamental, exceção que redirecionou a vida de Papanicolaou. A única doença que causou alterações típicas nas células foi o câncer do colo uterino. Em 1928, Papanicolaou tentou mais uma vez mostrar a finalidade da sua pesquisa. O diagnóstico de câncer uterino poderia ser feito através da análise microscópica das células desgarradas do colo uterino. As células tumorais desgarradas apresentavam, ao serem examinadas, núcleos gigantes e ávidos pelos corantes. Qualquer mulher poderia ser beneficiada pelo exame ginecológico. As secreções seriam coletadas e visualizadas pelo microscópio. Caso aquelas células malignas fossem visualizadas, o diagnóstico de câncer estaria firmado. Animado com sua comprovação, Papanicolaou recebeu outra ducha de água fria por parte dos médicos. O câncer de colo uterino já era diagnosticado na inspeção do exame ginecológico. Qualquer médico veria no fundo vaginal a lesão sugestiva que, na dúvida, seria submetida à biópsia. Para que lançar mão do esfregaço, se já visualizavam o tumor no exame? Para que coletar as secreções, se a biópsia era muito mais fidedigna na confirmação do tumor? Qual a vantagem do exame daquele imigrante grego? Novo nocaute nas pesquisas de Papanicolaou.

A PRIMEIRA VITÓRIA

O notável grego não desistiu. Enfurnou-se no laboratório e continuou a pesquisar células descamadas do colo uterino. Embrenhou-se em coletar, catalogar e arquivar o que seus olhos visualizavam em pranchas de desenhos. Ampliava seu arquivo de figuras dos achados microscópicos. Seus estudos renderam frutos quando caíram no conhecimento de professores de ginecologia e anatomia da universidade. Por que não tentar investir naquela hipótese? Enquanto a Europa inaugurava os primeiros conflitos da Segunda Guerra Mundial, Papanicolaou recebia injeção de ânimo pelo Dr. Herbert Traut, ginecologista da Universidade Cornell. A dupla mergulhou em novas pesquisas para comprovar a possibilidade de diagnóstico precoce do câncer de colo de útero pelo exame do esfregaço. O exame de Papanicolaou denunciaria o câncer antes que este pudesse ser visualizado no exame clínico?

As mulheres que passavam em consulta pelo serviço do Hospital de Nova York eram submetidas ao novo procedimento médico. Deitavam nas mesas ginecológicas, tinham as mamas examinadas, o abdome palpado, para, finalmente, sob o espéculo, expor as porções internas da vagina e do colo uterino aos olhos médicos. Essa rotina, agora, era acrescida de uma nova tarefa do setor ginecológico: aspirar líquido coletado ao redor do colo uterino. O material esfregado em lâminas de vidro era rotulado e enviado aos microscópios do laboratório de Papanicolaou.

Foram necessários dois anos para Papanicolaou e Traut se surpreenderem com os resultados. Várias mulheres com alterações celulares detectadas ao microscópio foram recrutadas para retornar ao serviço. Apesar de muitas apresentarem o exame clínico ginecológico normal, foram submetidas à biópsia do colo uterino em razão do achado de células suspeitas no teste de Papanicolaou. O laboratório de patologia confirmava as suspeitas. Uma a uma, as mulheres recebiam o mesmo laudo da biópsia: câncer de colo uterino.

Em 1941, a dupla publicou o estudo em uma revista médica de obstetrícia e ginecologia. O exame de Papanicolaou se prestava em encontrar o tumor em momento precoce. Pouco a pouco, o conhecimento do trabalho se espalhou no meio médico. Ginecologistas passaram a debater os resultados de Papanicolaou. O método revolucionário começou a ser empregado nos consultórios. Outros hospitais reproduziram o estudo e comprovaram os mesmos achados. A técnica passou a ganhar espaço na Medicina.

O exame ganhava reconhecimento e era implantado na rotina médica, porém esbarrava em um entrave. O número de profissionais capacitados para a leitura das lâminas era limitado para dar conta do crescente número de pedidos. Em 1947, Papanicolaou criou seu primeiro curso especializado para a formação de técnicos de laboratório.[131] Apesar disso, faltava um último passo: realizar um amplo experimento populacional que convencesse a todos – e não apenas aos médicos – de sua importância à saúde pública.

O benefício do exame criado por Papanicolaou para a população feminina foi demonstrado em um grande estudo, inédito em solo norte-americano. Enquanto esse estudo gigante ocorria, outro trabalho era empreendido, em sigilo absoluto, por cientistas ligados à Agência Central de Inteligência (CIA). As experiências secretas da CIA lançavam mão de uma nova descoberta: o LSD.

EXPERIMENTOS SECRETOS

Em 1943, enquanto Papanicolaou comemorava o reconhecimento de seu exame, a Suíça repousava calmamente no olho do furacão europeu da Segunda Guerra Mundial. Sua neutralidade na guerra lhe proporcionou a normalidade do cotidiano durante os combates. No interior da Companhia Química Sandoz, assentado na cadeira de sua bancada, o químico Albert Hofmann, aos 37 anos, tentava descobrir novas substâncias com poder medicinal. Foi quando o jovem cientista, com óculos de aros arredondados e calvície precoce, passou por uma experiência bizarra. Hofmann manipulava uma das suas substâncias, descoberta havia cinco anos, mas abandonada nas prateleiras. Em 1938, ele isolara o ácido lisérgico presente no fungo ergot, que cresce com frequência em grãos, principalmente no centeio. Ao reagi-lo com a dietilamida, Hofmann sintetizou pela primeira vez o LSD. Na época, animou-se pela possibilidade de usá-lo para tratamento de doenças circulatórias e respiratórias, porém, em animais de laboratório não apresentou qualquer efeito significativo. Com isso, o LSD repousou nas prateleiras do laboratório, esquecido por cinco anos, até 1943, data em que Hofmann sofreu a pior experiência de sua vida pela sua própria cria.

Tudo começou quando manipulou seu LSD e, inadvertidamente, contaminou as pontas dos dedos. Acidentalmente a droga atingiu seus lábios e foi ingerida. O jovem deixou o laboratório e, no caminho de casa, sofreu tonturas e estranha agitação. Em poucos minutos, o trajeto se transformou em uma viajem psicodélica, com dificuldade em articular palavras e delírio de que seu vizinho era um bruxo. Mesclado a isso, desenhos coloridos dançavam à sua frente.[132] As alucinações e os delírios o deixaram na manhã seguinte, quando acordou melhor. Sua experiência pessoal com o LSD abriu as portas para a hipótese de que a droga, por ação cerebral, tivesse alguma utilidade nas doenças mentais e psiquiátricas.

Enquanto ginecologistas divulgavam a indicação do exame de Papanicolaou para a busca precoce do tumor ginecológico, o LSD era testado por psiquiatras para libertar memórias suprimidas no inconsciente dos pacientes nas sessões de psicanálise.[133, 134] Além disso, o laboratório Sandoz especulava sua administração no tratamento de doentes psiquiátricos.

No auge da empolgação com as possibilidades terapêuticas do LSD, surgia a CIA. Apesar de seu início tímido e com poucos recursos financeiros, rapidamente se transformou em uma agência rica e poderosa, pelo medo do avanço comunista. Parte do dinheiro desviado do Plano Marshall para recuperação da Europa abarrotou os cofres da CIA. A agência revitalizada passou a responder apenas aos secretários de defesa e de estado e ao presidente.[135]

No final de década de 1940, a agência tinha o objetivo primordial de conter o avanço comunista de Stalin e, para isso, usou artifícios inéditos. Exilados albaneses recrutados em Roma, Londres e Atenas foram lançados de paraquedas na Albânia. A missão? Uma vez no solo, fomentar rebeliões locais contra o comunismo. Porém, a grande maioria foi capturada e liquidada. Na década de 1950, outras centenas de paraquedistas seriam lançadas na União Soviética, na Polônia, na Romênia, na Ucrânia e nos Bálcãs. Também fracassariam. Enquanto isso, milhares de panfletos eram derramados dos aviões em solo europeu ocupado pelo comunismo. Habitantes do leste da Europa liam, nesses folhetos, propagandas contrárias ao regime de Stalin e elogios ao capitalismo.

O medo do avanço comunista se transformou em pânico em 1949. Os escritórios da CIA receberam notícias sombrias do território chinês: o exército de Mao Tsé-tung havia expulsado as últimas forças nacionalistas. A China se transformava em nação comunista. Como se não bastasse, o Exército norte-americano detectou, no mesmo ano, radioatividade próxima ao Alasca: a União Soviética havia produzido a bomba atômica.

A situação temerária atingiu o auge em junho de 1950. A Coreia do Norte invadiu o sul da península com apoio dos seus guarda-costas comunistas: União Soviética e China. O presidente Truman respondeu de imediato e enviou tropas norte-americanas em auxílio à Coreia do Sul. A opinião pública norte-americana apoiava a guerra, com mais de 80% de aprovação com as primeiras vitórias dos EUA.[136]A CIA, apanhada de surpresa pela invasão norte-coreana, lançou mão de novos artifícios. Treinou e equipou soldados chineses nacionalistas em solo tailandês. Uma vez armados e preparados, foram enviados à Birmânia com a missão de fomentar rebeliões nos povoados do sul da China. Isso obrigaria Mao a abrir duas frentes de batalha. A missão fracassou e deixou cicatrizes até os dias atuais. Os nativos treinados e armados pela CIA ocuparam as montanhas da região por meio da força de suas armas. No futuro próximo, casariam com nativas da região, plantariam ópio e consolidariam um império que é, hoje, conhecido como "triângulo dourado" das drogas.

O conflito na Coreia expunha o perigo imediato dos poderes comunistas. Até onde iria a tecnologia desenvolvida pelas nações comunistas? Os soviéticos, além da bomba atômica, haviam desenvolvido alguma maneira de controlar a mente dos soldados norte-americanos eventualmente capturados no conflito? Poderiam ter nas mangas alguma substância química capaz de promover "lavagem cerebral"? Existiria um "soro da verdade"? Os Estados Unidos não podiam ficar atrás. Um braço da CIA foi criado para novas pesquisas. O receio de agentes duplos impôs a necessidade de melhorar a eficácia dos interrogatórios para arrancar confissões. E, com esse propósito, o LSD veio ao encontro das expectativas da CIA. A agência criou o Projeto Pássaro Azul (depois rebatizado de Projeto Alcachofra), que, envolto pela Lei de Segurança Nacional, permaneceu oculto da população e de membros do governo. Um dos objetivos do novo projeto era saber se com a ação do LSD seria possível arrancar confissões. Para isso, era preciso conhecer seus efeitos no cérebro, bem como as doses seguras a administrar. E tudo isso com a máxima urgência, pois não se sabia quão adiantados os comunistas estavam nas pesquisas.

Prisioneiros de guerra eram levados pela CIA ao Canal do Panamá e despejados em celas de navios da Marinha norte-americana incrustados entre os rios nas matas tropicais. Os cientistas conduziam interrogatórios de presos sob efeito de heroína, anfetamina e LSD. As drogas surtiriam efeito caso controlassem a mente dos prisioneiros e os induzissem a relatar a verdade. Outros centros de interrogatório norte-americanos como esse emergiram na Alemanha e no Japão. Prisioneiros civis recebiam as drogas para os testes da agência. Em pouco tempo, os experimentos humanos incluiriam soldados norte-americanos sob os efeitos do LSD para avaliar alterações comportamentais. Muitos receberiam a droga sem saber.[137]

O século XX presenciava dois estudos distintos, mas de grandes proporções. Um secreto, comandado pelos escritórios da CIA, e outro acadêmico e amplamente divulgado, sob a liderança de Papanicolaou. Enquanto os estudos secretos prosseguiam nos bastidores da CIA, um grupo de médicos se reunia para outro trabalho científico, em 1951, na Universidade do Tennessee. E este tinha como base o teste de Papanicolaou que, na época, já era conhecido e comentado entre as norte-americanas. O crescente reconhecimento do teste fez patologistas, clínicos, ginecologistas e oncologistas da Universidade do Tennessee sentarem à mesa para esboçar um gigantesco estudo. A missão almejava fazer o exame de Papanicolaou em um enorme número de mulheres para validar sua eficácia em diagnosticar precocemente o câncer de colo uterino. Contataram o Instituto Nacional do Câncer para financiar a pesquisa. O sucesso do trabalho induziria sua implantação rotineira na saúde pública coletiva, e, assim, a prevenção da doença seria maciça. O exame se tornaria rotina nos exames ginecológicos anuais.

Os professores da universidade, de maneira transparente, recrutavam voluntários ao grande projeto. As conversas no *campus* da universidade giravam em torno do trabalho, com palpites a respeito dos possíveis resultados. Enquanto isso, notícias alarmantes chegavam sobre uma loucura coletiva do outro lado do Atlântico, na França. Durante anos, aquele fato atormentaria os moradores do vilarejo francês Pont-Saint-Esprit, e, somente agora, há forte suspeita de o episódio estar conectado aos porões da CIA. Qual episódio foi esse? Em agosto de 1951, a população de Pont-Saint-Esprit, no sudeste francês, passou um dia de terror. Um tumulto generalizado ocorreu nas pequenas e tortuosas ruas da pequena cidade medieval. Ninguém desconfiava da causa do que ocorria no interior daquele vilarejo. Nunca se vira nada semelhante. Os habitantes se esbarravam nas ruelas estreitas que uniam os pontos principais da cidade. Uns corriam alucinadamente por visualizar luzes coloridas enviadas do céu, enquanto outros tentavam se livrar de cobras que emergiam do abdome. Os mais calmos admiravam flores coloridas dançantes nas ruas e praças da cidade. Os médicos diagnosticaram claramente uma alucinação coletiva. Jovens e idosos fugiam de animais monstruosos que surgiam do interior das casas ou de bolas de fogo que os perseguiam. A antiga ponte de pedra, que comunicava uma margem do rio à outra, testemunhou moradores desesperados se atirarem nas águas. As janelas eram abertas violentamente por alucinados com intenção de se atirar. Todos tentavam se livrar das visões. Uma criança de 11 anos tentou estrangular a mãe. Dois moradores conseguiram tirar a própria vida e outros cinco morreram por causa dos danos à sua saúde. A impressionante estatística final foi de quinhentas pessoas de Pont-Saint-Esprit acometidas pelo surto coletivo.

Dezenas de moradores lotaram o pequeno hospital da cidade e se esparramaram entre os leitos e colchões ao chão. Camisas de força foram necessárias em alguns casos. As equipes médicas tentavam desesperadamente administrar o caos. A cena era assustadora: pacientes amarrados ou sedados no leito. As enfermeiras, rotineiramente, saíam em disparada em resposta aos súbitos gritos de pacientes que rompiam o silêncio da enfermaria. Era uma nova crise de agitação. O estoque de sedativos se reduzia. Nos dias subsequentes, as manchetes dos jornais das grandes cidades estampavam os fatos misteriosos da vila medieval e, posteriormente, as notícias cruzavam o Atlântico.

Uma comissão de investigação foi criada às pressas para esclarecer o ocorrido. A origem do caos em Pont-Saint-Esprit foi imediatamente apontada para o interior de uma pequena padaria. O padeiro foi incriminado porque utilizou, na produção do pão, farinha de centeio contaminada pelo fungo ergot. A cidade teria consumido pão contaminado pela toxina produzida pelo microrganismo. Essa toxina tem efeitos análogos aos do LSD. Outra possibilidade aventada foi a contaminação pelo mercúrio empregado no fungicida das plantações. Porém, o mistério aparentemente elucidado voltaria à tona com uma reviravolta fantástica nos últimos anos. Como será visto adiante, os experimentos secretos realizados pela CIA culminariam em um episódio trágico que, recentemente, reportou ao episódio de Pont-Saint-Esprit de 1951.

A VITÓRIA FINAL

O Instituto Nacional do Câncer, aliado ao Serviço de Saúde Pública Americano, iniciou, em 1952, o primeiro projeto para realizar uma campanha maciça do teste de Papanicolaou. O local escolhido? O condado de Shelby e Memphis, no estado do Tennessee.

Médicos daquela instituição planejaram os detalhes durante um ano. Médicos de clínicas particulares receberam informação sobre a coleta do teste de Papanicolaou. Os serviços ginecológicos dos hospitais estaduais foram notificados para coletas. Uma sala foi especialmente preparada para o projeto. Microscópios espaçados pela larga mesa aguardavam as garotas selecionadas que interpretariam os milhares de exames recebidos. Quinze jovens foram treinadas para ler as lâminas dos exames de Papanicolaou. Outras três receberam treinamento especial em Boston. Tudo pronto para o início do projeto.

Jornais e rádios divulgaram, em 1952, o início do trabalho comandado pela Universidade do Tennessee. As notícias apelavam para que todas as mulheres entre 20 e 50 anos de idade se dirigissem às clínicas ginecológicas para coletar seu exame de triagem do câncer. Uma multidão feminina respondeu, enquanto médicos, nos atendimentos de rotina, dedicavam minutos a mais para coletar o material ginecológico. As lâminas partiam de clínicas particulares, centros de saúde e hospitais, com destino certo: o laboratório improvisado na universidade. Até mesmo pequenos consultórios dispersos entre as fazendas e plantações da região coletaram amostras.

As lâminas chegavam a todo instante. Sentadas lado a lado, as jovens treinadas mantinham seus olhos fixos nos microscópios, sob o calor das lâmpadas que refletiam a luz e iluminavam o aparelho. Caixas de madeira distribuíam a sequência de lâminas. As novatas soltavam os laudos. Algumas lâminas geravam dúvidas nas jovens. Para isso, a organização do projeto pendurou quadros com desenhos de células pela parede do laboratório. Bastava que as examinadoras se levantassem para consultar essas imagens.

Lá, desenhos revelavam as diversas formas de células, desde as normais até as francamente cancerosas. As lâminas alteradas ou as que suscitavam dúvidas eram separadas para confirmação diagnóstica pelos professores de patologia. O mutirão de análises transcorria ao longo do dia, com as jovens se alternando em turnos de plantão. No auge do projeto, até mil lâminas por dia passavam pela mesa.

Ao final, os médicos conseguiram reunir amostras de 70 mil mulheres. Um feito único até então. Milhares de folhas acumulavam os laudos liberados do Tennessee. Os profissionais, agora, separavam aqueles com alterações que levantavam suspeitas da existência de câncer. Uma nova etapa entrava em ação por meio dos telefones e do correio local. As mulheres com resultado suspeito do exame foram reconvocadas. Atendendo ao chamado, pouco mais de mil mulheres refizeram o exame ginecológico e, dessa vez, foram submetidas à biópsia do colo uterino. O resultado? Surpreendente. Pouco mais de quinhentas biópsias confirmaram o câncer. E mais: metade dessas mulheres apresentava tumor na forma precoce, sem invasão de tecidos profundos. Portanto teriam um prognóstico excelente, com chance de cura pela cirurgia.

A conclusão não poderia ser outra. O teste de Papanicolaou, além de barato e prático, era assustadoramente vantajoso. Mais da metade das mulheres diagnosticadas com câncer graças a esse exame não desconfiava da presença do tumor, nem mesmo os médicos que as examinaram. O método deveria ser instituído na rotina ginecológica pelo seu benefício à saúde coletiva feminina. Finalmente, em 1952, Papanicolaou teve pleno reconhecimento. Em 1953, um ano após o mutirão do Tennessee, Papanicolaou pôde se orgulhar pela consumação do seu teste na prática médica.

UMA SUSPEITA

O vilarejo francês de Pont-Saint-Esprit já saíra do luto causado pela fatídica padaria. A cidade aprendeu a fiscalizar a procedência dos grãos utilizados na produção de pão. Notícias residuais ainda saíam, esporadicamente, em revistas e jornais locais. Enquanto isso, nos porões da CIA e longe da opinião pública, o LSD continuava a ser empregado nos estudos secretos do governo. Os diretores da CIA presenciariam uma catástrofe pessoal naquele ano de 1953. Os acontecimentos demorariam meio século para vir à tona. Em 19 de novembro, o bioquímico Frank Olson e outros cientistas da cúpula da CIA se reuniram na conferência secreta do projeto MKULTRA. Olson liderava o estudo que empregava LSD nas pesquisas e nos interrogatórios. Os fatos daquela noite caíram na obscuridade, em parte, pela destruição dos arquivos secretos da CIA. Apesar disso, há fortes suspeitas de que uma conspiração reinava naquela sala entre seus líderes e membros de confiança. Alguns cientistas da agência seriam usados, sem saber, para se avaliarem os efeitos do LSD. Durante o jantar, Olson brindou e ingeriu sua taça de *cointreau* sem saber que haviam colocado 70 microgramas de LSD na garrafa da bebida. Nos dias seguintes, Olson apresentou pensamentos paranoicos, seguidos de depressão. A situação se agravou, e o experimento saiu do controle pelo comportamento anormal de Olson. A agência o levou a Nova York para consultar um psiquiatra especializado em LSD. Os responsáveis pelo estudo tentavam jogar o estrago para baixo do tapete. O psiquiatra pouco conseguiu fazer. Medicamentos receitados não mudaram o rumo da situação. Olson se comportava de maneira agitada. A tragédia se aproximava. Às duas e meia da madrugada, os arredores do hotel Statler estavam calmos e silenciosos. No 13º andar estava Olson. O estilhaço da janela de seu quarto rompeu o silêncio das ruas de Manhattan para, em seguida, seu corpo espatifar-se na calçada. O LSD precipitou delírios e alucinações que levaram Olson ao suicídio. Um dos homens mais importante da CIA se matara. A provável elucidação desse ato demoraria meio século para emergir. Mas antes disso uma descoberta na década de 1980 ajudaria a mascarar a provável ligação dos experimentos da CIA com o suicídio de Olson e o delírio coletivo na cidadela francesa.

Nos anos 1980, cientistas descobriram a causa de um dos maiores mistérios ocorridos na pequena cidade de Salem, ao norte de Boston. E, de certa forma, essa descoberta confirmou a culpa do padeiro de Pont-Saint-Esprit. Em dezembro de 1691, a menina Betty Parris apresentou comportamentos estranhos. A criança de 6 anos de idade seria a primeira de uma série de jovens rotuladas de bruxas. O episódio entraria para a história, e suas protagonistas ficariam conhecidas como "as bruxas de Salem".

Nas semanas seguintes, o pequeno vilarejo puritano foi sacudido pelo caos. Surgiam novos comportamentos bizarros. Em fevereiro de 1692, levantou-se a hipótese bombástica que abalaria Salem: as jovens estariam possuídas. Mulheres, na sua maioria jovens ou crianças, apresentavam as mesmas atitudes. O pânico se espalhou pela comunidade religiosa. Uma comissão de líderes da cidade se formou às pressas para tomar as decisões quanto aos casos emergentes de bruxas. Homens respeitados de Salem examinavam as moças suspeitas de bruxaria em busca de marcas carnais do diabo. Muitas jovens eram arrastadas à sala de audiência para avaliação desses "juízes" improvisados.

Gravura do século XIX retrata um tribunal julgando jovem por bruxaria na vila de Salem.

As jovens, no centro da sala da comissão, eram observadas pelos moradores de Salem espremidos no canto. As "possuídas pelo diabo" se contorciam e cambaleavam na tentativa de permanecer em pé. A fala arrastada e desconexa inspirava medo na plateia. Muitas se agitavam em movimentos bruscos e tinham alucinações, delírios, formigamento nos dedos, dores de cabeça, vertigens, convulsões e ouviam zumbidos. Ao ver tal espetáculo, a população não tinha dúvidas: eram bruxas. Os julgamentos sumários enviavam as jovens amaldiçoadas para a cadeia provisória sob protestos e gritos dos familiares. Muitas foram levadas à forca; outras, libertadas sem comprovação de bruxaria. O saldo final daquele maldito ano de 1692: 19 "bruxas" executadas, quatro mortes na prisão e entre 100 e 200 pessoas suspeitas enjauladas.[138]

Três séculos depois, em um trabalho investigativo, surgiu uma nova explicação. As adolescentes de Salem, mal alimentadas e já carentes de vitaminas, foram vítimas das alterações climáticas daquele ano. Uma primavera chuvosa inundou a área, já pantanosa, das plantações de centeio. Um inverno rigoroso privou a boa alimentação da comunidade. O verão quente fomentou o afloramento do fungo ergot e favoreceu seu ataque às plantações alagadas de centeio.[139,140] O microrganismo produziu suas toxinas resistentes ao calor e, portanto, ao cozimento. Conclusão: os grãos contaminados foram ingeridos por jovens com carência nutricional e, portanto, suscetíveis aos efeitos das toxinas fúngicas. Entre as substâncias alcalinas produzidas pelo fungo estava a isoergina, com efeito cerebral similar ao do LSD.[141] O pão de Salem, produzido com os grãos de centeio contaminados, gerou sintomas parecidos aos da intoxicação pelo LSD nas jovens. Enquanto isso, animais que consumiam o centeio também adoeciam. As jovens "possuídas" moravam predominantemente na região oeste da cidade, local das plantações alagadas de centeio e de seu maior consumo. Pior: crianças e adolescentes eram vulneráveis porque, na fase de crescimento, absorviam maiores quantidades da substância tóxica.

A partir dessa nova revelação, livros e revistas especializados encontraram uma mesma explicação para os episódios de Salem e de Pont-Saint-Esprit. O primeiro havia sido causado pela infestação do fungo nas plantações de centeio; o segundo, pela padaria que utilizou centeio contaminado. Um acontecimento reforçava a explicação do outro.

Mas novamente a história seria contada. Dessa vez, pelo jornalista H. P. Albarelli Jr., no livro *A terrible mistake*, de 2010. Ao investigar a morte de Frank Olson, o autor esbarrou em raros arquivos secretos ainda preservados da CIA e do FBI. Albarelli descobriu que os cientistas recrutados para investigar os fatos de Pont-Saint-Espirit, em 1951, eram os mesmo que forneciam grandes quantidades de LSD à CIA. Eles, rapidamente e em tempo recorde, incriminaram o padeiro da cidade.[142] Documentos secretos, folheados por Albarelli, citavam como "o segredo de Pont-Saint-Esprit" se conectava com Frank Olson, então chefe do programa secreto da CIA para drogas com efeito de armas biológicas.

Segundo os dados coletados por Albarelli e suas entrevistas com antigos membros da CIA, a morte de Frank Olson não foi um suicídio provocado pelos efeitos do LSD, mas uma provável queima de arquivo. Olson teria comandado os estudos secretos em Pont-Saint-Esprit. O LSD teria sido pulverizado na região e em sua plantação para avaliar o efeito da droga na população. Porém, a missão secreta fugiu ao controle com a alucinação em massa. A sujeira tinha que ser limpa, e, para isso, segundo Albarelli, os cientistas entraram em ação e, imediatamente, culparam o padeiro da cidade.

Uma guerra aproximou estas duas invenções tão diversas: o LSD e o exame de Papanicolaou. Em 1953, terminou a Guerra da Coreia, a mesma que catalisou os estudos secretos com o LSD realizados pela CIA. No mesmo ano, o teste de Papanicolaou ganhou reconhecimento na saúde pública das mulheres, e, hoje, também é utilizado para buscar alterações sugestivas de infecção pelo HPV (papilomavírus humano). O fim do conflito acabou com a dúvida sobre se a verruga causada pelo HPV era sexualmente transmissível. Um jovem médico militar atendeu a soldados que retornaram da guerra com lesões pelo HPV. Todos tinham tido relações sexuais em solo asiático. Relatavam as mesmas histórias: divertiram-se nos prostíbulos coreanos ou com namoradas conquistadas no território em guerra. Vale a pena lembrar que não se sabe se houve outras formas de relação sexual, uma vez que os estupros em períodos de guerra são frequentes.

O médico norte-americano Dr. Barrett concluiu por esses dados epidemiológicos que o HPV era contraído pelo contato sexual. A prova não veio apenas dos soldados que retornaram infectados. De quatro a seis semanas depois,[143] 24 mulheres norte-americanas iniciaram lesões genitais causadas pelo HPV. Todas negavam qualquer relação sexual com outra pessoa exceto com seus maridos.[144] E quem eram seus cônjuges? Os soldados norte-americanos que retornaram da guerra infectados pelo vírus. Barrett comprovou ser o HPV uma doença sexualmente transmissível e, hoje, sua presença também é indicada pelo teste de Papanicolaou.

ANO 1960

A CHEGADA DA PÍLULA ANTICONCEPCIONAL

A REVELAÇÃO DO INTERIOR DAS MULHERES

As portas para a descoberta da pílula anticoncepcional se abriram pelas mãos do fisiologista austríaco Ludwig Haberlandt muito antes dos famosos anos 1960. Em 1921, o cientista acompanhava diariamente as coelhas do seu laboratório. Elas tinham sido transplantadas com ovários de coelhas prenhas e Haberlandt queria confirmar o efeito que os ovários transformados pela gestação trariam em animais. A conclusão chegou após semanas de monitoramento. Os animais, até então extremamente férteis, não conseguiam fecundar. O jovem austríaco não tinha dúvidas: aqueles diminutos órgãos produziam alguma substância, durante a gestação, que impedia as coelhas transplantadas de ovularem e, portanto, fecundarem.[145] O efeito da misteriosa substância seria passageiro, pois os animais retornavam à fertilidade com o passar das semanas.

A mesma descoberta seria encontrada nas mulheres? Afinal, também não engravidavam novamente durante os nove meses de gestação. Certamente a gestante produziria substância semelhante que impediria a indesejável fecundação durante o período gestacional. Haberlandt encontrou a provável fábrica da misteriosa substância bloqueadora da fecundação: os ovários.

Os hormônios femininos ganharam os holofotes de alguns cientistas nos anos seguintes. E não demorou para laboratórios identificarem as primeiras moléculas dos hormônios sexuais. Em 1929, galões lotados de urina de éguas prenhas e de mulheres gestantes foram enviados aos laboratórios químicos. O líquido passou por reações químicas e físicas para separar seus compostos. Os químicos tentavam isolar, na urina, novas moléculas produzidas na gestação. E nas etapas finais, após a evaporação da água, foi identificado, pela primeira vez, o estrógeno. Os médicos eram apresentados ao primeiro hormônio feminino descoberto. Agora, precisavam saber qual seu papel no organismo. Poderia o estrógeno ser utilizado como tratamento de alguma doença? Não demorou para surgir a primeira utilização da nova molécula. Os sintomas indesejáveis sofridos na menopausa decorrem, em parte, da falta do estrógeno, e as primeiras pesquisas descobriram essa associação. Na década de 1930, já havia estrógeno injetável ou administrado por via oral para tratamento da menopausa. Em pouco tempo, uma companhia farmacêutica canadense lançaria o Premarin, à base de estrógeno, e utilizado até hoje. Seu nome reflete a fonte de aquisição das pequenas quantidades do hormônio nos anos de seu lançamento. A palavra Premarin é formada por letras que compõem o nome da substância que dava origem ao hormônio fabricado: urina de éguas grávidas (*PREgnant MAres' uRINe*).

Cinco anos depois, seria a vez da descoberta da progesterona. A química feminina começava a saltar aos olhos da ciência, que logo procurou conhecer a função da nova molécula. A progesterona isolada em óvulos de animais seria responsável pelo bloqueio da gestação das coelhas encontrado naqueles experimentos de Haberlandt? Essa resposta coube a A. W. Makepeace, em 1937. Seu experimento foi simples e conclusivo. Coelhas que receberam injeções de progesterona não ovularam e, portanto, não ficaram prenhas. A ciência encontrava fortes evidências da existência de uma molécula responsável por bloquear o ciclo da ovulação e prevenir a gestação. Enquanto o estrógeno repunha o déficit hormonal da menopausa, a progesterona poderia evitar a gestação. Porém, um árduo caminho separava essa hipótese de sua concretização. A longa jornada teria que suplantar, logo de início, grandes desafios. O mais importante vinha da enorme dificuldade para se conseguir quantidades mínimas de progesterona por meio das reações químicas que ocorreriam em grandes volumes de urina de égua ou de mulheres gestantes. Além de trabalhoso, o método de extração da progesterona era muito caro. Se, de um lado, se conseguia quantidades mínimas de progesterona por trabalho hercúleo, por outro, eram necessárias enormes quantidades de sua molécula para bloquear a gestação de animais.

Quais as expectativas para uma substância rara, cara, difícil de ser adquirida em laboratório e, ao mesmo tempo, utilizada somente em doses elevadas? Era comercializada somente para pesquisas. Seu preço na época limitava qualquer esperança de se criar um futuro medicamento: 80 dólares o grama. A única esperança seria isolá-la de maneira ágil, fácil e barata. Ou, senão, desenvolver um método para produção de sua molécula sem a dependência dos líquidos animais. Haveria possibilidade de adquiri-la fora do organismo dos animais? A reposta veio de um local surpreendente, e, sem saber, químicos e médicos caminhavam para a criação da pílula anticoncepcional.

A AJUDA DOS VEGETAIS

Em 1788, embarcações da Inglaterra aportaram no litoral leste da Austrália para desembarcar seus primeiros prisioneiros na então colônia penal. Em pouco tempo, os colonizadores começaram a explorar a ilha. Desde então, seu ecossistema não seria mais o mesmo. Plantações e criações de animais oriundos da Europa se alastraram pelo solo australiano. Acácias e eucaliptos nativos foram derrubados. O solo limpo recebeu as primeiras sementes europeias, e, portanto, estranhas à ilha, bem como espécies animais desconhecidas aos nativos.

A Austrália acomodou um número crescente de gado bovino, carneiros, cavalos e porcos. Os ratos, ocultos nos porões das embarcações, se disseminaram pelo litoral e rumaram ao interior. Os gatos, companheiros humanos, também se espalharam pela ilha e partiram ao ataque de marsupiais, aves e mamíferos nativos. Os ingleses ainda trariam répteis, anfíbios, peixes e aves.

Os aborígines, desalojados das raras áreas férteis, eram empurrados para o árido interior. Alguns "mais sortudos" eram absorvidos em subempregos que os condenariam à fome e à miséria futuras.[146] Outros nativos foram "presenteados" com microrganismos desconhecidos trazidos da Europa e morreriam nas epidemias de varíola e sarampo. Plantas nativas também seriam destruídas por microrganismos que se transformariam em pragas.

Os ingleses trouxeram parte de sua cultura à ilha. Raposas e coelhos vieram suprir o clássico esporte britânico: a caça à raposa. As atléticas raposas do esporte eram alimentadas com os coelhos que, sem encontrar predadores naturais, se disseminaram pela ilha. Destruíam plantações e inviabilizavam parte da colonização. Esses roedores atapetavam o solo australiano como praga.[147] Na década de 1950, o governo tomou uma atitude desesperada: importou um vírus altamente letal aos coelhos da América.[148] O vírus despejado nas coleções de água da ilha atingia os roedores como em uma guerra bacteriológica. Porém, após a grande mortalidade inicial, alguns desses animais resistentes ao vírus voltaram a procriar e dar trabalho. A mesma estratégia se repetiu para controlar os insetos que acometiam as plantações de cana-de-açúcar: o governo trouxe sapos americanos para combatê-los. O anfíbio se mostrou venenoso para cães e gatos.[149]

Alguns vegetais introduzidos na ilha se transformaram em ervas daninhas, exigindo o aumento do uso de herbicidas. Porém, um desses vegetais recém-transferidos trouxe uma revelação à ciência. A descoberta ocorreu entre os criadores de ovelhas que passaram a enfrentar dificuldades para a reprodução de seus animais de uma hora para outra. Algo impedia que os machos fertilizassem as ovelhas. No início, os criadores apenas estranharam a ausência de gestação. Mas o real problema saltou aos olhos quando a infertilidade permaneceu por três estações consecutivas de clima e pasto excelentes para a procriação das ovelhas. Os animais aparentemente saudáveis estavam inférteis. Alguma nova doença esterilizante emergia nas planícies australianas? Os criadores notaram também o surgimento de doenças no aparelho reprodutor de sua criação. Alterações dos órgãos sexuais das ovelhas alertaram os veterinários. As investigações se iniciaram e, em pouco tempo, veio a inesperada descoberta: a infertilidade dos animais estava ligada ao trevo das pastagens. O novo vegetal fora importado do litoral mediterrâneo quinze anos antes. Nesse período, o trevo conquistou as planícies australianas e passou a ser ingerido em grandes quantidades pelas ovelhas. Era o único fator ambiental coincidente com o início da infertilidade animal. O próximo passo para a solução do problema levou cerca de três anos, quando químicos identificaram uma substância presente no trevo que causava a esterilidade caprina: uma molécula semelhante ao estrógeno. Tanto a progesterona como o estrógeno, administrados continuamente, inibiam a ovulação. Os cientistas optaram pela busca da progesterona.

As folhas continham esse estrógeno vegetal, um fitoestrógeno. Com isso, as ovelhas australianas ingeriam "pílulas anticoncepcionais naturais" que bloqueavam a ovulação. As pesquisas dos próximos anos mostrariam novos hormônios semelhantes aos estrogênios em outros vegetais.[150,151] Agora se entendia a ingestão de chá de salgueiro ou zimbro para contracepção na Antiguidade Greco-Romana.[152, 153] Esses vegetais são ricos em estrógenos e, em grande quantidade, podem inibir a ovulação. Esses fitoestrógenos também existem em legumes e na soja.[154]

A descoberta levou os cientistas a interrogarem qual seria o papel de moléculas idênticas aos hormônios sexuais humanos nas plantas, uma vez que não tinham nenhuma função no metabolismo vegetal. A resposta está na evolução dos vegetais. As plantas não utilizam os estrógenos que produzem, apenas armazenam em suas folhas. A estratégia evolucionária consiste em os vegetais os fornecerem aos herbívoros para bloquear a ovulação e, assim, evitar a reprodução de seus predadores. No passado, esse arsenal químico pode ter contribuído para a sobrevivência dos vegetais. Esses hormônios vegetais ajudariam o nascimento da primeira pílula anticoncepcional.

Enquanto os australianos debatiam a causa da infertilidade de seus animais, o químico norte-americano Russel Marker já identificara a presença da substância semelhante ao hormônio humano nos vegetais. Em 1938, Russel foi admitido na Universidade da Pensilvânia. Apesar de ter abandonado a graduação na Universidade de Maryland, seu currículo indicava larga experiência profissional na pesquisa dos hidrocarbonetos e o emprego no Instituto Rockefeller para pesquisa de química orgânica. Agora, Russel se embrenhava na pesquisa dos hormônios sexuais, principalmente da progesterona. A Universidade da Pensilvânia ofertava reagentes, sais, cubas e uma parafernália de instrumentos para que ele testasse se a progesterona poderia ser extraída das plantas. Caso Russel fosse bem-sucedido, seria possível produzir grandes quantidades de progesterona em uma época em que sua molécula era arduamente adquirida, à custa de elevado preço, por meio de reações químicas realizadas na urina de animais.

Após meses de procura, Russel obteve sucesso ao isolar uma molécula muito semelhante ao hormônio humano em uma planta americana: a sarsasapogenina. Nas bancadas de seu laboratório, conseguiu remover alguns átomos da molécula vegetal recém-descoberta. Russel modelava a molécula natural para se assemelhar ao máximo com a da progesterona. Uma nova série de reações químicas removeu outros átomos para, finalmente, se chegar a uma molécula idêntica à progesterona. A teoria de Russel estava certa. O químico norte-americano conseguiu sintetizar progesterona dos vegetais. A ciência não precisaria mais buscá-la em líquidos animais, mais caros e em menor quantidade.

Apesar da euforia, ainda havia um problema. A planta americana era muito rara. E, além disso, a quantidade de progesterona que se conseguia extrair também era pequena. O preço da molécula continuava elevado. Russel não solucionara o problema com sua nova descoberta, mas abriu as portas para tentar adquiri-la em abundância e a baixo custo. Assim, o próximo objetivo do pesquisador era encontrar outros vegetais que também fornecessem a molécula de progesterona, mas em quantidades muito maiores. Foi por isso que Russel partiu em viagem rumo às proximidades da fronteira com o México, à procura de plantas que contivessem moléculas semelhantes ao hormônio humano.

Em 1941, Russel já invadira o país vizinho. Seus esforços foram recompensados quando encontrou o inhame nativo do estado mexicano de Vera Cruz; este, submetido às reações químicas e físicas do laboratório de Russel, revelou a presença de outra molécula com estrutura semelhante à da progesterona: a diosgenina. Russel conseguiu, ainda naquele ano, retirar alguns átomos pendurados na molécula da diosgenina. Dessa vez, o inhame encontrado em abundância fornecia grande quantidade de progesterona. Dez toneladas do tubérculo mexicano originavam um saco com três quilos do hormônio, no valor de 240 mil dólares.[155]

No início, sua descoberta não rendeu frutos. Por mais que tentasse convencer as indústrias farmacêuticas do potencial da droga, os laboratórios Merck e Parke-Davis recusaram a parceria para sua produção em larga escala. Russel, sem opção, viajou ao México, onde se reuniu com interessados na pesquisa e fundou, em 1944, o laboratório Syntex, com capital inicial de 100 mil dólares.[156] A empresa foi criada para produzir progesterona, daí seu nome Synthesis Mexico (Syntex), e alcançou o sucesso esperado com a produção de trinta quilos do hormônio no primeiro ano.

Apesar do sucesso inicial, a Syntex não era mais a mesma no final da década. Em 1950, a progesterona já estava em produção por outras companhias europeias. A alta oferta derrubara seu preço para um dólar o grama. Além disso, Russel, após um ano de trabalho no laboratório recém-criado, abandonou a sociedade por desavenças. Os lucros da Syntex caminhariam para valores irrisórios se não fossem novas pesquisas que, de maneira inesperada, criaram condições para o nascimento da pílula anticoncepcional.

UMA DESCOBERTA INESPERADA

Todos receiam que seu nível sanguíneo de açúcar se eleve. Sabem que isso implica diagnóstico de diabetes. Por outro lado, não querem que os níveis caiam, pois também sabem o papel fundamental da glicose na produção de energia, além dos sintomas desagradáveis da hipoglicemia. Esse mesmo exemplo serve para o colesterol. O aumento temido de sua molécula pode obstruir os vasos sanguíneos e precipitar infarto do miocárdio e acidente vascular cerebral, o conhecido "derrame". Ninguém quer níveis elevados do colesterol, mas também não quer a ausência do colesterol, apesar de poucos saberem sua função.

O colesterol é fundamental na produção de diversos hormônios. Sua molécula, submetida à ação de enzimas, se transforma em progesterona que, por sua vez, é atacada por novas enzimas para a produção do cortisol, uma espécie de combustível do corpo, e da testosterona, hormônio da virilidade masculina. Por fim, a testosterona e moléculas semelhantes se transformam no estrógeno. Conclusão: as moléculas de colesterol, progesterona, estrógeno, cortisol e testosterona são semelhantes. E, por isso, a Syntex, ao se interessar pela produção de cortisol, abriu as portas para o nascimento da pílula. De que maneira? Por que o interesse pelo cortisol?

O cortisol mostrou-se um excelente anti-inflamatório para a Medicina. Sua administração em pacientes com reumatismo mostrava efeito benéfico como nunca antes visto. Em 1948, os médicos se deparam com o beneficio dessa molécula nas inflamações. O cortisol ganhou as manchetes por extinguir os processos inflamatórios reumatológicos. Mas havia o velho problema do preço alto. Descoberta na década de 1930, sua molécula era extraída dos animais. Em 1944, os abatedouros forneciam os ácidos biliares dos animais para as bancadas dos laboratórios extraírem o cortisol à custa de reações complexas.[157] Isso empurrava o preço a 200 dólares o grama.[158] O laboratório que descobrisse uma maneira de sintetizá-lo a um baixo custo ganharia a dianteira de sua comercialização. E isso interessou a direção da Syntex.

Carl Djerassi sucedeu Russel nas pesquisas do laboratório mexicano. O químico vinha do laboratório suíço Cibae e sabia da semelhança molecular do cortisol e da progesterona. Com o seu novo laboratório, a Syntex, o pesquisador foi o primeiro a sintetizar progesterona da diosgenina do inhame mexicano. Aproveitou o *know-how* e mergulhou nos reagentes químicos para utilizar a mesma diosgenina como substrato para a produção, dessa vez, de cortisol.

Djerassi criou um quebra-cabeça de moléculas através da sua pesquisa. Átomos acrescidos e retirados das moléculas as empurravam de um lado a outro. Substâncias intermediárias surgiam. Por fim, em 1951, o jovem químico atingiu o sucesso, conseguindo produzir cortisol da diosgenina. Agora, o inhame mexicano era capaz de fornecer, além da progesterona, o cortisol. Mas como isso trouxe a pílula? Djerassi, mergulhado no seu objetivo de alcançar o cortisol, não deu importância a uma nova molécula de progesterona que criara: a noretindrona.

Diferentemente da molécula adquirida por Russel, a noretindrona tinha excelente absorção quando administrada por via oral. Surgia uma forma de progesterona não mais injetável, mas administrada em comprimido. Três anos depois, era a vez de o laboratório norte-americano G. D. Searle sintetizar a segunda progesterona oral, chamada noretinodrel. Assim, em 1953, já havia duas progesteronas baratas com possibilidade de administração oral, e que, por inibirem a ovulação, poderiam ser testadas na contracepção. E essa ideia surgiu em uma mesa de reunião.

UM EXPERIMENTO NO QUINTAL NORTE-AMERICANO

O encontro ocorreu em 1953, na Fundação Worcester para Biologia Experimental, inaugurada havia nove anos. Na sala de reunião estava Gregory Pincus, diretor da instituição. Pincus ansiava testar a nova progesterona oral em animais de laboratório para, posteriormente, usá-la em mulheres. Mas havia um problema: sua fundação não disponibilizava recurso financeiro para tal empreendimento. A solução estava naquela reunião.

Pincus estava sentado com duas senhoras à mesa. Margaret Sanger, com 64 anos, estava no seu último *round* em defesa das mulheres. Formada em enfermagem, ela dedicara sua vida à luta pelas mulheres. Tinha sido a pioneira na defesa das mulheres para que tivessem o direito de escolher o número de gestações desejável. Talvez por influência de sua mãe, que chegou a ter 18 gravidezes, Sanger enfrentou a lei americana e abriu a primeira clínica de orientação para o controle de natalidade em 1916. As consequências que enfrentou foram severas. A lei norte-americana Comstock, de 1873, proibia qualquer meio ou orientação que visasse à contracepção.[159] A clínica foi imediatamente fechada e Sanger, enviada à cadeia. A prisão revigorou suas forças para combater o papel da mulher como mera procriadora na sociedade norte-americana.

Sanger fundou a Liga Americana para o Controle da Natalidade. Viajou pela Europa e pela Ásia para divulgação de seu projeto. Importou métodos anticoncepcionais empregados em outras nações. Criou e lançou jornais, panfletos e livros que orientavam como controlar a natalidade. Sua luta foi tão longa, que Sanger foi contaminada pelo período áureo da eugenia e, até mesmo, defendeu o término de gestação nas raças humanas inferiores, que atrasariam a evolução norte-americana.

Katharine McCormick, a outra senhora presente à reunião, tinha 78 anos de idade e foi apresentada a Pincus por sua grande amiga Sanger. Aquela senhora trilhou um caminho raro para as mulheres da época de sua juventude: graduou-se e obteve o bacharelado em Biologia. McCormick trazia para a reunião outra contribuição para a pesquisa de Pincus. Após a morte de seu marido, assumiu o controle da empresa milionária de maquinário agrícola, desde máquinas simples até tratores.[160] Naquele encontro, a milionária ofertou 150 mil dólares iniciais para inaugurar as pesquisas de Pincus.[161] Outros cheques chegariam nos meses seguintes. A pílula já estava em estágio inicial de gestação.

Com a injeção financeira de McCormick, a fundação de Pincus avançou nos testes iniciais para desenvolver a pílula. Em pouco tempo, foram testadas as duas progesteronas orais em fêmeas de ratos e coelhos. As drogas eram bem absorvidas e bloqueavam a ovulação dos animais. Chegara o momento de experimentá-las em mulheres...

Pincus entrou em contato com o ginecologista John Rock, reconhecido por tentar induzir a gestação em mulheres com dificuldade de engravidar.

Rock injetava altas doses de estrógeno e progesterona na tentativa de manter em repouso o útero e as tubas uterinas. Segundo Rock, a hibernação desses órgãos aumentaria seus volumes, e a provável gestação ocorreria com maior facilidade após a suspensão da complementação hormonal. O ginecologista encontrava sucesso em uma pequena porcentagem dos casos tratados. Animado com a ideia de Pincus, passou a fornecer a progesterona oral para suas pacientes. A ideia era inibir a ovulação por tempo prolongado e, depois de suspender o hormônio, aguardar a gestação. Logo ficou evidente que a noretinodrel, da Searle, era mais eficaz que a noretindrona, da Syntex. Vinte e cinco mulheres testadas engravidaram.

Rock aceitou o convite de Pincus para testar as drogas como anticoncepcionais. Para conseguir a aprovação do FDA, porém, Pincus e Rock precisavam testar a pílula em um grande número de mulheres para comprovar sua segurança. Era preciso encontrar um local ideal para seus testes humanos, uma vez que a lei Comstock, ainda vigente e apoiada pela Igreja, proibia métodos anticoncepcionais.

Pincus conseguiu, após árduo diálogo, convencer o laboratório Searle a testar sua progesterona oral em grande número de mulheres na ilha de Porto Rico. O estudo proposto por Pincus serviu como uma luva às pretensões do governo porto-riquenho. A ilha enfrentava um aumento populacional desenfreado desde a ocupação norte-americana em 1898. As companhias norte-americanas puseram fim à economia de subsistência dos agricultores de Porto Rico. Sumiram as plantações de tabaco, café e frutas cítricas. A ilha foi tomada pela monocultura rentável da cana-de-açúcar. Conclusão: camponeses desalojados migraram para as cidades. Desde o início do século XX, o governo tentava conter o avanço do número de desempregados empobrecidos nas suas cidades.

No início, o governo estimulou a emigração de porto-riquenhos às ilhas do Havaí, ao Caribe e aos Estados Unidos. Enquanto essa medida de urgência rendia poucos frutos, o governo partia para uma busca definitiva contra o crescimento populacional: esterilizar suas mulheres. A política de esterilização se direcionou, no início, àquelas com retardo mental, epilepsia e perversão sexual. Foi baseada pelo ideal da eugenia. Depois foi expandida a qualquer mulher com mais de três filhos, para conter o crescimento demográfico indesejável.

Na década de 1940 foi implementada a última tentativa de absorver os desempregados urbanos: industrializar a ilha. Empresas norte-americanas lá chegaram recebendo isenção fiscal. Lucravam à custa de mão de obra barata e abundante. O governo, sem opção, seguiu com a campanha maciça de esterilização. Benefícios atraíam e estimulavam as mulheres para procurar hospitais especializados e equipados para esterilização. O número de mulheres submetidas à cirurgia para ligadura das trompas aumentou.[162] Políticos norte-americanos aprovaram essa medida, uma vez que havia a teoria de que o aumento da pobreza e da miséria poderia empurrar um território à adesão do temido comunismo.[163] Na véspera do estudo proposto por Pincus, um quinto das mulheres porto-riquenhas tinham sido esterilizadas.[164] Nesse cenário, qualquer medida que contivesse o crescimento populacional da ilha seria bem-aceito.

Mulheres pobres foram recrutadas para receber o novo medicamento em Rio Piedras e no Hospital Ryder. Pincus e o Departamento de Saúde de Porto Rico comandaram o estudo. Queriam comprovar a segurança da nova droga e sua eficácia em bloquear a ovulação. Mais de duzentas mulheres foram acompanhadas por pouco mais de um ano. Muitas abandonaram o tratamento pelos sintomas indesejáveis de dor de cabeça, náuseas, vômitos e sangramentos ginecológicos. Ao final, a droga mostrou-se eficaz: apenas 14% das mulheres que a receberam engravidaram. Apesar de os médicos porto-riquenhos criticarem os efeitos colaterais, a droga foi aprovada pelo FDA. Mas como obter a aprovação de uma droga anticoncepcional em uma nação com lei vigente que proibia medidas contrárias a gestação?

O laboratório Searle agiu com cautela e estratégia. Conseguiu a liberação de sua progesterona pelo FDA em 1957. O medicamento, então batizado de Enovid, entrava no mercado não como anticoncepcional, mas, sim, como regulador do ciclo menstrual. Essa foi a estratégia empregada. O FDA aprovou a droga apenas para tratamento de distúrbios menstruais. Não havia qualquer menção do termo anticoncepcional.

A estratégia deu certo. Em dois anos, meio milhão de mulheres usavam o Enovid.[165] Muitos médicos receitavam a droga porque sabiam de seu efeito anticoncepcional. A população feminina ingeria a droga reguladora do ciclo menstrual com real finalidade contraceptiva. Após essa pequena abertura, debates e campanhas surgiram. A Searle entrou, em 1959, com pedido de ampliação da indicação de sua droga. Requereu ao FDA que aprovasse a inclusão de mais uma indicação do Enovid: a anticoncepção. Em 1960, o Enovid foi aprovado também como anticoncepcional. Nascia a pílula. Na década de seu lançamento, os órgãos internacionais sob a liderança da ONU e da Organização Mundial da Saúde discutiriam os problemas sociais do aumento populacional mundial e estimulariam as propagandas do uso de medidas para controle de natalidade. As leis contrárias às medidas contraceptivas desmoronariam em cada nação que as empregava.

ANO 1962

A PRIMEIRA VITÓRIA CONTRA O CÂNCER

UM ACIDENTE DENUNCIA UMA DROGA

A cidade medieval de Bari se preparava para as festividades natalinas no início de dezembro de 1943. As visitas à basílica de São Nicolau, símbolo religioso local, se avolumavam, seguindo a tradição natalina. Em meio aos preparativos, a população sabia que aquele Natal seria atípico para a cidade situada no calcanhar da bota italiana, à boca da entrada do mar Adriático. O conflito europeu repercutia em Bari. A pequena população de pouco mais de 65 mil habitantes estava inflacionada com a chegada das mais de trinta embarcações de guerra estrangeiras, atraídas pela localização estratégica. As frotas navais despejaram ingleses e norte-americanos na região, que passou a funcionar como base militar para a progressão da conquista italiana pelos aliados. O porto, localizado ao sul da península, servia como uma luva às estratégias militares.

Militares estrangeiros mesclados com enfermeiras, médicos, engenheiros e técnicos transitavam pelas ruas da cidade. Pela primeira vez na vida, jovens oficiais vislumbravam construções medievais: pavimentos, castelo, igreja e muralha. Soldados descarregavam caixas, galões e cilindros metálicos das embarcações atracadas. Traziam mantimentos, medicamentos, gasolina, munição e ferramentas. Em meio a esse fervor das ruas de Bari, os frenéticos preparativos para a invasão italiana seriam interrompidos em 2 de dezembro de 1943.

Naquela manhã, uma nuvem escura e linear surgiu no horizonte norte da cidade. A estranha faixa cresceu e ganhou forma de pontilhado aos olhos dos moradores: uma colmeia de aviões da Luftwaffe de Hitler avançava. Em poucos minutos, a aviação nazista mergulhou sobre o porto para despejar seu arsenal de bombas nas embarcações inimigas. Hitler desintegrava a base militar aliada. Norte-americanos e ingleses tentaram organizar a resposta infrutífera àqueles vinte minutos de ataque. O ataque surpresa tornou qualquer medida inútil ao que seria conhecida como "a pequena Pearl Harbor".[166] Dezessete embarcações afundaram, enquanto outras seis avariadas permaneceriam inativas. A correria desorganizada lançava refugiados sob os escombros pelo porto em tentativa de proteção. A cidade era tomada pela névoa cinzenta dos incêndios esparsos em construções e navios. Inúmeros soldados se lançavam das embarcações em chamas para nadar nas águas geladas do mar Adriático em busca da terra firme.

Os militares enfrentavam outro ataque. Uma nuvem tóxica se dispersava entre o caos do porto de Bari. O bombardeio nazista atingiu o navio US *John Harvey*, e, no seu interior, as explosões avariaram os secretos cilindros que armazenavam cem toneladas de gás mostarda.[167] Poucos sabiam daquele conteúdo. A arma química estava camuflada no porão da embarcação. Os Aliados receavam que o Eixo produzisse e estocasse armas químicas e, portanto, fabricaram o gás mostarda para eventual necessidade de contra-ataque. Sua utilização seria empregada em último caso.

O gás mostarda vazou dos cilindros danificados e, disperso na atmosfera esfumaçada, atingiu soldados e civis. Seus efeitos foram imediatos: a irritação nos olhos precedeu a inflamação e a conjuntivite química. Alguns oficiais relatavam cegueira temporária. À ardência cutânea, seguiam-se queimação e bolhas pelo contato direto com o gás, enquanto sua inalação queimava as vias aéreas e originava tosse e dificuldade respiratória. Voluntários recolhiam os feridos para as enfermarias improvisadas. A alta cúpula militar tinha conhecimento da presença do gás e tentava, de todas as maneiras, ocultá-la. Mas os efeitos eram devastadores: pouco mais de oitenta militares sucumbiram, enquanto seiscentos se acomodaram nos leitos das enfermarias ou foram removidos para navios-hospitais norte-americanos.

Os médicos militares sabiam dos efeitos tardios daquela arma química. A molécula absorvida se dissolve no sangue e penetra na medula óssea. O gás, como míssil guiado, localiza as células que se multiplicam no interior dos ossos. A fábrica celular óssea é destruída temporariamente e deixa de produzir as células sanguíneas, que, por consequência, despencam em número no sangue dos intoxicados. O número de glóbulos vermelhos (hemácias) se reduz, causando anemia intensa. As plaquetas responsáveis pela coagulação mínguam e precipitam sangramentos espontâneos. O número de glóbulos brancos (leucócitos) despenca e, com isso, expõem o corpo às infecções. Os doentes permanecem em risco por dias, enquanto os médicos aguardam a recuperação da medula óssea e a normalização de sua função: o efeito catastrófico do gás

Soldados ingleses usam máscaras para se proteger de ataque com gás químico em 1915. O gás cloro foi empregado no início da Primeira Guerra Mundial, seguido pelo gás mostarda.

mostarda é passageiro. Em poucos dias, a medula óssea atordoada se recupera e retorna freneticamente à produção das células sanguíneas.

O segredo da presença do gás mostarda não se sustentaria por muito tempo e, ao fim da guerra, os efeitos descobertos pelo ataque seriam utilizados como arma contra o câncer. A ciência descobriria que esse veneno poderia ser um grande aliado. Porém, ninguém sabia que sua utilização contra o câncer já ocorria do outro lado do Atlântico. Os experimentos, guardados em segredo de estado, seriam divulgados somente após o término do conflito europeu, por envolver uma substância proibida como arma química de guerra pela Convenção de Genebra de 1925.

OS EXPERIMENTOS SECRETOS

O gás mostarda havia sido empregado na Primeira Guerra Mundial, em 1917, como arma química. A eficácia era devastadora: mais de um milhão de soldados fora de combate e 90 mil mortes. Um grupo de cientistas da Universidade da Pensilvânia examinou seus efeitos em 75 vítimas. A necropsia revelou agressão aos pulmões, à pele e aos olhos. Porém, uma região em especial acendeu as luzes para seu potencial terapêutico no combate ao câncer. As medulas ósseas dos corpos examinados estavam vazias. O gás mostarda liquidava as células que formavam leucócitos, hemácias e plaquetas. As células dos gânglios linfáticos também desapareciam. Como usar o gás mostarda contra o câncer?

Milton Winternitz, professor da Escola Médica de Yale, recebeu a incumbência de estudar os efeitos do gás mostarda e de seus derivados no organismo. O projeto era secreto por se tratar de uma arma química. Dois professores de farmacologia foram recrutados para ajudar a entender a dinâmica da droga: Louis Goodman e Alfred Gilman. Ambos escreveriam o livro de farmacologia básica empregado na graduação da maioria das faculdades médicas atuais. Goodman e Gilman iniciaram os testes em coelhos e camundongos. Eles codificaram o gás mostarda como droga X em suas anotações.[168] O sangue dos animais evoluía com ausência de leucócitos, enquanto as células dos gânglios linfáticos desapareciam. Isso despertou o interesse da dupla de farmacologistas em testar sua ação nos tumores dessas regiões: linfomas e leucemias. As células cancerosas também seriam susceptíveis ao gás? A dupla também testou a droga em coelhos com outros tumores. O resultado? A massa tumoral reduzia de tamanho.

A notícia dos resultados obtidos por Goodman e Gilman chegou aos ouvidos do professor de cirurgia Gustaf Lindskog, que tinha nas mãos um paciente ideal para testar a droga. Um homem de 48 anos aguardava o fim da vida pelo avanço de um tumor cervical. As células tumorais provinham do sarcoma linfático, tumor altamente agressivo. A multiplicação tumoral estava fora de controle. Todas as tentativas de tratamento haviam falhado. Agora, as células neoplásicas se dividiam exponencialmente e avançavam pelo pescoço do doente. O crescimento tumoral estreitava as vias aéreas e sufocava o doente, enquanto seu rosto inchava. A dificuldade em respirar denunciava o iminente fim. O paciente, sem qualquer opção de melhora, foi encorajado a receber a droga experimental. Todo o tratamento seria pura experiência. Goodman e Gilman não sabiam a dose necessária, e, para isso, a ajustaram baseando-se na que haviam empregado nos animais de laboratório. Dez aplicações de uma molécula derivada do gás mostarda foram infundidas na veia do paciente.

A resposta não poderia ser mais animadora. Houve sinais de indiscutível melhora no quarto dia de tratamento. Os sintomas melhoraram e a dimensão do tumor regrediu. O paciente à beira da morte passou a respirar com facilidade, as dores regrediram e ele apresentou condições de alta hospitalar para continuar as aplicações no ambulatório.[169] Os médicos se surpreenderam com a acentuada regressão tumoral na segunda metade de 1942. A ciência estava diante de uma substância que liquidava os tumores. Apesar disso, a euforia foi contida pelos pesquisadores: o estudo deveria permanecer em total sigilo. Teriam que aguardar o fim da Segunda Guerra Mundial para alardear sua descoberta ao mundo. Mas o segredo não resistiu ao acidente de Bari no ano seguinte. Os efeitos do gás mostarda vazaram pela comunidade científica. Em 1946, após o término do conflito europeu, as instituições médicas tomaram conhecimento dos trabalhos com o gás mostarda e seu potencial terapêutico. Iniciou-se a quimioterapia endovenosa contra leucemias e linfomas. O gás mostarda passou a ser a única esperança na cura tumoral. Porém, da Índia chegava um novo arsenal terapêutico.

A FOME TRAZ NOVA DROGA QUIMIOTERÁPICA

As praias de Dandi, no noroeste da Índia, presenciaram a chegada de uma multidão no início de abril de 1930. Uma única pessoa comandava os milhares de indianos vestidos em humildes trajes brancos de algodão. Seu nome? Mahatma Gandhi. Os manifestantes se dispersavam pela praia em euforia, pois chegavam ao seu destino final. Aquele protesto pacífico marchou 24 dias rumo ao litoral para recolher porções de sal aprisionadas no litoral indiano. Ao longo do caminho, o grupo inicial foi engrossado por milhares de adeptos. Era a famosa "Marcha do Sal". Gandhi organizou a manifestação em desobediência pacífica ao governo britânico. Por que o sal? A Inglaterra possuía o monopólio do sal desde a segunda metade do século XIX. Somente os britânicos tinham os direitos de sua produção e venda, além de impor elevadas taxas aos indianos pela sua comercialização. A medida atingia o centro nervoso da população, pois o sal era fundamental para a saúde coletiva ao ser utilizado para conservação dos alimentos.

O triunfo de Gandhi se consolidava pela adesão maciça da multidão contra o domínio britânico. Além disso, a imagem do líder se fortaleceu perante a população indiana: Gandhi percorreu os quase quatrocentos quilômetros em plena forma física aos 61 anos de idade.[170] O sucesso da "Marcha do Sal" refletia a insatisfação geral diante da opressão britânica. Em pouco tempo, milhares de pessoas rumavam à longa costa indiana para recolher sua cota de sal.

A população de Bombaim (atual Mumbai) acompanhava as notícias da marcha. A cidade ficava situada a pouco mais de cem quilômetros ao sul das praias de Dandi. As ruas fervilhavam com boatos desencontrados a respeito da caravana. Um clima tenso tomou conta da rotina de Bombaim, o Exército britânico reprimia qualquer manifestação pública e impedia aglomerados. A tensão se prolongaria com o sucesso da empreitada. A prisão de Gandhi explodiu em manifestações populares. As ruas de Bombaim foram tomadas por cem mil manifestantes em protesto.[171] Nesse olho do furacão imprevisível, uma londrina de 32 anos de idade acompanhava as informações que chegavam. Lucy Wills, médica graduada em Londres, havia chegado a Bombaim dois anos antes com a missão de investigar a causa de uma misteriosa anemia que acometia as gestantes empregadas na indústria têxtil.

Wills se deparou com uma Bombaim bem diferente dos primeiros vilarejos encontrados pelos portugueses no século XVII. As sete ilhas se uniram pelo aterro e drenagem realizados pelos colonizadores. A região pantanosa deu espaço à urbanização. O movimento do porto estratégico ao comércio transformou a região. A população urbana suplantou a rural em meados do século XIX. Já sob domínio britânico, a indústria têxtil do algodão se proliferou pela cidade para abastecer as exportações para Europa e China. O corte na produção do algodão norte-americano causado pela Guerra Civil fez a exportação de Bombaim crescer em 171% em volume e 480% em valor, entre 1861 e 1865.[172]

A população de Bombaim do final da década de 1920 sofria a consequência da exploração britânica. A jovem Wills testemunhava aglomerados de pessoas se acotovelando nas ruas e nos mercados. A fome reinava, e a consequente desnutrição elevava o número de mortes infantis aliada às infecções por ingestão de água e alimentos contaminados. A pobreza imperava na cidade. No interior das fábricas de tecelagem de algodão, estavam as mulheres alvos da pesquisa de Wills. A frequência da doença era elevada em decorrência da subnutrição e das condições degradantes das fábricas inglesas. Aquela anemia diferia das até então conhecidas e, por isso, requeria a pesquisa de Wills.

A deficiência de ferro, sabidamente, era uma das principais causas de anemia, em particular nas crianças desnutridas.[173] O ferro é fundamental para a produção da hemoglobina, e, portanto, a pouca ingestão do elemento acarreta redução do número de glóbulos vermelhos, hemácias, que se tornam pequenos e pálidos ao microscópio. Por outro lado, a suplementação do ferro corrige a anemia em pouco tempo. Porém, Wills estava diante de outro desafio: as poucas hemácias das indianas desnutridas tinham dimensões grandes. E pior, a anemia persistia mesmo com oferta alimentar de ferro. Da mesma forma, nenhuma melhora ocorria com a suplementação da, na época conhecida, vitamina B12, também causadora de anemia quando carente no organismo. Diferentemente da anemia pela falta de ferro, chamada anemia ferropriva, a misteriosa anemia daquelas gestantes era considerada perniciosa, de difícil cura, nomenclatura utilizada até os dias atuais.

A queda do número das hemácias se acentuava durante e após a gestação, o que levou à hipótese de carência de algum outro micronutriente desconhecido. Afinal, as gestantes desviam nutrientes para o crescimento fetal. O raciocínio de Wills foi lógico: a anemia se acentuava na gestação porque algum nutriente desconhecido fluía ao feto com consequente redução nas mães, já carentes pela fome. A molécula misteriosa também seria responsável pela produção das hemácias. O desafio era descobrir que substância era essa.

A médica britânica tentou o caminho mais óbvio: fornecer diferentes alimentos que pudessem repor a substância supostamente deficiente na anemia perniciosa. Após tentativas fracassadas, o número de hemácias se elevou nas pacientes que receberam Marmite, produto industrializado desde o início do século e sucesso de consumo na Inglaterra e na Austrália. Os potes comercializados traziam o logotipo de uma panela, daí o nome derivado do francês *marmite* (panela).[174] Fabricado à base de extrato de levedura, prometia suplementação nutricional e era consumido como geleia em torradas e pães. Agora havia uma pista: extratos de levedura continham algum nutriente fundamental na produção dos glóbulos vermelhos.

A descoberta trouxe entusiasmo no meio médico na década de 1930. As leveduras ocultariam algum potencial terapêutico inexplorado? Não demoraram a surgir novos experimentos em humanos e animais de laboratório que comprovavam a prevenção ou reversão de anemias com suplemento de leveduras. Enquanto isso, ainda não se sabia qual era a molécula salvadora. Em 1941, após árduas pesquisas na sua busca, a ciência conseguiu isolar a tal substância milagrosa na folha do espinafre. Por isso, foi batizada como ácido fólico, do latim *folium* (folha).[175] Em pouco tempo, o ácido fólico extraído de vegetais e frutas foi sintetizado em laboratório e atualmente é usado com frequência como suplemento por mulheres grávidas.

DO FRACASSO AO SUCESSO

Enquanto muitos cientistas deslumbravam utilidade do ácido fólico como aporte nutricional, um médico norte-americano suspeitou do seu emprego na cura do câncer. Por que aventaria tal possibilidade de uso? Qual pista seguiu para essa suspeita? Como o ácido fólico agiria no combate ao câncer?

Hospital da Criança, Boston, 1946. Uma pequena sala de patologia acomodava a mesa de trabalho abarrotada de papéis e artigos médicos que dividiam espaço com lâminas de tecido humano arquivadas em caixas de madeira. Nesse local, situado no subsolo da instituição, o jovem Sidney Farber permanecia recluso entre suas lâminas de biópsia, distante do burburinho do hospital. Cansado da rotina tediosa, acompanhado pelo seu microscópio, o patologista de 43 anos de idade tinha um sonho: atuar no tratamento de doenças. A patologia o afastou da clínica médica, do contato com doentes e do cuidado dos enfermos. Agora, queria ir além dos laudos de biópsias e exames cadavéricos. Farber nascera em Buffalo, filho de emigrantes poloneses e com fluência em alemão conseguiu vaga na faculdade médica de Heidelberg e Freiburg, buscou graduação europeia porque as vagas das universidades norte-americanas para judeus eram limitadas. O êxito na Europa possibilitou sua transferência para a renomada Universidade de Harvard. O agora experiente pesquisador tinha cargo de patologista do Hospital da Criança e aventurava-se na luta contra o câncer.

Farber tinha um alvo a combater: as leucemias infantis. Nossa medula óssea produz, diariamente, glóbulos brancos (leucócitos), que são despejados no sangue. A todo instante destruímos os leucócitos velhos e produzimos novos. A doença surge pela mutação genética de um tipo de leucócito que, transformado em célula cancerosa, passa a se proliferar velozmente e, pior, independentemente do comando de nosso corpo. O sangue é inundado pelas células tumorais. Já no interior da medula óssea, as células cancerosas se multiplicam e ocupam espaço, não dando chances à produção de outras células, como as hemácias: surge a anemia.

A doença, conhecida desde a Antiguidade, deixava sua marca registrada nos microscópios largamente utilizados a partir do século XIX. O sangue dos doentes ficava repleto de leucócitos, enquanto as hemácias minguavam. Daí o nome da doença ser leucemia, ou "sangue branco" (do grego *leukos*, branco, e *aima*, sangue). O número de leucócitos normalmente se eleva em resposta à infecção. Por isso, no início, médicos interpretavam de maneira errônea aquela multidão de leucócitos no sangue dos leucêmicos achando se tratar de sangue purulento, que indicaria presença de infecção grave.[176] Buscavam arduamente focos infecciosos nos doentes com leucemia, sem nunca encontrar. A ciência demoraria em descobrir seu verdadeiro significado.

Um dos motivos que levaram Farber a apostar na pesquisa da cura da leucemia foi a facilidade em avaliar a resposta do tratamento. Bastava contar o número de células tumorais no sangue dos doentes. Uma droga administrada que reduzisse o número de cem mil células neoplásicas por milímetro cúbico para vinte mil revelaria franco sucesso. A leucemia era um dos poucos cânceres facilmente dimensionados naquela época em que o desenvolvimento da tomografia engatinhava. Bastava uma gota de sangue e um microscópio. Mas qual droga terapêutica testar na leucemia? A resposta veio dos trabalhos de Wills.

A oferta de ácido fólico trazia outro efeito além de reverter a anemia. A produção dos leucócitos também depende da captação do ácido fólico e, portanto, os pacientes com a anemia perniciosa também tinham número reduzido de leucócitos, que se elevava após suplementação nutricional. O raciocínio de Farber foi simples e lógico. O fornecimento de ácido fólico poderia incrementar o número de leucócitos normais de tal maneira que suplantasse ou, até mesmo, inibisse os cancerosos?

Farber iniciou seu experimento com algumas crianças leucêmicas do hospital. Forneceu ácido fólico aos doentes. As críticas severas dos médicos da instituição se avolumaram diante da catástrofe de seu experimento: as células malignas absorviam avidamente o ácido fólico para se multiplicarem a olhos vistos. Seu tratamento acelerava a progressão da leucemia. O número de células malignas quase dobrou nos doentes tratados. Essa primeira tentativa frustrante de Farber foi interrompida imediatamente. Apesar disso, o fracasso forneceu outra pista ao tratamento, pois se concluiu que as células leucêmicas necessitavam do ácido fólico para se multiplicar. E se a ciência conseguisse desenvolver uma droga inibidora do ácido fólico? Poderia tal substância bloquear o avanço tumoral? Ou até mesmo curá-lo?

Farber entrou em contato com o laboratório farmacêutico Lederle, no estado de Nova York. Os químicos daquele centro desenvolviam suplementos vitamínicos e, portanto, eram íntimos de todas as etapas da produção do ácido fólico. Farber estava atrás de alguma molécula que bloqueasse o efeito desse ácido, um antifolato. A ligação telefônica rendeu frutos. Uma jovem química, Harriett Kilte, concordou com a viabilidade da produção de tal droga.[177] A síntese do ácido fólico se iniciava com moléculas simples, que, alteradas quimicamente, produziam moléculas intermediárias. Cada nova molécula criada sofria nova alteração estrutural para seguir adiante na cadeia de produção do ácido fólico. Como produzir um antifolato? Bastava alterar a estrutura de uma dessas moléculas intermediárias para criar uma substância que se assemelhasse ao ácido fólico. Dessa forma, as células humanas agarrariam esse falso ácido fólico, que ocuparia o espaço reservado ao verdadeiro ácido fólico pela sua semelhança molecular. A química enganaria as células humanas.

Farber recebeu, em 1947, a primeira remessa do laboratório Lederle com a primeira droga antifolato. Uma nova versão viria em meses. Na segunda metade de 1947, as crianças com leucemia selecionadas receberam infusões do antifolato pelas mãos de Farber. Ironicamente, nessa mesma época, era redigido o código de Nuremberg, que tornava obrigatório o consentimento dos doentes submetidos a experiências científicas. A descoberta das repulsantes experiências nazistas desencadearam medidas enérgicas da ciência. A partir de então, todo doente deveria autorizar sua participação em qualquer experimento com novas drogas, após ser claramente orientado a respeito dos efeitos colaterais e riscos do novo tratamento. Os primeiros doentes tratados por Farber não consentiram formalmente o experimento; e é provável que nem Farber tivesse conhecimento do código recém-nascido do outro lado do Atlântico.

Ainda bem, pois uma a uma das crianças tratadas começou a melhorar. O número de células neoplásicas sanguíneas despencou com a introdução de uma versão moderna de antifolato: a aminopterina. As dosagens eram reajustadas de acordo com a resposta terapêutica dos doentes. Em 1948, não havia mais dúvidas a respeito da eficácia da aminopterina[178], o que levou a um aumento no número de crianças doentes que chegavam à porta de Farber. O patologista criou uma equipe médica de assistentes e hematologistas para suportar a crescente demanda. A ciência havia criado uma droga eficaz contra a leucemia infantil. O avanço dos casos tratados revelou que o medicamento não curava a leucemia, mas a empurrava à remissão, com retardo no seu avanço, o que já era uma vitória. Em um ano, chegou uma nova e mais eficaz versão de antifolato, o metotrexato, largamente empregado nos dias atuais. As portas para a possibilidade de cura do câncer estavam abertas.

O EXPERIMENTO OUSADO

A corrida pela descoberta de novas drogas contra o câncer se iniciou no fim dos anos 1940. Laboratórios, indústrias farmacêuticas e universidades buscavam o novo arsenal. Moléculas sintéticas saíam das bancadas de laboratório para testes. Enquanto isso, os vegetais revelavam a presença de novas substâncias naturais com poder de destruir células cancerosas. A euforia levou a outros testes com metotrexato em diferentes tipos de tumor: sua molécula liquidava parte de câncer de mama, ovário e bexiga. Os Estados Unidos criaram o Instituto Nacional do Câncer para centralizar e atualizar as opções terapêuticas emergentes. A embrionária especialidade da oncologia ganhava fôlego. Porém, em meio a esse fervor, ainda havia um grande problema.

O sucesso terapêutico na grande maioria dos casos era efêmero. O número de células cancerosas regredia, mas dificilmente desaparecia por completo, o que precipitava o retorno da doença em questão de tempo.

Os doentes recebiam a notícia da remissão tumoral, mas dificilmente a da cura. O tratamento precisaria ter mais uma etapa, que foi amadurecida no transcorrer da década de 1950, com a presença de uma bactéria.

O sucesso no tratamento da tuberculose com novas drogas incendiou a dúvida quanto ao esquema ideal de tratamento do câncer. Ficou claro que uma única droga contra a tuberculose era ineficiente para curar a infecção. A população bacteriana era reduzida, mas algumas formas resistentes reassumiam o poder de crescimento. Os médicos descobriram a necessidade de fornecer três drogas diferentes para eliminar todas as bactérias vigentes. Esse raciocínio poderia ser extrapolado ao câncer? Algumas células cancerosas seriam resistentes ao medicamento antitumoral e responsáveis pelo retorno da doença após o período de remissão?

Novos estudos mostraram que uma pequena parcela das células malignas, não destruída pela droga empregada, retomava a proliferação. Doses exageradas de quimioterápico poderiam liquidar as células tumorais, mas o paciente não suportaria. A ideia alternativa seriam sessões repetidas de quimioterapia para reduzir gradativamente o número de células malignas que sobrevivessem ao tratamento anterior. O câncer seria liquidado pelo cansaço. Porém, antes de essa hipótese ser posta à prova, surgiu outra possibilidade. Os experimentos em ratos de laboratórios mostraram melhor combate à leucemia nos roedores que receberam associação de diferentes tipos de quimioterápicos. As drogas seriam sinérgicas: o efeito de cada uma potencializava o da outra. Alguns médicos se convenceram da necessidade de combinar drogas contra a leucemia, mas ninguém tinha essa coragem. Por quê? As drogas eram muito tóxicas por devastarem também as células normais da medula óssea. O tratamento poderia precipitar queda acentuada nas células sanguíneas normais.

A produção de hemácias pela medula óssea cessava com a quimioterapia. O problema era parcialmente resolvido pelas transfusões de sangue, porém, os glóbulos brancos também despencavam e precipitavam infecções severas, de difícil controle em virtude do número restrito de antibióticos disponíveis à época. Além disso, surgiam sangramentos pela queda das plaquetas também produzidas na medula óssea e agredidas pela quimioterapia. Sem contar as inflamações renais e hepáticas causadas pelos quimioterápicos. A associação de drogas poderia acentuar a toxicidade. Quem ousaria tal experimento? Uma dupla médica corajosa foi pioneira.

Emil Frei e Emil Freireich se conheceram em 1955, quando contratados pelo recém-criado Instituto Nacional do Câncer. Desde então, compartilharam o mesmo raciocínio: o tratamento da leucemia requeria associação de drogas. A ideia amadureceu no transcorrer da década, mas sempre rechaçada pelos médicos conservadores. Como seria possível associar drogas tóxicas ao doente? Os temores caíam em previsão comum: o tratamento proposto resolveria o problema por matar o doente. A estratégia era rotulada como "proposta ridícula" com comentários irônicos nas reuniões científicas. A dupla se rendeu à contínua rejeição de sua proposta. Só havia uma saída: realizar o experimento distante dos médicos oncologistas.

Frei e Freireich partiram para um estudo independente e decidiram fornecer quatro diferentes drogas às crianças leucêmicas na esperança de empurrar o câncer à remissão e à cura. O sucesso calaria a boca da grande maioria de médicos críticos, enquanto o fracasso selaria o destino dos dois médicos ousados. A dupla selecionou drogas com mecanismos de ação diferentes, no intuito de somarem efeitos antitumorais. O antifolato descoberto por Farber, aminopterina, encabeçou a lista. A 6-MP descoberta há anos se aliou ao tratamento por atuar em local diferente das células tumorais: bloqueava a produção da molécula de DNA. O corticoide foi o terceiro da lista por mostrar efeito satisfatório. A recém-descoberta vincristina fechou o grupo.[179] Essa última fora sintetizada a partir de uma planta nativa de Madagascar, testada a princípio no tratamento do diabetes. Fracassou, mas mostrou efeito antitumoral.

A dupla iniciou o tratamento a despeito das críticas. Os pacientes toleraram bem a combinação das quatro drogas tóxicas. Os efeitos colaterais não pareciam se somar à associação. Diariamente, a dupla acompanhava os enfermos no leito. Podemos imaginar o nervosismo e a ansiedade desses revolucionários. O futuro daquelas crianças leucêmicas dependia de suas suposições, e era a primeira vez que se tentava aquele tratamento. Por outro lado, o futuro profissional desses dois médicos estava na resposta dos doentes. Frei e Freireich sabiam que qualquer falha precipitaria sua condenação pelos membros do Instituto Nacional do Câncer. Todos os participantes desse enredo teatral acompanhavam apreensivos a evolução das crianças.

Um a um, os pacientes sofriam pelo tratamento agressivo. As células tumorais desapareciam do sangue, mas as células normais também. O preço pago era anemia profunda, plaquetas baixas com risco de sangramento e ausência de leucócitos no sangue, o que abria as portas às infecções. Algumas crianças apresentavam febre elevada e torpor, indícios de infecção grave ou generalizada. A dupla lutava de todas as maneiras para mantê-las vivas. Sabiam que a situação melhoraria se conseguissem vencer esse período crítico. Bolsas de sangue entravam na enfermaria para correção das anemias, enquanto as prateleiras despejavam os antibióticos disponíveis à época. Os itens de medicamentos prescritos diariamente se avolumavam para tapar os buracos criados pela ousada quimioterapia, enquanto crescia a apreensão pelo aguardo do desfecho. O que Frei e Freireich aguardavam ansiosamente?

As quimioterapias empregadas atuavam na medula óssea: a fábrica das células sanguíneas do interior dos ossos. Após dias, passado o efeito, a medula recobraria as forças e produziria, novamente, as células sanguíneas normais. Essa recuperação medular era esperada com ansiedade, uma vez que a associação de quatro drogas era muito mais tóxica. A medula óssea voltaria a funcionar? As drogas destruiriam a medula para sempre? Essa era uma das dúvidas dos médicos audaciosos.

Após dias, para alívio de Frei e Freireich, as amostras de sangue das crianças revelaram indícios da recuperação medular. As antes escassas hemácias visualizadas ao microscópio começaram a povoar as amostras de sangue coletadas a cada dia. A medula retornou a produção das hemácias. O número de leucócitos crescia, os jovens deixavam a zona crítica suscetível à infecção. O mesmo ocorreu com as plaquetas. Todos toleraram a quimioterapia. Em meses, a leucemia em remissão não deu indícios de retorno. A dupla se atreveu a declarar cura. O sucesso se espalhou entre os médicos. Elogios partiam de todos os lugares, e os críticos se renderam à associação. Ao final de 1962, já havia seis crianças aparentemente curadas de leucemia. Clínicas e hospitais começaram a empregar a nova forma de tratamento. Desde então, a quimioterapia foi reformulada para associação de drogas.

O sucesso de Frei e Freireich sofreu abalo em 1963. Algumas crianças curadas retornaram ao hospital com queixa de dor de cabeça, febre e, até mesmo, convulsões. As drogas poderiam causar efeito tóxico tardio ao cérebro? Não. O exame do líquido espinhal, líquor cefalorraquidiano, ou LCR, mostrou presença de células tumorais. Os médicos descobriram que as drogas não ultrapassavam a barreira entre o sangue e o cérebro. Entre erros e acertos, descobririam a necessidade de realizar LCR para saber se a leucemia invadira o sistema nervoso central. Com o tempo, surgiu a opção de administrar a droga no líquido espinhal, técnica ainda empregada atualmente e que consiste em introduzir a agulha entre as vértebras do doente até visualizar o gotejamento do LCR. Ao invés de coletar o líquido para análise, se introduz o metotrexato, que banha os tecidos nervosos e atua nas células cancerosas.

Essa tênue falha não manchou as conclusões da associação de drogas. A oncologia ganhou um potente conhecimento na luta contra o câncer. Tudo graças a dois médicos ousados o suficiente para enfrentar todas as críticas da época e seguir adiante em suas convicções.

ANO 1967

A IMPENSÁVEL SUBSTITUIÇÃO DE UM ÓRGÃO VITAL

Entrar no coração era algo impensável no início do século XX. Os médicos não acreditavam nessa possibilidade. Apesar das inovações nas cirurgias cardíacas, o interior daquele órgão vital permanecia respeitado e intocável. Quem ousasse seccioná-lo ou perfurá-lo com a lâmina do bisturi estava condenado ao fracasso. Assim, os novos procedimentos cirúrgicos se limitavam à correção de defeitos na periferia cardíaca, e, na grande maioria das vezes, para resolver problemas de nascença. Cirurgiões, temerosos de encostar no coração pulsátil, rodeavam artérias e veias malformadas por meio de fios de sutura e as estrangulavam.[180] Fechavam, dessa forma, vasos sanguíneos malformados.

As consequências de invadir o coração eram imprevisíveis e receava-se sangramentos incontroláveis, arritmias com parada e disfunção cardíaca. O medo imperava e a coragem faltava nas mentes dos mais conceituados cirurgiões da época. A regra do "coração inviolável" seria quebrada somente em situação especial, se fosse o único recurso para salvar a vida do paciente. Foi isso que aconteceu durante as batalhas da Segunda Guerra Mundial.

Aos 34 anos, Dwight E. Harken interrompeu seus estudos em Boston para embarcar rumo ao conflito europeu. Servindo como cirurgião do Exército norte-americano na Inglaterra, o dia a dia de Harken incluía estancar sangramentos, sedar paciente à beira da morte, realizar amputações, observar curativos complexos e outros tratamentos complicados solicitados pelas catástrofes da guerra. Porém, sua rotina sanguinária mudou em 6 de junho de 1944, quando o jovem cirurgião recebeu um combatente com estilhaços cravados no peito. A anestesia e a transfusão sanguínea socorreram-no e o levaram à mesa operatória. Harken abriu o tórax do ferido e se deparou com algo até então sem solução: um fragmento metálico perfurara o ventrículo do doente. Harken não sabia o que fazer com aquele metal parcialmente exposto que oscilava de maneira sincronizada às batidas cardíacas. Ele teria que retirar o corpo estanho sem sangramento, ou arritmia cardíaca. Parecia impossível evitar o sangramento, uma vez que o fragmento cravara no músculo cardíaco. O médico militar apreendeu o pedaço de metal com uma pinça. Através de movimentos delicados de vaivem, procurava um meio de liberar o músculo cardíaco daquele fragmento metálico, ao mesmo tempo que tentava antecipar o que faria ao retirar o metal. De repente, a pressão sanguínea do interior cardíaco expulsou o metal: o rombo do ventrículo foi exposto. O sangue esguichou na direção de Harken que, sem opção e em um ato impulsivo, introduziu seu dedo no orifício.

Harken estancava o sangramento, enquanto sentia as contrações cardíacas rítmicas comprimirem seu dedo. Uma sensação inédita: seu dedo introduzido no interior cardíaco em contração. Harken precisava fazer algo e lançou mão de agulha e fios de seda. Transfixou a parede do ventrículo nas bordas próximas ao orifício. Os pontos de sutura reduziam a largura do rombo cardíaco, e, concomitantemente, seu dedo era retirado devagar. Uma sutura a mais, e outros milímetros de retirada do dedo. Após minutos de apreensão, Harken retirou a porção final do dedo e realizou o último nó do fio de seda. A perfuração cardíaca foi suturada com sucesso e sem vazamento sanguíneo entre os pontos cirúrgicos. O jovem testemunhou a possibilidade de invadir a cavidade cardíaca sem maiores consequências: o mito se quebrara. Arrojado e confiante, Harken continuou a abrir tórax para tratar ferimentos no coração e, até o final da guerra, seus fios de seda fecharam lesões cardíacas de mais 134 combatentes.

Assim, a guerra precipitou avanços nas cirurgias cardíacas. Nos Estados Unidos, cirurgias mais arrojadas surgiam a cada momento para, finalmente, despontar, após duas décadas, na África do Sul, a cirurgia que estamparia todos os principais jornais mundiais.

O CORAÇÃO INVADIDO POR DEDO SALVADOR

Em 1948, o cirurgião norte-americano Charles Bailey corrigiu, com sucesso, defeitos na válvula mitral. Seu sucesso quase custou sua vida profissional. Bailey despistou médicos como em um filme de suspense para provar sua teoria e concretizar seu sonho.

A carreira de Bailey, cirurgião da Filadélfia, estava ameaçada no dia 10 de junho de 1948. Naquela manhã, agendara duas cirurgias em pacientes que sofriam de estenose mitral. As veias humanas trazem o sangue utilizado pelas células e, portanto, exauridos do oxigênio avidamente absorvido pelo corpo humano. As veias convergem ao coração e despejam esse "sangue sujo" na primeira câmara cardíaca, o átrio direito. Essa sala cardíaca acomoda o sangue recebido e, através da abertura de uma válvula, como uma comporta, o transfere ao ventrículo direito. O fechamento da válvula impede o retorno sanguíneo ao átrio e possibilita que a contração do ventrículo direito impulsione o sangue aos pulmões. O sangue venoso se esparrama pelos minúsculos vasos pulmonares e absorve o oxigênio inalado enquanto elimina o gás carbônico. O sangue, agora revitalizado e oxigenado, está pronto para ser enviado, novamente, às células do corpo. Mas como? Esse sangue oxigenado retorna pelas veias pulmonares ao coração, mas, dessa vez, para o lado esquerdo. O sangue é despejado no átrio esquerdo que, a exemplo do direito, abre a válvula para sua passagem ao ventrículo esquerdo. O nome dessa válvula? Válvula mitral. O ventrículo esquerdo se contrai e, com a válvula mitral fechada, o sangue não retorna ao átrio esquerdo e ruma em direção à válvula aórtica, já aberta. Com isso, ganha acesso à artéria aorta, que o distribui ao corpo.

Os pacientes de Bailey sofriam de estenose mitral. A válvula, por cicatrizes de inflamações passadas, não se abria por completo, e, com isso, não despejava todo o sangue no ventrículo esquerdo. Boa parte do sangue se represava no átrio esquerdo e esse congestionamento sanguíneo acarretava lentidão e acúmulo de sangue nos pulmões. O sangue pulmonar, sem vazão de saída, precipitava falta de ar.

A intenção de Bailey era simples. Abrir o tórax dos pacientes, expor o coração e, através de um corte no átrio esquerdo, introduzir seu dedo acoplado a uma lâmina afiada para cortar as bordas da válvula mitral. Isso ampliaria a abertura da válvula, que escoaria o sangue represado nos pulmões. Porém, a tarefa mais árdua de Bailey estava nos bastidores. As três tentativas anteriores haviam fracassado: os pacientes morreram. Sua fama de aventureiro ganhou força entre o meio médico e já alcançava os pacientes. Muitos o chamavam de "açougueiro"; enquanto outros, de "*cowboy* da cirurgia".[181]

Assim, ele estava prestes a receber uma condenação profissional. Havia dois anos que recebera advertência do chefe do colégio médico do hospital de Filadélfia. Seu superior o reprimiu e proibiu suas "cirurgias homicidas". Boatos correram entre os pacientes, e seu consultório estacionou. O número de médicos que encaminhavam pacientes aos seus cuidados despencou.

Apesar disso, Bailey manteve sua obsessão e conseguiu agendar dois novos pacientes naquele dia. Porém, ameaçado, precisava despistar os olhos da inquisição médica que se avultava. Para isso, agendou as duas cirurgias em hospitais diferentes. Uma pela manhã e outra à tarde. A estratégia foi providencial. A cirurgia matinal, no Hospital Geral de Filadélfia, foi seu quarto fracasso, com a morte do paciente de 32 anos.

Bailey, após um banho, rumou ao Hospital Episcopal da cidade, para a segunda cirurgia daquele dia. Antes que a notícia do fracasso matinal se espalhasse, Bailey abriu o tórax do novo paciente, de 24 anos, e, introduziu seu dedo acoplado à lâmina cortante. Seu indicador sentia as estruturas do átrio e conduzia a lâmina à válvula mitral espessada e endurecida. Bailey sincronizava os movimentos do dedo com as contrações cardíacas para mantê-lo estático na proximidade da válvula. A leve contração atrial apertava a superfície de seu dedo que ocluía o orifício atrial e evitava sangramento. O cirurgião realizou o procedimento às cegas: a ponta de seu indicador direcionou o corte na válvula mitral enquanto Bailey nada visualizava. Uma sutura final na parede do átrio e, para salvação de Bailey, o paciente se recuperou.

Bailey provou sua tese e, apenas seis dias depois, Harken obteve o mesmo sucesso em Boston. A carreira profissional de Bailey deixou a ameaça de ruína para alcançar a capa da revista *Time* nove anos depois, com mais de mil cirurgias. O sucesso de Bailey e Harken confirmou o novo horizonte: era possível invadir o coração humano sem interferir nos seus batimentos.

A ÁFRICA DO SUL DOMINADA PELO DEDO INCRIMINADOR

No ano em que Bailey obteve sucesso, um novo regime político assumia as rédeas do governo da África do Sul. As eleições de maio de 1948 registraram a vitória do Partido Nacional Purificado. Sem direito à votação, os negros testemunharam a ascensão de líderes famosos por levantar bandeiras como "perigo negro" ou "o negro em seu lugar". A ideologia do partido seria agora posta em prática pelo seu membro Hendrik Verwoerd.

Verwoerd, com 47 anos de idade, era uma sumidade intelectual no partido. Doutor em psicologia e filho de um pastor holandês, Verwoerd se considerava um africânder legítimo. Um puro descendente dos primeiros colonos protestantes. Essa característica era fundamental para a ideologia que defendia. Os ideais de Hitler o cativaram quando viajou pela Alemanha nazista antes do conflito mundial. Agora, à frente do governo sul-africano,

Verwoerd implantaria um modelo semelhante nas terras de seus antepassados. O povo africânder fora escolhido por Deus para reinar naquele solo devido à sua superioridade racial, que não poderia ser maculada pela presença dos negros inferiores. Os 24 milhões de negros deveriam ser separados da minoria branca que perfazia apenas 4 milhões de almas. A população negra conviveria com o nome emergido das eleições de 1948: *apartheid*.

Verwoerd não tinha dúvidas da necessidade de segregar a população negra. O *apartheid* era a única forma de salvar o futuro da nação, livrando a contaminação branca pelos genes maléficos da população negra. Escritórios e departamentos de estado surgiram para classificar os quatro grandes grupos raciais: brancos, negros, mestiços e asiáticos. Os interrogatórios e antecedentes familiares auxiliavam quando a cor da pele gerava dúvidas. Além disso, a busca de manchas escuras nas unhas ou no globo ocular podia rotular raça negra ou mestiça. A técnica recém-criada do teste do lápis também classificava as raças. Esse teste, desenvolvido por ditas mentes científicas, consistia em introduzir o lápis entre os cabelos da mulher. Caso o lápis deslizasse suavemente e caísse ao solo, comprovaria fios delgados e lisos de uma raça branca. Se ficasse aprisionado nos fios crespos e grossos, selaria o destino daquela pessoa de pele duvidosa.

A definição da raça era fundamental para as diretrizes do governo de Verwoerd. Os negros estavam proibidos de entrar em ônibus ou vagões de trem destinados aos brancos. Sua entrada era barrada em elevadores, mictórios, igrejas e praias. A identidade negra obrigou muitos a buscar novas escolas para os filhos, novos endereços de moradia, trabalho e novos hospitais. Além disso, pela recém-implantada lei, negros estavam proibidos de praticar atos sexuais com brancos.

O SANGUE EXPULSO DO INTERIOR CARDÍACO

Enquanto negros eram discriminados em solo sul-africano, médicos norte-americanos tentavam meios de realizar cirurgias cardíacas mais complexas. Almejavam a possibilidade de abrir as cavidades cardíacas e operar com visualização direta do interior do coração. O dedo salvador da cirurgia de Bailey já não era suficiente; o coração deveria estar seco, sem sangue, para ser aberto. Seria possível suspender a circulação de sangue pelas cavidades do órgão?

A luz para essa possibilidade veio das marmotas norte-americanas. O jovem cirurgião canadense Wilfred Bigelow notou que as marmotas emergiam saudáveis e ativas do longo período de hibernação. A baixa temperatura parecia preservar seus órgãos vitais. A baixa frequência dos batimentos cardíacos, aliada ao frio, preservava a vida dos animais durante a hibernação. Bigelow aventou a possibilidade de, com a baixa temperatura corpórea, interromper o fluxo sanguíneo cardíaco por curto tempo sem deteriorar as funções cardíaca e cerebral. Dessa forma, seria possível abrir o coração seco e operá-lo rapidamente?

As vítimas de seus experimentos foram os cães e, no início, muitos morreram. Bigelow resfriava o sangue desses animais para encontrar o valor mínimo que evitasse a morte; chegou a 20 °C. Esse era o limite mínimo de temperatura que eles suportavam sem sequelas neurológicas. Seus estudos em dezenas de cães, seguidos pelos de outros médicos, levaram à primeira cirurgia com coração aberto.

Em 1952, quatro anos após a primeira cirurgia no interior cardíaco com as pontas dos dedos, uma criança adentrou no centro cirúrgico do hospital da Universidade de Minnesota. A pequena Jacqueline sofria de defeito do septo atrial. Chegara aos 5 anos de idade com baixa estatura e peso baixo em consequência daquele minúsculo, mas devastador, defeito. O septo atrial separa os átrios direito e esquerdo. Assim, como foi visto, em um coração normal, o sangue sem oxigênio invade o átrio direito, segue ao ventrículo direito e caminha aos pulmões. Uma vez oxigenado nos pulmões retorna ao átrio esquerdo, alcança ao ventrículo esquerdo e é ejetado para a artéria aorta que o distribui ao corpo. Em um coração normal o sangue venoso e o arterial não se misturam. Mas o coração de Jacqueline não era normal.

A menina nascera com um orifício na parede que divide as duas cavidades atriais. Dessa forma, parte do sangue que entrava no átrio esquerdo vazava ao átrio direito por causa do orifício e da maior pressão da câmara esquerda. Com isso, além de o sangue se misturar, o átrio direito era sobrecarregado com a chegada de mais volume sanguíneo. Os pulmões recebiam sobrecarga sanguínea. Diferentemente da cirurgia de Bailey, que consistia em sentir a válvula mitral com os dedos e cortá-la, o defeito de Jacqueline implicava visualização do orifício para fechá-lo. Isso requeria o coração aberto e seco. Era a chance de lançar mão da hipotermia sugerida por Bigelow.

Jacqueline foi anestesiada em setembro de 1952. O jovem cirurgião cardíaco John F. Lewis, com 36 anos, estava ao lado da menina em sono profundo. Ao seu lado, Clarence W. Lillehei, com 34 anos, auxiliou a cirurgia. Jacqueline foi resfriada com tanque de gelo e cobertores gelados. A temperatura de seu sangue caiu e reduziu seu metabolismo. A frequência cardíaca da jovem despencou pela metade. Seu cérebro e seu coração hibernavam em virtude do frio e, consequentemente, necessitavam de pouco oxigênio.

Com o tórax da paciente aberto, Lewis colocou grampos e torniquetes nas veias que chegavam ao coração: o fluxo sanguíneo foi interrompido. O coração estava seco, sua lenta contração não enviava sangue aos tecidos e ao cérebro. Porém, essa situação não poderia se prolongar. Lewis sabia, pelos experimentos realizados em cães, que o cérebro da menina privado de sangue suportaria apenas cerca de seis minutos. Após esse período, o sangue deveria retornar a circular para evitar danos cerebrais.

Lewis fez uma abertura no átrio direito e visualizou o orifício de cerca de dois centímetros de diâmetro. O relógio cronometrava três minutos. Lewis transpassou as bordas do rombo com fios de sutura e as aproximou. Os nós fecharam o orifício no septo atrial. O relógio denunciava a passagem de mais dois minutos. Lewis tinha apenas um minuto para concluir o procedimento, fechar o átrio e retornar o fluxo sanguíneo. A tensão da sala cirúrgica se aliviou quando, no limite do tempo, os grampos descomprimiram as veias e o sangue retornou ao interior cardíaco. O coração titubeou e descompassou o ritmo, mas uma pequena massagem com as mão de Lewis fê-lo retornar à normalidade. Jacqueline teve alta do hospital após onze dias.

NEGROS EXPULSOS

Enquanto a jovem dupla de cirurgiões expulsava o sangue das cavidades cardíacas de Jacqueline, negros sul-africanos eram forçados a abandonar suas humildes residências. Verwoerd e sua equipe desfilavam com mapas e fotografias aéreas das regiões da nação. Rabiscavam e demarcavam os locais das futuras comunidades negras. A redistribuição geográfica criaria comunidades negras em distritos específicos para pessoas com aquela cor de pele, os *townships*, localizados nas periferias das cidades, ou os *homelands*, em reservas distantes das cidades.

Caravanas de negros rumaram às reservas. Os distritos negros distavam no mínimo quinhentos metros do centro comercial e desenvolvido das cidades dos brancos. Os negros só poderiam entrar nas áreas demarcadas aos brancos com autorização de trabalho. Para isso, lançou-se a estratégia da caderneta vermelha como nova identidade, cujo porte permanente era obrigatório. Todo trabalhador podia ser parado pela polícia. A caderneta de 92 páginas continha a foto e a digital do negro, bem como seu endereço profissional. Muitos se livravam da cadeia com a comprovação de estar em um bairro branco a trabalho.

Pouco antes de Jacqueline ser anestesiada nos Estados Unidos, uma multidão negra se revoltou contra as exigências impostas pelo governo sul-africano. Um exército de manifestantes invadiu hotéis, cinemas e trens de brancos. A polícia os repreendeu com prisões e agressões. A multidão respondeu com a queima das cadernetas em local público. O forte aparato policial conteve o avanço da rebelião, mas a situação caminhava para o insuportável. Movimentos clandestinos de resistência negra ganhavam força e adeptos.

As crianças negras empurradas para as escolas públicas estavam condenadas ao fracasso profissional devido à proibição de frequentarem escolas privadas. Verwoerd proibiu algumas matérias nas escolas negras. Os alunos desconheciam, a partir de então, Matemática, Biologia e Física. O motivo? A raça negra jamais precisaria aprender essas matérias para exercer subempregos à altura de sua condição social.

Em 10 de fevereiro de 1955, os moradores do distrito negro de Sophiatown, na periferia de Johanesburgo, foram despertados com o barulho do motor de caminhões e tratores. Assustados, saíram à rua ou olharam pelas janelas. Cerca de 2 mil policiais espalharam-se pelo distrito de maneira estratégica e pré-estudada. Traziam na mão uma lista de moradores e o destino para cada qual seria realocado. A multidão de 60 mil habitantes negros recebeu ordens para abandonar suas casas e rumar a um destino incerto, mas já preestabelecido pelo governo.

Durante três dias, todos os habitantes de Sophiatown foram transportados como gado, na carroceria dos caminhões, para uma área deserta a 50 quilômetros de distância. As famílias que chegavam eram direcionadas aos rudimentares casebres já construídos de maneira precária sem água, eletricidade e esgoto. Seus pertences haviam sido deixados em Sophiatown, que, uma vez abandonada, foi devastada pela entrada dos tratores. A área, limpa, serviria para erguer um novo bairro bem arquitetado e arborizado para trabalhadores brancos. Essa nova política de Verwoerd expulsaria 4 milhões de negros de seus domicílios.

UMA BOMBA ELÉTRICA AUXILIA O CIRURGIÃO CARDÍACO

O caos reinava no distrito Sophiatown. Nessa mesma época, o cirurgião Lillehei (aquele mesmo que havia auxiliado Lewis na cirurgia de Jacqueline) recebia médicos estudantes para assistirem ao seu novo avanço cirúrgico, estreado havia um ano.

Lillehei diagnosticou um defeito no septo ventricular do pequeno Gregory Glidden, de apenas 13 meses de idade. Um orifício anômalo na parede muscular permitia a passagem do sangue do ventrículo esquerdo ao direito. O sangue venoso, misturado ao arterial, sobrecarregava os pulmões. Lillehei sabia que não conseguiria operar o pequeno Gregory. Os seis minutos do fluxo sanguíneo estagnado pelo corpo resfriado, sem oxigenação cerebral, não seriam suficientes para fechar o orifício na espessa parede ventricular. Essa situação era bem diferente do caso de Jacqueline, cujo orifício na parede divisória dos átrios era mais fácil de ser suturado em curto tempo.

A única maneira de se obter êxito seria interromper o fluxo sanguíneo cardíaco por um intervalo maior de tempo. Porém, o tecido cerebral, susceptível, não suportaria a privação do oxigênio. A única opção seria esvaziar o coração e, ao mesmo tempo, manter a oxigenação cerebral. Como isso seria possível? Como manter o fluxo sanguíneo cerebral com o coração vazio? Lillehei já tinha a resposta do ousado experimento e o colocou em prática em 26 de março de 1954.

Anestesiado, o pequeno Gregory foi colocado sobre uma mesa cirúrgica disposta ao lado de outra onde repousava seu pai, também anestesiado. Lillehei pretendia utilizar o pai do garoto como fornecedor de sangue oxigenado ao filho durante a cirurgia. O tórax aberto da criança expôs seu coração. Lillehei grampeou as veias que entravam no coração da criança. O fluxo sanguíneo foi interrompido na entrada do coração que, agora seco, não ejetava sangue à artéria aorta para que esta o enviasse ao resto do corpo, inclusive ao cérebro. A estratégia de Lillehei? A virilha do pai do garoto foi dissecada em busca da artéria inguinal, de grosso calibre. Uma mangueira esterilizada emprestada da indústria de cerveja foi introduzida na artéria paterna.[182] A outra extremidade da mangueira foi introduzida na artéria aorta da criança. Dessa forma, o sangue oxigenado do pai era transferido à principal artéria do filho, que o distribuía ao corpo do garoto. Outra mangueira introduzida nas veias que chegavam ao coração do menino desviava o sangue retornado do corpo da criança à outra veia dissecada na virilha do pai. O corpo do pai funcionava como coração e pulmão do pequeno Gregory. Uma bomba mecânica empregada na indústria de laticínios abraçava a tubulação e comandava o fluxo.

Lillehei abriu o coração seco do pequeno paciente e pôs-se a suturar o orifício do septo cardíaco. O tempo já não era problema. O sangue venoso da criança caminhava ao coração do pai que o enviava ao pulmão para retornar oxigenado ao ventrículo esquerdo. Um sangue renovado saía pela aorta do pai e, ao passar pela artéria da virilha, era desviado à aorta da criança. O processo só foi possível pelo baixo peso da criança, que necessitava de uma pequena parcela emprestada do sangue paterno: Gregory tinha sete quilos.

Após 19 minutos de cirurgia, Lillehei fechou a cavidade cardíaca e desconectou o sistema. Terminava sua inovação na cirurgia cardíaca. Nos dois anos seguintes, Lillehei repetiria a cirurgia em pouco mais de quarenta crianças, sempre com um dos pais irrigando o cérebro do filho. Apesar dos ótimos resultados, esse processo foi interrompido três anos depois, porque outra novidade tecnológica surgiu.

O sonho de uma máquina que cumprisse o papel realizado pelo pai de Gregory já surgira na década anterior. Cientistas tentavam desenvolver um aparelho que recebesse o sangue venoso do paciente, fazendo-o circular na máquina para oxigená-lo, e, a seguir, o devolvesse pela aorta do doente. A bomba faria uma circulação extracorpórea. Engenheiros da General Motors auxiliaram os primeiros projetos de criação do aparelho seguidos por cientistas da IBM. Os cirurgiões cardíacos buscavam socorro nos profissionais das ciências exatas.[183] Diferentes grupos de pesquisa testavam e aperfeiçoavam as primeiras máquinas de circulação extracorpórea. Após testes iniciais em animais, falhas mecânicas solucionadas, erros de cálculos corrigidos e intempéries descobertas e resolvidas durante o processo, o emprego do engenho tecnológico se tornou rotina em meados da década de 1950.[184]

A partir de então, cirurgias cardíacas complexas e demoradas passaram a ser realizadas com as máquinas de circulação extracorpórea. Tubulações enviavam o sangue a esses aparelhos que, após oxigená-lo, o devolviam ao corpo do paciente. A sala cirúrgica era tomada pelo barulho do aparelho elétrico. Melhorias reduziram a destruição dos glóbulos vermelhos comprimidos nas bombas que impulsionavam o sangue. Doses corretas de anticoagulante acrescido no recipiente corrigiam os sangramentos e evitavam coagulação do sangue no interior da tubulação. O fluxo ideal da velocidade do sangue era atingido à custa de soro adicionado ou sangue transfundido durante a cirurgia. Membranas aperfeiçoadas melhoravam a oxigenação sanguínea, enquanto filtros e dispositivos retiravam as bolhas de ar formadas pelo processo. Pouco a pouco, o primeiro monstrengo barulhento foi substituído por aparelhos menores.[185] O elevado número de óbitos das primeiras tentativas despencou e o procedimento se tornou seguro.

Defeitos cardíacos complexos eram corrigidos com a circulação extracorpórea. Parecia não haver limites para a ciência; os cirurgiões podiam tudo. Até mesmo realizar um transplante cardíaco? Em 1958, o cirurgião Norman Shumway, com apenas 35 anos de idade, apostou nessa possibilidade junto com seu jovem assistente Richard Lower, sete anos mais novo. Juntos iniciaram os primeiros experimentos em São Francisco, Califórnia.

Shumway e Lower testaram o limite de tempo que o coração de cães suportaria sem suprimento de oxigênio e nutrientes. Irrigavam o coração canino com soluções salinas geladas para avaliar quanto resistiam. Os cinco primeiros animais retornaram à vida após vinte minutos. As técnicas aprimoradas pela dupla estenderam o tempo de sobrevida. Em um curto período, conseguiram manter o coração viável por uma hora, enquanto testavam técnicas cirúrgicas diferentes para remover e reintroduzir o coração animal com o mínimo dano possível. Logo aprenderam a remover artérias e veias acopladas ao coração. Os experimentos aproximaram a dupla ao sucesso. Finalmente, sentiram-se confiantes para realizar o primeiro transplante cardíaco animal em 1959.

Shumway e Lower se encontravam a 65 quilômetros de São Francisco, na Universidade de Stanford, em Palo Alto. Um cão de vinte quilos anestesiado teve seu tórax aberto. Shumway fez circular uma solução resfriada a 4°C no coração do animal durante três minutos. A temperatura cardíaca despencou de 28°C para 12°C. Esperava com isso preservar o coração que, agora, seria removido delicadamente e transplantado em outro cão. Shumway conectou parte da parede do átrio direito e fios de sutura uniram os grandes vasos sanguíneos. Em minutos o cão acordou. Os jornais norte-americanos estamparam a manchete na primeira página. Notícias diárias informavam a evolução do animal. A população, ansiosa, comemorava cada informação diária que relatava o animal saudável, brincalhão e esperto. O cão transplantado viveu por oito dias. No último dia do ano, foi sacrificado para que seu tecido cardíaco fosse esmiuçado ao microscópio: as fibras cardíacas estavam viáveis e normais. O transplante era possível.

BOMBAS E INCÊNDIOS NA ÁFRICA DO SUL

Em março de 1960, três meses após o primeiro transplante canino, realizado nos Estados Unidos, a nação sul-africana foi tomada por revoltas populares. O desemprego atingiu proporções insuportáveis no distrito de Sharpeville, com população de 21 mil almas negras. Proibidos de transitar em busca de emprego, por não constar autorização em suas cadernetas, a população negra iniciou manifestações de repúdio.

O governo acompanhava os passos do movimento que alcançou dimensões de rebelião. Prisões catalisaram a revolta da população, que, agora, organizava uma marcha à delegacia próxima. O objetivo? Sair sem a maldita caderneta para forçar a prisão em massa. O cortejo avançava pelas ruas, enquanto militares se posicionavam nas esquinas. Gritos de protesto e palavras de ordem partiam dos rebeldes. De repente, ouviram-se tiros. A polícia iniciou violenta repressão, e metralhadoras entraram em ação.

As ruas se esvaziaram pela correria desorganizada da massa negra em fuga. Armas de fogo dispersaram a população. Nas calçadas e sarjetas, surgiu o saldo da violência policial: 69 corpos ensanguentados sem vida.[186] Mais de duzentos feridos foram carregados ao hospital. O regime do *apartheid*, já criticado pela opinião pública internacional, apertava o cerco.

Os grupos de resistência negra contra-atacaram e buscaram contatos nas nações vizinhas para enviar negros em busca de treinamento militar, aquisição de bases militares e quartéis clandestinos nas matas. Em dezembro de 1963, a nação foi tomada por ataques dos revoltos às instalações públicas. Atentados, explosões e incêndios avançavam em edifícios dos correios, estações ferroviárias, prédios administrativos e centros de fornecimento de eletricidade. O fogo ardia em Durban, Johanesburgo e Porto Elizabeth. Uma nova lei decretava a prisão de todo suspeito de prática terrorista ou de posse de armamento. O governo intensificou prisões, torturas, desaparecimentos e execuções. Nelson Mandela foi preso em 1964.

Nos bastidores da população branca despontou uma voz de repúdio à perseguição negra do governo: Christiaan Barnard. Apesar de ter origem branca, Barnard teve uma infância humilde, com períodos intensos de privação. O jovem conseguiu terminar os estudos e ingressar na faculdade para obter o diploma médico. Sua carreira deslanchou quando recebeu convite para estagiar nos melhores centros dos Estados Unidos. O jovem tímido sul-africano auxiliou médicos de centros universitários renomados em cirurgia cardíaca e, com isso, adquiriu experiência e prática para retornar como herói ao meio médico africano. Retornou da nação democrática norte-americana com maior repúdio ao regime de segregação racial do governo. Em 1958, realizou a primeira cirurgia cardíaca com ajuda da máquina de circulação extracorpórea. O felizardo paciente foi Joan Pick, de 15 anos de idade, operado no Hospital Groote Schuur, na Cidade do Cabo.

O jornal *The Cape Times* de 29 de julho de 1958 alardeou em primeira página a notícia sobre a "operação milagrosa". Barnard se tornou celebridade nacional. A população acompanhou os boletins diários da recuperação do jovem Joan. Todos torciam pela sua alta hospitalar que consagraria o avanço tecnológico e médico da nação. Além disso, havia um detalhe: Joan era negro. Pela primeira vez, um negro se tornava unanimidade nacional.

THE CAPE TIMES
WORLD'S FIRST HEART TRANSPL
Groote Schuur doctors make history
LIFE BEATS ANEW FOR CITY MAN
HEART DONOR HAD STOPPED TO SHOP
His will to live inspired doctors, says wife

Primeira página do jornal *The Cape Times* anuncia o primeiro transplante cardíaco e destaca a equipe médica que realizou o feito. No centro da página aparece a foto de Denise Darvall, doadora do órgão.

Barnard criou um centro de cirurgia cardíaca e aumentou o número de procedimentos cirúrgicos complexos do hospital. Sempre crítico ao *apartheid*, deslizava seu bisturi nos corações de pacientes com peles claras e negras. Já consagrado, o médico almejava o topo da fama: queria ser o primeiro a transplantar um coração humano. O jovem vaidoso tentaria ultrapassar os cirurgiões norte-americanos. Todo o seu conhecimento e a sua experiência profissional, adquiridos de maneira fácil nos anos em que passou nos Estados Unidos, seriam utilizados na África do Sul. Iniciava-se uma corrida pelo primeiro transplante.

Em 1967, Barnard estava pronto para ser o primeiro a conquistar a glória após árduos experimentos animais.[187] Aguardava ansioso por um doador cardíaco, porque sabia que grandes centros norte-americanos estavam no mesmo compasso de espera, inclusive os pioneiros Shumway e Lower. Na enfermaria do Hospital Groote Schuur estava o candidato a receber o transplante: Louis Washkansky, um judeu lituano de 53 anos. Barnard vislumbrou a glória com a chegada de um jovem atropelado com diagnóstico de morte cerebral. A ambulância o trouxe de uma cidade distante noventa minutos. A família, abordada por telefone, autorizara a doação do órgão. Lá estava o coração tão aguardado para o primeiro transplante humano. Porém, no último instante, o cirurgião-chefe do hospital negou o transplante por alegar que o coração do jovem, mantido vivo por aparelhos, não estaria em condições ideais: o eletrocardiograma mostrava alterações compatíveis com sofrimento cardíaco. Barnard se conformou, apesar de não concordar com o diagnóstico. Ele acreditava que o verdadeiro motivo da suspensão estava na cor da pele do doador: era negra. A administração do hospital dissera anteriormente não querer doadores negros, por receio de que a opinião internacional iniciasse boatos de que médicos sul-africanos faziam experiências com negros.

Outra oportunidade apareceu em 3 de dezembro de 1967. Uma jovem atropelada chegou ao hospital com morte cerebral e foi conduzida ao teatro A de operação. Seu coração foi transplantado a um paciente internado havia quase três meses. A notícia se espalhou rapidamente, e Barnard, junto com sua equipe, sentou-se à mesa repleta de microfones para a coletiva. O jovem cirurgião, com 44 anos de idade, se vangloriava aos repórteres em seu terno impecável, avental branco e cabelo penteado com fina camada de gel. As mãos do vaidoso cirurgião repousavam em cima da mesa e se esfregavam: a artrite o atacava com maior intensidade e, em anos, o privaria de exercer a profissão.

Apesar do transplante tecnicamente viável, o paciente mostrou sinais de piora clínica nos dias seguintes. Seu organismo rejeitava o órgão transplantado, pois ainda não existiam medicamentos eficazes contra esse problema. Além disso, as drogas à base de corticoide empregadas para bloquear a rejeição aniquilavam suas defesas e o expunham a infecções. O transplante cardíaco chegou cedo demais, antes do desenvolvimento de drogas que corrigissem suas complicações. Conclusão: o primeiro paciente transplantado morreu em 18 dias. Outros transplantes surgiram dias depois em outras nações. A grande maioria teve o mesmo destino catastrófico. Em um ano, o número de transplantes somavam 102, com uma morte seguida da outra.[188] A Medicina havia criado uma técnica para o transplante, mas este seria utilizado em último caso de tratamento, pois dependia ainda do desenvolvimento de drogas mais eficientes contra rejeição e com menos efeitos colaterais. E só passamos a contar com isso a partir da década de 1980.

ANO 1969

A LONGA BUSCA PELA TRANSFUSÃO SEGURA

A DOENÇA REAL

O século XX se iniciou com as tradicionais comemorações na ilha Wight, ao sul da Inglaterra. Apesar da alegria pelo Ano-Novo, as festividades eram contidas em um lugar específico da pequena região: a residência da família real. Após o habitual Natal familiar na ilha, a rainha Vitória apresentou piora de sua já debilitada saúde. Os filhos perceberam que a desgastante viagem de regresso a Londres estava fora de cogitação. A rainha não deixaria mais Wight. Permaneceu a maior parte do tempo em seu leito, enquanto a família, consciente do desfecho, aguardou o fim da Era Vitoriana. Em 22 de janeiro de 1901 faleceu Vitória, aos 81 anos, sendo 63 no comando do trono inglês.

A notícia se espalhou pelas monarquias europeias. O ícone da expansão e do domínio mundial do império britânico estava morto. A aristocracia do velho continente reorganizou a agenda oficial para participar do funeral. Em 2 de fevereiro, o corpo da rainha chegou à capital do império britânico. O cortejo percorreu as ruas londrinas em um dia nublado e gélido do inverno europeu, cercado pela multidão aglomerada para o último adeus à rainha que mais tempo permaneceu no trono. A carreta com o caixão, puxada por marinheiros, era acompanhada pelos soldados e guardas reais que ladeavam o féretro. Cavaleiros e celebridades internacionais seguiam à frente e na retaguarda, assim como representantes enviados pelas nações europeias. Após o funeral, em 4 de fevereiro, o corpo da rainha repousou em definitivo no mausoléu Frogmore, ao lado de seu esposo, príncipe Albert, que a deixara havia 40 anos levado pela então temida febre tifoide. A morte do marido precipitou um luto profundo na rainha que, a partir de então, passou a vestir preto.

Apesar da viuvez precoce, Vitória tivera nove filhos: quatro homens e cinco mulheres. Seus herdeiros deixariam descendentes na realeza de diferentes países europeus, através de casamentos estratégicos entre famílias monárquicas. Porém, sem saber, levariam adiante algo a mais nos genes herdados da mãe. O oitavo filho da rainha, Leopoldo, deu a pista durante sua sofrida infância pelas dores articulares decorrentes de sangramentos espontâneos. Os médicos o diagnosticaram com hemofilia. Aos 30 anos, faleceu por provável sangramento cerebral.

A hemofilia de Leopoldo se originou da mutação no cromossomo X que herdou da rainha Vitória. Lembremos, todos temos dois cromossomos sexuais chamados X ou Y que definem o sexo. O homem apresenta um cromossomo X e outro Y, portanto é XY. Já as mulheres têm dois cromossomos X, são XX. Dessa forma, todos os óvulos maternos terão um dos cromossomos X que se unirá aos espermatozoides paternos, dos quais metade apresenta cromossomo X e metade, Y. A hemofilia impede a produção normal de uma substância fundamental à coagulação. O hemofílico, então, apresenta sangramentos espontâneos ou severos por traumas que possa vir a sofrer. A doença decorre de um gene mutante no cromossomo X. Por que, então, a hemofilia acomete apenas pessoas do sexo masculino?

Nas mulheres, XX, o outro cromossomo normal compensa o defeito genético por produzir o fator responsável pela coagulação. Já no homem, XY, não há outro cromossomo X para compensar o defeituoso. A doença do filho de Vitória era a ponta do *iceberg* oculto. Duas outras filhas da rainha, Alice e Beatriz, apesar de terem herdado o cromossomo mutante de Vitória, eram saudáveis porque o outro cromossomo X, herdado do pai, era normal. Após matrimônios com membros de outras monarquias europeias, enviaram seus cromossomos mutantes aos descendentes da casa real da Espanha, da Prússia e da Rússia.[189] O cromossomo X mutante da rainha atingiria três netos e seis bisnetos. O hemofílico mais famoso seria Alexei, filho do czar russo Nicolau Romanov com Alexandra, filha de Alice e neta da rainha Vitória.

A hemofilia era temida na virada do século, pois não tinha tratamento específico. Os pacientes corriam o risco de sangrar até a morte. Uma das únicas tentativas de evitar o óbito era a transfusão sanguínea que, na época, ainda estava repleta de efeitos colaterais e complicações. Mas, no ano da morte da rainha Vitória, a Medicina vencia a primeira batalha na conquista da transfusão sanguínea segura. O local desse sucesso foi Viena.

Família Real Britânica em 1894. A rainha Vitória está sentada no meio com sua filha mais velha ao lado. No canto esquerdo, seu neto, o kaiser Guilherme II, também sentado. Em pé, entre o kaiser e a rainha Vitória, estão Nicolau, futuro czar russo, e sua noiva Alexandra, neta da rainha e portadora do gene da hemofilia.

TENTATIVAS FRUSTRADAS DE TRANSFUSÃO SANGUÍNEA

A ciência, por muito tempo, buscou a transfusão sanguínea como um meio de tratamento. No final do século XV, médicos tentaram salvar a vida do papa Inocêncio VIII, agonizante no leito sagrado, através da transfusão do sangue de três garotos recrutados. O enredo não poderia ser mais catastrófico: os jovens morreram por consequência da retirada exagerada do sangue, enquanto o papa sucumbiu por provável problema renal incurável pela transfusão. Há polêmica a respeito dos meios dessa transfusão, e muitos acreditam que o papa ingeriu o sangue dos jovens.

Em 1661, foi fundada a Royal Society, em Londres, para organizar e validar as crescentes pesquisas da ciência. Em quatro anos, um de seus fundadores, o médico Richard Lower, se atreveu a realizar a primeira transfusão sanguínea. Lower sangrou um cachorro até o animal perder a consciência. Em seguida, uniu a artéria de outro cão saudável à veia do animal moribundo, que, em poucos minutos, se revitalizou pelo sangue recebido. Lower comprovou ser possível a transferência de sangue de um animal a outro, além de seu poder de cura: o sangue trazia vitalidade. Não demorou em se tentar o experimento em humanos.

Em 1666, Lower se posicionou ao lado do doente Arthur Coga, de 32 anos de idade. O jovem, sentado na cadeira, estendeu seu braço direito para que Lower deslizasse uma lâmina em seus vasos sanguíneos. A incisão precipitou um jorro contínuo do sangue do rapaz em um recipiente. Qual o motivo para provocar sangramento naquele doente? Coga apresentava transtornos psiquiátricos, e Lower tinha convicção de que sua saúde mental melhoraria caso seu sangue fosse substituído pelo de um carneiro. O sangue animal restabeleceria a normalidade cerebral do paciente. O animal, preso ao lado esquerdo do rapaz, tinha um tubo rígido de prata introduzido em sua artéria para direcionar seu sangue à veia do braço esquerdo de Coga. A experiência trouxe bons resultados sobre a ótica relativa do experimento. O jovem sobreviveu e relatou sentir-se melhor.[190] A experiência bem-sucedida acendeu a esperança de transfusão animal.

Não bastou um ano para que o médico francês Jean Baptiste Denys, animado com a transfusão animal de Lower, enviasse o sangue de carneiro a dois pacientes debilitados: um jovem de 15 anos e um homem de meia-idade. Ambos sobreviveram e descreveram melhora na disposição. As portas estavam abertas à nova terapia. Não se aventava a transfusão para repor perdas sanguíneas, mas para troca de sangue nos distúrbios mentais. Esses parcos experimentos caminhariam para o sucesso de um novo tratamento? Assim seria se não fosse a nova tentativa que Denys realizou em 1668. Antoine Mauroy, de 34 anos, recebeu sangue de bezerro com o objetivo de melhorar seus sintomas psiquiátricos. Porém, uma reação se iniciou assim que o sangue animal adentrou a veia do rapaz. As hemácias, células vermelhas do sangue, se romperam. Os batimentos cardíacos do jovem dispararam, enquanto um intenso suor escorreu pela sua face. Uma dor lancinante eclodiu nas costas, na altura dos rins, e sua urina escureceu. O procedimento foi interrompido pelo torpor que fê-lo adormecer. Apesar disso, ele se recuperou para nova tentativa.

Mauroy não suportou a insistência na nova transfusão e morreu na manhã seguinte. Isso foi o bastante para que vozes contrárias à transfusão se reerguessem fortalecidas. Médicos da Universidade de Paris incendiaram a polêmica com críticas severas ao absurdo daquele tratamento. A viúva de Mauroy, inconformada, acusou o médico pela morte do esposo. A disputa judicial ganhou o noticiário da capital francesa com repercussão na Inglaterra. Os cientistas contrários ao método se avolumaram. Em 1678, o parlamento francês condenou o emprego da transfusão que, a partir de então, passou a ser interpretado como ato criminoso.[191] O mesmo ocorreu na Inglaterra. O papa se uniu à batalha e baniu o ato. O final do século XVII interrompeu o avanço das pesquisas sobre transfusão sanguínea, que hibernariam por um século e meio.

A redescoberta da transfusão surgiu pelas mãos de um médico de Edimburgo, James Blundell. O jovem obstetra de 28 anos reacendeu as tentativas de transfusão em 1818. Dessa vez, porém, a coragem da ciência foi mais longe: transfundiu-se sangue humano ao invés de animal. Um homem à beira da morte pelo câncer gástrico foi selecionado para o experimento. Blundell recolheu pequenas parcelas de sangue de diversas pessoas em seringas e as infundiu na veia do doente. A morte do enfermo ocorreu em dias, mas foi atribuída à doença incurável, e não às injeções sanguíneas que o paciente suportou muito bem. O sucesso animou Blundell, porque as pacientes obstétricas com hemorragias severas pelo parto não tinham qualquer esperança de vida, exceto a transfusão.

Dez anos de pesquisas e obstinação levaram Blundell ao pódio das pesquisas. Em 1828, o médico implantou o procedimento em uma paciente vítima de hemorragia pós-parto. Ele conectou seu novo invento ao braço da jovem desfalecida no leito hospitalar. Um funil metálico preso à cadeira foi posicionado acima do braço da jovem e, de sua porção inferior, partia a tubulação que iria ao encontro da veia da moça. A gravidade faria o resto do trabalho. Um assistente se posicionou ao lado do leito com sua veia do braço sangrante por uma pequena incisão realizada por Blundell. O doador voluntário estendeu o braço para direcionar o jorro sanguíneo ao interior do funil. A jovem se recuperou.

Apesar de o procedimento ganhar reconhecimento no meio médico, sua indicação se limitava aos casos de extrema gravidade. Médicos pensavam duas vezes antes de realizá-lo, e, na maioria das vezes, era instituído em último caso, pois alguns pacientes apresentavam reações indesejáveis no instante em que o sangue estranho penetrava na sua veia. Os médicos do século XIX ainda desconheciam o motivo, mas as hemácias de alguns doentes eram destruídas com consequente febre, taquicardia, queda da pressão arterial, mal-estar, urina escura e dores pelo corpo. Essas reações, temidas e fatais em muitos pacientes já debilitados, intrigavam os médicos pela imprevisibilidade. Enquanto uns as apresentavam, outros não. Os doutores acompanhavam apreensivos o início da transfusão pela expectativa do surgimento das reações. O procedimento se tornou uma loteria: a reação surgiria ou não? A prevenção dependia do conhecimento de sua causa. O mistério seria desvendado apenas na virada do século.

OS TIPOS SANGUÍNEOS

A descoberta ocorreu em uma bancada de laboratório vienense repleta de tubos de ensaio, cubas, lâminas de vidro, microscópio, entre outras parafernálias. Sentado à bancada estava Karl Landsteiner. O médico de 32 anos estava prestes a testar sua hipótese para comprovar o motivo de algumas transfusões sanguíneas serem malsucedidas e catastróficas.

Landsteiner se graduou na Escola Médica de Viena, após se converter cristão e abandonar sua ascendência judaica.[192] A conversão religiosa não era obrigatória para obtenção do diploma, mas necessária para prosseguir na vida acadêmica e almejar à cátedra. O comportamento antissemita dos alunos da faculdade não intimidou Landsteiner durante os anos de graduação, mas as regras do Império Austro-Húngaro privilegiavam apenas professores cristãos. Assim, Landsteiner foi obrigado a se tornar cristão acompanhado apenas da mãe, uma vez que seu pai, jornalista e editor conceituado, morrera quando o filho ainda era criança. Talvez as mazelas da vida tenham dado ao médico a aparência austera de olhar sério, sobrancelhas contraídas sob o comprido e arqueado bigode tradicional da aristocracia europeia. Apesar disso, colegas de trabalho sempre o descreviam como modesto, humilde e simplório.[193]

Seu primeiro emprego foi em laboratório de imunologia, uma ciência em ascensão pelas recentes descobertas de mecanismos de reações imunológicas, de anticorpos capazes de ligação com proteínas, da possibilidade de novas vacinas e soros preventivos de infecções. Landsteiner vislumbrou a possibilidade de reações imunológicas estarem por trás da causa das transfusões sanguíneas malsucedidas.

A hipótese de Landsteiner era simples. Algumas pessoas rejeitariam o sangue de outras? Será que o sangue não é o mesmo para todos? Os componentes sanguíneos seriam diferentes? Isso explicaria as reações transfusionais? Alguma proteína desconhecida dos receptores agrediria as hemácias infundidas? Reações imunológicas poderiam estar envolvidas nas rejeições? Landsteiner buscou essa provável proteína no sangue dos membros de sua equipe profissional e, depois, ampliou a pesquisa em outros 155 voluntários.

Lansdsteiner separou as hemácias do plasma das amostras de sangue. Em seguida, colocou-as em contato com hemácias e plasma de diferentes voluntários. Lansdsteiner testaria se o plasma continha alguma substância que agredia as hemácias. As primeiras lâminas examinadas ao microscópio comprovaram suas suspeitas. As hemácias de alguns voluntários estavam íntegras após o contato com o plasma alheio. Porém, outros voluntários apresentavam hemácias aglutinadas na presença do plasma estranho. A imagem era clara, como se o sangue "coalhasse". Não havia dúvida da presença de provável anticorpo. Landsteiner descobria dois tipos diferentes de sangue: A e B.

Pessoas de sangue tipo A apresentam molécula compatível com esse tipo sanguíneo na superfície das hemácias, conhecida como antígeno A. Por sua vez, seu plasma contém anticorpos que agridem os antígenos B, que estão presentes nas hemácias dos portadores de sangue tipo B. Já o sangue tipo B apresenta o inverso: antígeno B na superfície das hemácias e anticorpos anti-A circulantes no plasma. Dessa forma é possível entender a descoberta de Landsteiner quando presenciou hemácias aglutinadas pelo plasma de pessoas com tipo sanguíneo diferente, A e B. Da mesma forma que visualizou hemácias normais pelo contato de plasma de voluntários do mesmo tipo sanguíneo A ou B. A hipótese estava certa, havia dois tipos de sangue diferentes que, quando em contato, explicariam as reações indesejáveis em algumas transfusões. Mas o jovem austríaco identificou um terceiro grupo.

O plasma de alguns voluntários, poucos, aglutinavam hemácias tanto dos do sangue tipo A quanto do B. O plasma desse novo grupo continha anticorpos contra ambos os antígenos A e B. Por outro lado, suas hemácias não eram atacadas pelo plasma de nenhum dos dois tipos sanguíneos. As hemácias desse novo grupo não apresentavam antígeno A nem B. Sem saber, Landsteiner identificava o tipo sanguíneo O, que hoje é conhecido como "doador universal". Em 1900, a descoberta dos três tipos diferentes de sangue esclarecia o porquê das rejeições transfusionais. Um quarto tipo seria descoberto no ano seguinte. Por ser raro, nenhum voluntário do início do estudo o apresentava, e só foi descoberto quando um número maior de amostras de sangue foi testado.

Landsteiner encontrou o tipo AB em 1901. As hemácias desses voluntários portavam ambos os antígenos A e B, por isso sangue tipo AB. As hemácias desse tipo em contato com o plasma de qualquer tipo A ou B são agredidas. Por outro lado, o plasma do tipo AB não contém nenhum anticorpo, caso contrário se autoagrediria. Seu plasma não aglutina as hemácias do sangue tipo A nem do B. Seria o "receptor universal".

A descoberta de Landsteiner tornou seguras as transfusões. Parte das reações indesejáveis era evitada pelo simples teste de tipagem sanguínea do doador e do receptor. Na década de 1910, os médicos realizavam transfusões com sangues compatíveis. Futuramente, a classificação seria padronizada como tipo sanguíneo ABO para findar a confusão das diferentes nomenclaturas empregadas em diversos países.[194]

O SANGUE NAS GUERRAS

Enquanto a ciência lutava para minimizar as reações transfusionais, os médicos tentavam evitar a coagulação sanguínea após sua coleta. Todo sangue retirado do corpo e acomodado em qualquer recipiente caminhava para coagulação. O líquido vermelho se transformava em uma espécie de "gelatina aquosa" não mais fluída e, portanto, impossível de ser infundida na veia de um paciente. Esse problema acompanhou os médicos do século XIX. Várias soluções químicas misturadas ao sangue foram infrutíferas ou obtiveram tênue sucesso. Os experimentos mostraram que adição de fosfato de sódio ou bicarbonato de sódio mantinha o sangue líquido. Porém, ainda havia falhas. Uma das tentativas de maior prestígio foi a retirada dos coágulos antes de administrar o sangue. Médicos coletavam o sangue do doador em uma cuba de vidro e, com o auxílio de uma haste metálica, remexiam a solução com retirada dos grumos coagulados. O líquido final era despejado no funil conectado, por tubulação, à veia do paciente. Não precisa ser dito que o elevado risco de reações, entupimento por restos de coágulos e infecções desestimularam o procedimento.

O problema era tão perturbador que médicos norte-americanos tentaram substituir a transfusão sanguínea por leite. Isso mesmo, leite animal, de cabra ou vaca, era introduzido na veia dos pacientes debilitados na esperança de revigorar o organismo. Os constantes insucessos e elevadas reações foram suficientes para se abandonar a técnica em pouco tempo.

As transfusões se tornaram emergência médica nos feridos da Guerra Franco-Prussiana. Médicos precisavam administrar sangue aos combatentes do conflito sem perda de tempo devido aos ferimentos sangrantes. O conflito levou ao desenvolvimento de uma nova técnica de transfusão, que, por sua vez, também preveniu a coagulação porque o sangue fluía diretamente da veia do braço do doador à do receptor. Como? Os médicos realizavam incisões em ambos os braços para visualizar as veias. Os braços encostados lado a lado aproximavam doador e receptor. Um afilado tubo de vidro conectava ambas as veias e deixava o sangue fluir. A técnica também era repleta de complicações, principalmente infecções.

Enquanto as tentativas para solucionar a coagulação falhavam, eclodiu a Primeira Guerra Mundial e, com o conflito, novamente a necessidade rápida de transfusão. Não havia condições de recrutar doadores para o *front* de batalha. A ciência necessitava descobrir um meio de estocar sangue. No primeiro ano da guerra, surgiu a solução pelos experimentos realizados na Bélgica e na Argentina. Os cientistas encontraram a solução química ideal para interromper o processo de coagulação: o citrato de sódio. A partir de então, o doador posicionava seu braço com a veia lancetada acima da cuba de vidro acrescida de citrato de sódio. Enquanto seu sangue preenchia o recipiente, o médico agitava o conteúdo líquido com uma haste metálica. Depois disso, o vasilhame era entornado no funil para que o sangue escorresse à veia do doente. Um método excelente para bloquear a coagulação, mas ainda passível de contaminação e infecção.

Durante o conflito europeu, as pesquisas avançaram e se descobriu que, além do citrato de sódio, podia-se adicionar glicose ao sangue. A molécula de açúcar trazia um enorme benefício, porque supria as hemácias e as mantinha viáveis por mais tempo. O sangue coletado podia ser refrigerado sem coagular e com as hemácias preservadas. Agora o sangue coletado não necessitava ser infundido imediatamente, pois era possível armazená-lo sob baixa temperatura e estocá-lo por dias. As portas estavam abertas para o nascimento dos bancos de sangue. Em 1917, médicos britânicos estocavam sangue para eventual emergência nos conflitos da guerra. Surgiram pequenas garrafas refrigeradas que formaram, assim, o primeiro estoque sanguíneo.

Logo após o conflito europeu, em 1921, surgiu uma nova ideia em Londres: manter uma lista de doadores que pudessem ser recrutados em caso de urgência. Com a ajuda da Cruz Vermelha, foi elaborada uma relação de pessoas que poderiam ser acionadas caso necessário. Os voluntários recebiam chamadas pelo telefone ou por visita da polícia, e se dirigiam ao hospital para doação. Muitos médicos ainda preferiam essa forma por não acreditar na eficácia da anticoagulação e refrigeração de garrafas de sangue estocadas. Na época, o sangue de negros era rejeitado: vivia-se o auge da eugenia.

Os estoques sanguíneos ganharam a preferência de maneira paulatina. Em 1937, na guerra civil espanhola, funcionários percorriam as cidades em caminhões refrigerados para coleta de sangue da população. Os veículos acondicionavam garrafas em baixa temperatura rumo aos *fronts* de batalha. No mesmo ano, foi fundado o primeiro banco de sangue, em Chicago. A construção abrigava refrigeradores capazes de acondicionar as garrafas de sangue por até dez dias. A viabilidade e o sucesso do estoque centralizado de sangue se espalhariam com a criação de novos estabelecimentos.

Os bancos de sangue forneciam garrafas com tampas de rosca. O sangue despejado na veia do doente revitalizava suas forças no combate à anemia. Os frascos de vidro vazios eram reenviados aos bancos de sangue para, lavados e fervidos, serem reutilizados. As bolsas plásticas viriam apenas após a Segunda Guerra Mundial, para facilitar a coleta, a administração e garantir a redução de infecções.

Enquanto os bancos de sangue nasciam pelas nações, Landsteiner retornou à cena aos 71 anos de idade e ainda à frente das pesquisas médicas. O septuagenário fez uma nova descoberta que reduziria ainda mais as chances de reações transfusionais, em 1939, na véspera da Segunda Guerra Mundial. O pesquisador havia deixado a Áustria natal para trabalhar no Instituto Rockefeller. Abandonou a Europa, onde havia descoberto o sistema ABO que o condecorou com o Prêmio Nobel de Medicina de 1930. Agora, em terras norte-americanas, o austríaco faria nova descoberta.

NOVAMENTE LANDSTEINER

Em 1937, Landsteiner mergulhou no estudo de novas moléculas descobertas na superfície de hemácias animais. Eram encontradas nas células vermelhas de orangotangos, chimpanzés e até mesmo de humanos. Cada espécie tinha sua molécula específica. O pesquisador suspeitou que as humanas houvessem fornecido alguma vantagem evolutiva ao homem. Porém, as pesquisas iniciais ainda geravam dúvidas, controvérsias e resultados discrepantes. Um exemplo era encontrado na molécula identificada nas hemácias de macaco rhesus, com capacidade de aglutinar células vermelhas. Enquanto alguns relatavam a existência de tal molécula, outros não a encontravam. Landsteiner tentou comprovar sua presença através de uma estratégia típica dos imunologistas. Inocularia sangue de macacos rhesus em coelhos. A molécula estranha, caso presente, estimularia o sistema imunológico dos roedores, com consequente produção de anticorpos contra sua estrutura. Depois disso, Landsteiner coletaria o sangue desses coelhos estimulados e, portanto, produtores dos anticorpos, para colocá-los em contato com hemácias de novos macacos. O surgimento de aglutinação das hemácias revelaria a produção dos anticorpos e, por consequência, a presença da tal molécula.

A estratégia deu certo. Landsteiner confirmou sua presença na superfície das hemácias do macaco. Agora as dúvidas eram outras. Como teria evoluído nos primatas? Outras espécies de macacos também a possuíam? A molécula estaria presente em nossas hemácias? Os testes avançaram. Debruçado na bancada de seu laboratório, Landsteiner franziu a testa ao visualizar o resultado de sua nova busca. Para sua surpresa, os anticorpos também aglutinavam hemácias humanas. Compartilhávamos a mesma molécula com os macacos rhesus? Novos testes em outras amostras sanguíneas trouxeram a resposta: sim e não. Hemácias de 85% dos voluntários reagiram com o anticorpo, mas os outros 15% não apresentavam tal molécula. Landsteiner batizou sua molécula como "fator Rh", isso por tê-la isolado nos macacos rhesus. Mas por que não a encontrou em toda a população? Por que uma parcela pequena não apresentava o fator Rh?

No início, a descoberta nocauteou o raciocínio lógico de Landsteiner, e as dúvidas se avolumaram. Como um novo tipo sanguíneo, a exemplo dos tipos registrados no sistema ABO, passara despercebido? Como não se relataram reações com tantas transfusões realizadas nos últimos quarenta anos? Os médicos desconheciam o tipo sanguíneo Rh, e, mesmo assim, não testemunhavam reações transfusionais. Quanto mais Landsteiner aprofundava as pesquisas, maiores eram as dúvidas.

Voluntários com fator Rh^+ não portariam os anticorpos, pois, caso contrário, atacariam suas próprias hemácias. Porém, diferentemente do sistema ABO, pessoas com ausência do fator Rh, ou seja Rh^-, também não apresentavam anticorpos. O tipo sanguíneo Rh se comportava de maneira diferente dos tipos ABO. Enquanto, por exemplo, pessoas com tipo sanguíneo A já nasciam com anticorpos contra o antígeno B, os pacientes Rh^- nasciam sem anticorpos contra o fator Rh. Por isso a raridade de reações transfusionais. Porém, a explicação de Landsteiner trouxe nova dúvida. Alguns pacientes Rh^- apresentavam, sim, os anticorpos anti-Rh.

A resposta veio pelo levantamento do histórico dos pacientes. Todos os pacientes Rh^- que apresentavam anti-Rh tinham algo em comum: haviam recebido transfusões sanguíneas no passado. Landsteiner associou esse fato ao trabalho com os coelhos. A única explicação: o sistema imunológico de pacientes Rh^- produziriam anticorpo anti-Rh caso entrasse em contato com hemácias Rh^+. Mecanismo idêntico ao dos coelhos que receberam sangue dos macacos rhesus. E a chance ocorria pelas transfusões sanguíneas passadas.

A cadeia cartesiana do raciocínio chegava ao fim. Porém, abria uma nova janela para outra descoberta.

As conclusões de Landsteiner acenderam a luz na mente de seu assistente Philip Levine que, por coincidência, nascera na Rússia no mesmo ano em que Landsteiner descobriu o sistema ABO, em 1900. Por ironia do destino, emigrou aos Estados Unidos ainda criança para, graduado médico, trabalhar como assistente de Landsteiner no Instituto Rockefeller. Mas a coincidência não parou por aí, Levine complementaria a descoberta do fator Rh de seu mestre. Tudo graças ao trabalho de detetive no encalço de uma paciente.

Levine relatou a reação peculiar sofrida por uma jovem durante a transfusão. Por que peculiar? O doador portava o mesmo tipo sanguíneo, tipo O, e, portanto, não havia motivos para reação. Levine, não contente, colheu amostras do sangue da jovem para novos testes. A seguir, colocou seu soro em contato com hemácias de outras 104 pessoas. Todas com tipo sanguíneo compatível ao da paciente, segundo o sistema ABO. Não havia motivos para aglutinações, mas o sangue daquela jovem já mostrara comportamento anômalo. E Levine farejou a pista quando o experimento gerou frutos. A surpresa: hemácias de 80 das 104 pessoas testadas se aglutinaram pelo soro da jovem. Não havia mais dúvidas: o sangue da garota continha anticorpos contra alguma molécula ainda desconhecida nas hemácias. Logo depois, o mistério se encerrou com a descoberta de Landsteiner. A explicação seria o fator Rh. A jovem, com Rh^-, portava anticorpos anti-Rh em seu soro. Levine encerrava sua investigação com comemoração por trilhar a pista correta. Porém, Levine recebeu nova informação, que reabriria uma nova investigação. Aquela moça insistia em desafiá-lo. Anos antes, ela havia perdido um filho vítima de eritroblastose fetal. Levine vislumbrou a possibilidade de reunir todas as últimas informações do fator Rh para descobrir a causa dessa doença que desafiava a Medicina.

A eritroblastose fetal atormentava os obstetras. A doença precipitava anemia severa no feto, que já nascia à beira do óbito com única esperança de vida através de transfusões sanguíneas. O organismo fetal tentava lutar, ainda no útero, contra a redução maciça de suas hemácias. Algo as destruía para ocasionar a anemia. O feto tentava compensar a carência à custa da produção de glóbulos imaturos, chamados eritroblastos, daí eritroblastose fetal. Os médicos debatiam sua causa. O que levava àquela severa agressão ainda dentro do útero? Agora, Levine desconfiava de que anticorpos anti-Rh das gestantes pudessem estar envolvidos na eritroblastose fetal. Afinal de contas, ambos tinham algo em comum: a destruição de hemácias.

Levine levantou os registros de mulheres diagnosticadas com eritroblastose fetal. A primeira surpresa foi a descoberta de que a maioria relatava histórico de abortamentos. Talvez a doença iniciasse antes mesmo do desenvolvimento fetal, o que explicaria os abortamentos. Diante da descoberta do fator Rh, o médico direcionou as atenções aos tipos sanguíneos maternos e fetais. O resultado? Bingo! Enquanto apenas 15% da população apresentava fator Rh^-, todas as gestantes com eritroblastose fetal tinham sangue Rh^-. Parecia óbvio que a doença estava relacionada ao fator Rh^- da mãe.[195] Porém, a cartada final veio do sangue fetal: todas as crianças doentes eram Rh^+.

A causa da eritroblastose fetal emergiu diante dos olhos de Levine. Pacientes Rh^- transfundidos com sangue de Rh^+ se sensibilizavam e produziam anti-Rh. O mesmo ocorreria com as mães Rh^-. As hemácias do primeiro filho Rh^+ estimulavam a mãe, que, a partir de então, produzia o anti-Rh. Na segunda gestação, seus anticorpos, já presentes, atravessavam a placenta e iniciavam o ataque às hemácias do novo feto. A partir de então, enquanto os bancos de sangue reservavam bolsas de doadores Rh^- para receptores Rh^-, os médicos passaram a orientar novos cuidados na gestação das mães Rh^-.

A DESCOBERTA DE OUTRO PERIGO NAS BOLSAS DE SANGUE

No verão de 1960, o jovem médico nova-iorquino Baruch S. Blumberg decidiu testar sua nova hipótese. Ele não imaginava que sua suspeita traria uma descoberta tão distante do que realmente procurava. Sua linha de pesquisa inicial consistia em procurar moléculas humanas polimórficas. O que é isso? Diversas proteínas humanas apresentam pequenas variações de pessoa a pessoa. Apesar disso, essas diferenças não interferem na função e, dificilmente, acarretam doenças. É exatamente o que vemos no sistema ABO, em que hemácias saudáveis se distinguem pela presença de moléculas diferentes, que definem o sangue tipo A, B, O ou AB. Blumberg procurava por outros exemplos. Quantas outras proteínas humanas diferentes existiriam na população?

A bancada do laboratório de Blumberg acomodava frascos com amostras de sangue de caucasianos, africanos, indianos, esquimós e outros. Além disso, havia tubos de ensaio com sangue de outros animais. O jovem cientista rastreava a presença de proteínas diferentes entre si nos animais e na população humana. Apesar de encontrar várias diferenças, seus resultados não levavam a qualquer lugar. Mas obteve sucesso. Sua descoberta não passaria de simples fato curioso se não fosse pela dúvida brotada na mente de Blumberg naquele verão de 1960. Pacientes politransfundidos desenvolveriam anticorpos contra proteínas diferentes das suas? Se isso ocorresse, Blumberg poderia buscar a presença desses anticorpos no sangue de pessoas transfundidas no passado. Seria uma maneira para descobrir novas moléculas polimórficas.

Blumberg recebeu amostras de sangue de 13 pacientes transfundidos em diversos momentos. Eram fortes candidatos a desenvolver anticorpos contra alguma molécula desconhecida. Para buscá-los, Blumberg lançou mão de uma técnica laboratorial para detecção da reação entre antígeno e anticorpo. Essa interação ocorreria em uma placa preenchida por gel semissólido semelhante à gelatina. Como? A superfície do gel apresentava dois orifícios próximos entre si em formato de poço. Blumberg colocou o soro dos pacientes politransfundidos em um dos poços e o dos voluntários no outro. As substâncias presentes nos soros migrariam pela gelatina, e, assim, antígenos de um lado caminhariam ao encontro de anticorpos vindos do outro poço. Caso presentes, ambos se uniriam no meio do caminho, o que precipitaria a formação de uma linha facilmente visualizada. Foi dessa forma que Blumberg obteve sucesso.

O exame de um dos pacientes, transfundido por anemia crônica, evidenciou a presença de anticorpo contra proteína humana normal. A tese de Blumberg estava correta. Um mundo de possíveis anticorpos poderia ser descoberto e, através dele, outras tantas moléculas ainda desconhecidas. Blumberg, animado, solicitou novas amostras de pacientes politransfundidos para garimpar as moléculas. O diretor do banco de sangue do Hospital do Monte Sinai, de Nova York, respondeu ao seu apelo e enviou amostras de sangue de pacientes hemofílicos, ideais na busca por receberem transfusões sanguíneas durante quase toda a vida.

Em 1963, Blumberg documentou a formação de uma linha de precipitação no gel em uma das amostras dos hemofílicos. A reação ocorreu com o soro de um voluntário aborígene da Austrália. As diferenças na linha precipitada evidenciavam uma nova proteína humana ainda desconhecida. O sangue do paciente hemofílico continha anticorpos contra aquela proteína do soro do aborígene. Blumberg batizou sua molécula humana recém-descoberta como antígeno Austrália, sigla Au, em razão da origem australiana do voluntário.[196] A perseguição de Blumberg do significado daquela molécula sofreria várias reviravoltas até que ele descobrisse, de maneira surpreendente e inesperada, seu real significado. Essa demora levou milhares de pessoas à morte.

O que significaria aquele antígeno Au? Quais populações humanas continham aquela molécula? Seria responsável por alguma doença? Blumberg, sem saber o significado daquele antígeno Au, resolveu garimpá-lo entre a população. Procurou a direção do Instituto do Câncer dos Estados Unidos para solicitar o envio de amostras de soro estocadas em *freezer*. Um exército de frascos de vidro chegou à bancada laboratorial do pesquisador. Bastava procurar o antígeno Au nas amostras. Algumas pertenciam a um mesmo paciente, mas colhidas em momentos distintos. Com isso, Blumberg descobriu que pacientes portadores do antígeno já o apresentavam nas amostras antigas preservadas em *freezer*. O mesmo era válido para os que não o portavam. Nessa primeira fase da busca, Blumberg supôs que o antígeno Au era constituinte do paciente. Ninguém o adquiria ou perdia ao longo da vida, provavelmente já nascia com sua presença ou ausência. Estava errado. Essas primeiras análises retardaram a descoberta do real significado do antígeno Au e empurram Blumberg ao atalho equivocado da pesquisa.

A busca frenética pelo antígeno revelou maior frequência no sangue dos povos asiáticos: cerca de 1% das amostras dos japoneses tinha o antígeno Au. Essa porcentagem se elevava para 6% nos filipinos e 15% em algumas ilhas do Pacífico. Enquanto isso, apenas uma pessoa em cada mil apresentava o antígeno Au nos Estados Unidos. A raridade do antígeno Au entre os povos do Ocidente intrigou o pesquisador. Os norte-americanos teriam vantagens ou desvantagens evolutivas pela falta do antígeno Au? Com os testes se avolumando, Blumberg encontrou o antígeno Au em um grupo que o desviou ainda mais da rota certa, os pacientes com leucemia.

O antígeno predominava em 10% dos pacientes vítimas de leucemia, enquanto na população saudável era encontrado em apenas 0,1%.[197] A conclusão parecia óbvia: sua presença favoreceria o surgimento da leucemia. Blumberg acreditou ter descoberto uma das origens do câncer. Na década de 1960, os cientistas buscavam causas para o surgimento de tumores, e Blumberg parecia a ter encontrado para a leucemia. Em 1964, já trabalhando no Instituto de Pesquisa do Câncer em Filadélfia, Blumberg testou a presença do antígeno em pacientes sabidamente predispostos a desenvolver leucemia: crianças portadoras de síndrome de Down. Novamente o acaso desviou a atenção do pesquisador. Amostras de sangue recolhidas em uma instituição de portadores de Down mostraram que quase 30% das crianças tinham antígeno Au positivo.[198] A ciência sabia que portadores de Down são suscetíveis a diversas doenças, inclusive leucemia. Todos os indícios indicavam que Blumberg estava certo. A ciência havia descoberto a molécula responsável pelo surgimento da leucemia.

Todas as peças do quebra-cabeça se encaixavam, exceto um pequeno detalhe que ainda atormentava o pesquisador. O antígeno era muito mais frequente nas crianças com síndrome de Down internadas em instituições do que nas não internadas. Blumberg começou a desconfiar de que o antígeno pudesse ser transmissível. Isso justificaria sua alta frequência nas crianças aglomeradas, e baixa nas que permaneciam em casa. Todo o seu esforço em associar o antígeno Au ao câncer leucêmico estava em xeque, mas o lance final viria através do jovem James Bair.

Portador da síndrome de Down, Bair desafiou o estudo de Blumberg em 1966, quando seu sangue positivou o antígeno Au, até então negativo. Aquela molécula, diferentemente do que se pensava, era adquirida ao longo da vida. A oportunidade de estudar o caso de Bair não foi desprezada e o jovem foi internado para exames. As dosagens sanguíneas revelaram elevação de enzimas produzidas pelo fígado: o órgão do rapaz estava inflamado. Uma fina agulha de biópsia puncionou o fígado, e, ao microscópio, os médicos visualizaram hepatite. A doença coincidiu com a positivação do antígeno Au. A molécula descoberta por Blumberg seria responsável pela hepatite? O pesquisador estaria, todo esse tempo, diante de uma molécula viral causadora de hepatite?

Blumberg, agora, recolhia novas amostras de sangue de todos os pacientes em que identificou o antígeno Au nos meses anteriores. A nova coleta testaria os níveis das enzimas hepáticas. Os resultados evidenciavam inflamação no fígado. Em alguns casos, o antígeno desaparecia do sangue, o que coincidia com a normalização das enzimas hepáticas. A eliminação do antígeno Au ocorria no instante da cura da hepatite. Blumberg passou a acreditar que seu antígeno seria fragmento de uma partícula viral responsável pela hepatite. Alguns pacientes o mantinham, o que sugeria a possibilidade da existência de portador crônico daquele vírus, enquanto outros o eliminavam. Blumberg percebeu que seguira a pista errada todo esse tempo, mas a certeza veio por um acidente com um dos membros de sua equipe de pesquisa. Em 1967, sua assistente de laboratório passou mal e adoeceu. Sua amostra de sangue revelou antígeno Au positivo e os sintomas e exames da jovem revelaram hepatite aguda. Blumberg não teve mais dúvidas. Uma rápida olhada para o passado revelou seus erros.

O antígeno Au era a partícula viral responsável pela hepatite – hoje sabemos ser pela hepatite B. Os hemofílicos o apresentavam porque haviam se infectado em eventual transfusão de doadores portadores da hepatite B. Blumberg logo associou sua transmissão à transfusão com sangue contaminado. Pessoas que não o portavam, em contrapartida, apresentavam anticorpos. Provavelmente a cura da hepatite surgia com a positivação de anticorpos e a consequente negativação do vírus no sangue. O antígeno Au não provocava leucemia, os leucêmicos também se infectavam pelas diversas transfusões sanguíneas contaminadas para corrigir anemias resultantes do tratamento quimioterápico. Já os portadores de síndrome de Down tinham elevadas taxas por causa da disseminação do vírus nos aglomerados institucionais em que viviam, aliada à falta de higiene. Por isso, aqueles com a síndrome que permaneciam em casa, com a família, não adquiriam a doença. Tudo se encaixava. Assim, haveria dois tipos de vírus de hepatite. Um transmitido por água e alimentos contaminados. Nesse caso, o vírus era transmitido por sua eliminação nas fezes. Era o vírus da hepatite A. E o outro, responsável pelo antígeno Au, era transmitido por transfusão de sangue contaminado. Era o da hepatite B. Epidemias passadas foram, então, explicadas pela descoberta de Blumberg.

Em 1895, trabalhadores do porto de Bremen receberam injeções com vacina contra a varíola. Inexplicavelmente, quase um em cada dez adoeceu vitimado pela hepatite. O motivo? Bingo! As vacinas foram preparadas com linfa humana adquirida de portadores do antígeno Au.

Durante a Segunda Guerra Mundial, mais de 28 mil soldados desenvolveram hepatite, resultando em 62 mortes.[199] A provável causa? Adoeceram após receber um lote de vacina contra a febre amarela. Bingo! A vacina fora produzida com pequenas parcelas de soro humano novamente adquirido de pacientes com hepatite B.

Blumberg estava certo. As transfusões de sangue transmitiam hepatite, e a Universidade da Pensilvânia aceitou participar de seu estudo para comprovar essa hipótese. Em 1969, todas as bolsas de sangue já eram testadas para confirmar a presença do antígeno Au. Os pacientes transfundidos eram acompanhados e examinados rotineiramente para encontrar o início de qualquer sintoma sugestivo de hepatite. Ao final, os pacientes doentes eram confrontados com a sorologia do doador da bolsa que recebera. Blumberg queria comprovar que as bolsas positivas para o antígeno Au transmitiam hepatite. Porém, em junho de 1969, o estudo foi interrompido. Os primeiros resultados não deixaram dúvidas. Toda bolsa positiva para o antígeno Au precipitava hepatite, não havia necessidade de continuar o experimento. Não seria ético prosseguir o estudo sabendo do elevadíssimo risco das bolsas positivas. A partir de então, os bancos de sangue instituíram a realização de sorologia para hepatite B em todos os doadores. As bolsas de doadores positivos passaram a ser desprezadas e, assim, milhares de pessoas foram salvas a partir do início da década de 1970.

ANO 1971

A VISÃO DO INTERIOR HUMANO

Quem não conhece ou se submeteu a um exame de ultrassonografia ou tomografia computadorizada? Os exames revelam nosso interior. O princípio do ultrassom é simples: um transdutor desliza na pele com ajuda do gel enquanto emite ondas sonoras com elevada frequência inaudível ao ouvido humano. O ultrassom atinge os órgãos internos, que refletem as ondas em retorno ao aparelho. Um sensor as captura e envia ao monitor. Na tela, emergem imagens de acordo com a característica da onda refletida que se difere conforme a densidade de gordura, músculo, osso, gás, sangue etc. A tela revela a imagem de rins, pâncreas, baço, fígado, próstata, bexiga, vesícula biliar, órgãos ginecológicos, entre outros. A gestação também costuma ser acompanhada por ultrassons. Já na tomografia computadorizada, pulmões e cérebro são desnudados, enquanto ossos e músculos aparecem nas imagens. Tudo graças aos avanços tecnológicos de meados do século XX, descobertas que passaram por diversas áreas científicas antes de alcançarem a Medicina.

NOS ANIMAIS

Na última década do século XVIII, a península itálica repousava tranquila como um apêndice europeu alheio ao tumulto generalizado do continente. Enquanto os conflitos ocasionados pela Revolução Francesa agitavam as nações absolutistas e mobilizavam exércitos reais, um italiano sexagenário finalizava seu último estudo científico. Seu nome: Lazzaro Spallanzani.

Nascido na Itália, Spallanzani percorreu um tortuoso caminho pelas ciências até despontar na Biologia. Após os estudos em colégio jesuíta, transitou temporariamente pela graduação em Direito para, então, desviar os interesses à Filosofia Natural e à Matemática. Ordenado padre, também lecionou grego, lógica e metafísica.[200] Finalmente se assentou na disciplina de História Natural da Universidade de Pávia, onde contribuiu com experimentos que esclareceram a fertilização dos óvulos pelo sêmen e o papel da saliva na digestão. Porém, foram os morcegos que intrigaram o pesquisador.

A eficiência do voo noturno daqueles mamíferos era impressionante. Enquanto vários animais tinham visões deficientes, inclusive o homem, os morcegos pareciam privilegiados por esse excelente sentido. Seus olhos aguçados enxergavam obstáculos camuflados na escuridão noturna e os teleguiavam precisamente ao encontro das presas, os pequenos insetos voadores. Pelo menos era essa a hipótese de Spallanzani. Bastava comprovar sua teoria com experimentos exigidos pelas sociedades científicas da época. E assim ocorreu.

Spallanzani encobriu a cabeça de morcegos capturados com finos capuzes. Os mamíferos alados, soltos na escuridão de seu laboratório, chocaram-se nos obstáculos ali posicionados. A teoria do idoso italiano caminhava para a comprovação. Então, o cientista realizou o mesmo experimento com capuzes transparentes, para que, apesar da cabeça encoberta, enxergassem os objetos. Ao soltá-los, aguardou voos harmoniosos e sem colisões para escrever as últimas linhas de seu trabalho científico. Porém, os morcegos ainda se chocavam contra as parede e os objetos.[201] O capuz, mesmo transparente, abolia o senso de direção daqueles animais. Afinal, os olhos seriam responsáveis pela eficaz locomoção? Se assim fosse, como não enxergavam através dos capuzes transparentes? Só havia um meio de comprovar o papel ocular: cegar os morcegos.

Spallanzani destruiu, cirurgicamente, os olhos dos animais capturados. Ao soltá-los, se deparou com nova surpresa: os morcegos voavam sem qualquer dificuldade ou colisão. Não convencido, os soltou em cavernas para avaliar a desenvoltura em ambiente natural. Após dias, os recapturou e comprovou a presença de alimentos nos seus estômagos. Aqueles voadores alados cegos conseguiam não apenas sobreviver, como se alimentar de insetos. Conclusão: a locomoção noturna não ocorria por excelente visão. Spallanzani acreditou ter encontrado indícios de um sexto sentido.

Os resultados do experimento, publicados pela Sociedade de História Natural de Genebra, despertaram o interesse do zoólogo suíço Charles Jurine, que, nas franjas das guerras europeias, esmiuçou o experimento italiano. Como morcegos cegos capturariam insetos voadores? Seriam os ouvidos que captavam as vibrações das asas dos insetos? Essa hipótese, se verdadeira, não explicaria como desviavam dos obstáculos estáticos. Mas, mesmo assim, Jurine iniciou experimentos direcionados à audição. Obstruiu os ouvidos dos morcegos com cera. O resultado? Os animais se esborracharam em paredes e obstáculos. Spallanzani também confirmou as mesmas conclusões em seus experimentos. Era a audição, e não a visão, que orientava a locomoção noturna. Mas por quê? A resposta só viria com os avanços na área da Física após um século. Ainda assim, com essas descobertas, as bases para o nascimento do ultrassom começavam a se consolidar.

NO LABORATÓRIO DE FÍSICA

Em 1880, o jovem físico Pierre Curie transitava pelas ruas de uma Paris muito diferente daquela banhada por sangue escorrido das guilhotinas da época dos experimentos de Spallanzani. A geração de Curie, na época com 21 anos de idade, desfrutava o período de paz tão sonhado após o término das guerras napoleônicas e do recente conflito militar contra a Prússia. A paisagem parisiense contrastava com a dos anos tumultuados passados. A recente modernização da cidade pelo comando do Barão Haussmann alargara ruas à custa de demolições de cortiços, casarões antigos e casebres.[202] Curie desfrutava de avenidas largas, arborizadas e arejadas. Ruelas e becos tortuosos deram espaço às vias retilíneas que organizavam geometricamente novos quarteirões, rotatórias e bulevares. As ruas, agora pavimentadas, encobriam o recém-construído sistema de esgoto, com galerias tão largas e amplas que, após ampliação da rede subterrânea em quatro vezes, se transformou em atração turística.[203] Curie testemunhava o início da Belle Époque. Enquanto isso, em Varsóvia, a futura esposa de Pierre, aos 13 anos, despertava seu ainda tímido interesse pela ciência. Era Maria Sklodowska que, ao vir estudar em Paris, ficaria conhecida como Marie Curie, conforme visto no capítulo "Ano 1927: um inimigo invisível se torna aliado". Mas o que o ano de 1880 tem a ver com o ultrassom e os morcegos?

Curie estudava a grande novidade do século – a eletricidade – junto com seu irmão Jacques. Enquanto Thomas Edson inventava a lâmpada incandescente através de correntes elétricas em filamentos de carbono no vácuo, os irmãos Curie despejavam correntes elétricas em cristais. Inventariam algo fundamental para o surgimento do futuro ultrassom. A dupla descobriu que ao comprimirem o quartzo, seus cristais emitiam ondas elétricas. Em pouco tempo, os experimentos obtiveram os mesmos resultados para outras substâncias que também geravam eletricidade. O processo se repetiu com turmalina, topázio e cristais de tartarato de sódio e potássio. Essa conexão capturou os interesses de Curie, que, agora, realizava um experimento atrás de outro. E não demorou para chegar a uma nova descoberta na contramão da experiência. Em um ano, comprovou que o inverso também era possível. Curie despejou descargas elétricas na superfície dos cristais, e os efeitos o surpreenderam: a eletricidade gerava oscilações no volume dos cristais com expansões e contrações. Além disso, os irmãos Curie identificaram ondas sônicas emitidas por essas vibrações. A ciência descobria como produzir ondas sonoras através da eletricidade.

NO MAR

A descoberta de Curie teria utilidade nas águas. Antes mesmo de seus experimentos, embarcações lançavam mão de ondas sônica para orientação das rotas navais. Isso desde a década de 1810, quando cientistas definiram a velocidade de propagação do som na água através de observações simples realizadas em embarcações nas águas do Mediterrâneo e do lago Genebra. Sinos de bronze foram mergulhados na água abaixo dos barcos. A seguir, uma longa haste de ferro se chocava ao metal para emitir o som que, propagado na água, atingia outras embarcações posicionadas à distância. Estas últimas captavam as vibrações por longas tubulações submersas na água. Como sabiam o momento exato em que a vibração era emitida pelo sino? Por sinal. O participante do estudo flamulava uma bandeira ou emitia um sinal luminoso no exato momento em que atingia o sino com a haste de ferro. Sabendo a distância entre as embarcações, bastou medirem o tempo de propagação do som para calcular sua velocidade na água: cerca de 1,5 quilômetro por segundo.[204]

A propagação sonora na água comandava a navegação no final do século XIX. Surgiu o barco-farol para orientar pilotos através das batidas nos sinos associadas aos concomitantes sinais luminosos. O tempo da chegada da onda sonora capturado por ouvidos aguçados indicava a localização de regiões perigosas durante períodos de má visibilidade. O mesmo princípio indicava a distância de tempestades no mar. Bastava mensurar o tempo entre o raio visualizado e o seguido trovão. Essas técnicas rudimentares seriam suplantadas pela descoberta de Curie graças a um acidente naval. Enquanto isso, a estratégia empregada pelos morcegos aguardava sua vez de contribuir com a ciência.

A tragédia ocorreu na madrugada de 15 de abril de 1912. O transatlântico *Titanic* foi lançado ao fundo do mar por um traiçoeiro *iceberg* oculto na sua rota. Quarenta e seis mil toneladas de ferro, aço, madeira e mármore foram sepultadas no Atlântico Norte, acompanhadas de mil e quinhentas pessoas.[205] Momentos antes, a tripulação havia lançado mão dos últimos avanços da ciência das ondas sonoras para reduzir a extensão da catástrofe: dois rádios Marconi do *Titanic* enviaram pedidos de socorro às embarcações próximas. Apesar desse avanço tecnológico, não havia aparelho moderno capaz de identificar aquela massa de gelo que rasgou o casco do, até então, maior navio de passageiros do mundo. Os cientistas, inconformados, decidiram colocar um ponto final nos riscos das traiçoeiras viagens marítimas intercortadas por *icebergs* camuflados na noite. O novo desafio? Desenvolver um aparelho que identificasse os gigantescos blocos de gelo. Chegara o momento da união dos experimentos de Curie aos conhecimentos da propagação do som na água.

Em um ano, surgiu a perseguida máquina que localizaria *icebergs* a três quilômetros de distância. Um transdutor eletromagnético emitia ondas sonoras propagadas no mar que, ao se chocarem com um *iceberg*, retornavam na direção do aparelho. Um sensor detectava o tempo do regresso do som. A presença e a distância dos *icebergs* eram indicadas em uma tela. A qualidade do invento foi aperfeiçoada na Primeira Guerra Mundial, quando França e Inglaterra uniram esforços para desenvolver o sonar. Sua finalidade? Desmascarar os ocultos submarinos inimigos. O físico francês Paul Langévin utilizou cristal de quartzo para aperfeiçoar o transdutor. Correntes elétricas vibravam o cristal, que emitia ondas sonoras semelhantes às encontradas por Curie quase quarenta anos antes. A novidade? Apresentavam frequências mais elevadas com consequente melhor propagação na água. O retorno das ondas sonoras refletidas nos submarinos, por meio desse novo ultrassom, era captado com maior perfeição. O novo sonar, em 1917, localizava submarinos a seis quilômetros de distância. Sem saber, a ciência empregava a estratégia dos morcegos. Diferentes ramos da ciência teriam que se unir para chegar ao ultrassom na Medicina.

NO AR

Na década de 1920, a ciência emitia ondas sônicas com frequências e comprimentos variados. Nascera o ultrassom. Aparelhos as refletiam em objetos aquáticos através do sonar. Chegava a vez de as ondas do rádio contribuírem à ciência pelas mãos do físico inglês Edward V. Appleton. No ano de sua graduação, 1914, Appleton trocou a Universidade de Cambridge pelo *front* de batalha na Primeira Guerra Mundial. O jovem foi recrutado para o serviço de comunicação militar britânico, onde adquiriu experiência pelo contato com a tecnologia nas transmissões de rádio. Em pouco tempo,

Appleton dominava sinais de rádio enviados e recebidos, bem como microfones, transdutores, válvulas e receptores.

Após os quatro anos infrutíferos da guerra, Appleton retornou a Cambridge para, dessa vez, aprofundar o conhecimento adquirido sobre as ondas de rádio. Seu primeiro desafio foi entender como as ondas contornavam a curvatura terrestre para alcançar receptores longínquos. Em sua opinião, elas refletiam em alguma camada atmosférica para retornarem à superfície e, assim, eram captadas a distância: para ele, vivíamos sob um espelho atmosférico. Sua explicação era baseada no fato de haver interferências nas transmissões dos sinais durante períodos do dia, enquanto os sinais eram perfeitos à noite. A presença do sol atrapalharia o funcionamento do espelho atmosférico, caso existisse? A oportunidade de comprovação dessa teoria veio em 1924.

A British Broadcasting Company (BBC) ascendeu sua enorme torre de transmissão nos céus londrinos em 1922. Appleton aproveitou a rádio recém-inaugurada para detalhar os sinais das vozes humanas e músicas emitidas de Londres e captadas em Cambridge. Seus resultados confirmaram a melhor transmissão noturna. Porém, havia algo a mais. Todos os dias, no horário do pôr do sol, ocorria interferência na transmissão. Os sinais oscilavam de nítidos e intensos para abafados e fracos. Esse achado ia ao encontro da hipótese de Appleton da existência do espelho atmosférico. A camada misteriosa, uma vez livre dos raios solares no anoitecer, sofreria alterações elétricas, se resfriaria e ascenderia nos céus. Nesse momento, as ondas de rádio refletiriam na camada em locomoção com comprimentos diferentes das que caminhavam pela superfície. A transmissão se intensificava quando ambas as ondas se encontrassem em concordância do comprimento de suas ondas, ao passo que enfraqueceriam quando o encontro em comprimentos diferentes anulasse os sinais da rádio. Essa alternância tinha um único motivo: o espelho atmosférico estava em ascensão dinâmica com o entardecer. Como comprovar a presença de tal espelho nos céus? Como provar que refletia as ondas de rádio? Por uma estratégia astuta elaborada por Appleton.

O físico entrou em contato com a direção da BBC para expor sua suspeita e solicitar colaboração da rádio. A BBC concordou em participar do experimento científico proposto. Na noite de 11 de dezembro de 1924, telefonemas entre a rádio e Appleton acertaram os últimos detalhes do teste. A BBC alterou de maneira gradativa o comprimento de onda da sua transmissão seguindo as orientações de Appleton.[206] As mudanças visavam coincidir com a velocidade calculada da locomoção do espelho atmosférico. A transmissão não sofreu interferência. Os experimentos seguintes auxiliaram

Appleton a confirmar a presença da tal camada atmosférica, comprovar que as ondas de rádio chegavam à superfície por serem refletidas na atmosfera e localizar a máxima e a mínima altura da camada refletora nos períodos diurno e noturno. A ciência das ondas sônicas se aprofundava.

TODOS SE ENCONTRAM

Os aparelhos emissores e receptores de ultrassom foram aperfeiçoados para melhorias na emissão e na captação das ondas. Dessa maneira, os experimentos na orientação do voo dos morcegos avançaram. No final da década de 1930, Donald Griffin, estudante de Biologia de Harvard, acionou transdutores diante dos morcegos na esperança de captar algum ultrassom emitido pelos mamíferos. Acreditava que existisse, mas inaudível aos ouvidos humanos. O aparelho, agora, continha amplificadores tubulares a vácuo conectados à antena receptora com cristais de Curie. Griffin não acreditou no que viu: o microfone capturou sons de elevada frequência emitidos pelos morcegos em voo. Griffin conteve sua euforia para, cautelosamente, lançar mão de outros experimentos que confirmassem sua descoberta.[207] Ao final, o quebra-cabeça de Spallanzani chegava ao fim. As narinas e a cavidade oral dos morcegos emitiam ondas de alta frequência, que, refletidas em objetos e animais, retornavam aos seus ouvidos. O tempo decorrido entre a emissão e o retorno informava a localização de objetos e insetos.

O ultrassom, na década de 1940, incendiava a euforia médica. Porém, em meio àquela febre, a aplicação da onda sônica estava muito distante da utilizada nos dias atuais. O ultrassom era empregado ao tratamento, e não ao diagnóstico. Aparelhos emissores das ondas de alta frequência se distribuíam em hospitais e clínica médicas para bombardear pacientes. O motivo? Médicos os empregavam como fonte de energia ultrassônica no tratamento de artrites, úlceras gástricas, eczemas, asma e hemorroidas. Os transdutores, aproximados das juntas e do abdome dos enfermos, prometiam cura. Surpreendentemente, a ideia do emprego do ultrassom para exame diagnóstico de imagem humana viria da indústria metalúrgica.

Os engenheiros empregavam o ultrassom, na década de 1930, para validar a qualidade dos metais produzidos pela siderurgia. A técnica foi aperfeiçoada na Europa e nos Estados Unidos na década de 1940. Placas, tubulações e chapas de aço e ferro passavam pelo teste de qualidade para descartar defeitos na fabricação. Como? Aparelhos projetados emitiam ondas ultrassônicas que se propagavam pelo interior do metal. Na outra extremidade, as ondas refletiam e retornavam aos sensores do aparelho. O monitor informava o traçado e a velocidade de retorno do ultrassom, e, assim, técnicos diagnosticavam eventuais falhas ou rachaduras. Esses ditos detectores de falhas se disseminaram nas fábricas. E não demorou para médicos criativos lançarem mão da mesma técnica a fim de tentar observar o interior do corpo. As ondas captadas revelavam rachaduras e buracos nos metais, por que não empregá-las no corpo humano para encontrar anormalidades nos órgãos?

Coube ao neurologista austríaco Karl T. Dussik a primeira tentativa de visualizar o interior cerebral através de ondas de ultrassom. Duas placas ladearam a cabeça do paciente: enquanto uma emitia ondas de ultrassom, a outra as captava. Dussik recolhia as informações. Detalhe: todo o conjunto, inclusive o crânio do paciente, era mergulhado em água para melhor propagação das ondas sônicas. As imagens rústicas e primitivas pouco ajudaram, apesar do experimento racional. A lógica da técnica era tão clara que médicos na Alemanha e na França tentavam o mesmo procedimento na mesmo época. Porém, um dos maiores passos na descoberta das possibilidades de emprego do ultrassom na Medicina veio do outro lado do Atlântico, dos Estados Unidos.

Georg D. Ludwig, graduado na Universidade da Pensilvânia em 1946, também mergulhou nas possibilidades diagnósticas dos aparelhos de detecção de falhas em metais. Médico militar da Marinha, Ludwig começou a testar diferentes frequências de ondas de ultrassom em diversos órgãos e descobriu que cada um refletia ondas com imagens específicas. Bastava catalogar as imagens geradas pela frequência de ultrassom emitida e o tecido atingido. Porcos e cães recebiam ondas para expor as imagens originadas de ossos, gorduras e músculos. Objetos e pedras envolvidos por tecidos musculares recebiam as ondas. Ludwig identificava os ecos sonoros oriundos dos diferentes tecidos e pedregulhos. As imagens, quando ofuscadas, se tornavam mais nítidas ao variar a frequência das ondas de ultrassom emitidas. Em pouco tempo, Ludwig diagnosticava pedras nos rins e na vesícula biliar através do exame de ultrassom. Em 1949, foram divulgados os primeiros diagnósticos possíveis através das ondas de ultrassom. O horizonte de sua utilização se ampliava, à medida que a tecnologia aprimorava os transdutores. Em 1950, o cirurgião inglês John J. Wild, emigrado aos Estados Unidos após a guerra, diferenciou ecos de ultrassom de nódulos malignos de mama, tumores cerebrais e gástricos. O exame era útil para o diagnóstico do câncer.

Em 1951, surgiu outra novidade da Universidade do Colorado, Denver, pelas mãos do radiologista Douglas Howry. Após três anos de testes em tecidos musculares, líquidos, gordura e ossos, Howry classificou os tipos de imagens obtidas pelas ondas refletidas. Com esses dados nas mãos, construiu o primeiro aparelho de ultrassom com ajuda de seu amigo nefrologista Joseph H. Holmes. O exame exporia todo o interior humano. O voluntário, vestido com calção de banho, sentava em assento acomodado no interior de um tanque cheio de água.[208] As bordas circulares do tanque acomodavam transdutores emissores de ultrassom na altura dos rins do paciente. Os transdutores, móveis, percorriam a circunferência do tanque para emitir ondas de ultrassom de diferentes ângulos. As primitivas imagens do interior humano captadas eram agrupadas e comparadas.[209] O aparelho teve vida curta devido aos avanços tecnológicos e à óbvia dificuldade de manipulação do complexo apetrecho aquático. Enquanto isso, novidades chegavam da Inglaterra.

Ian Donald, recrutado em 1939, atuou ativamente na Força Aérea Real britânica durante a Segunda Guerra Mundial. O término do conflito o liberou às suas reais atividades profissionais: ginecologia e obstetrícia. Cativado pela novidade do ultrassom, Donald também realizou experimentos com o descrito aparelho de detecção de irregularidades em metais. Ele se ateve aos resultados obtidos dos órgãos ginecológicos e, em pouco tempo, catalogou imagens ultrassônicas específicas para cistos de ovários e tumores. A coletânea das figuras cresceu na década de 1950, quando o médico se tornou um dos maiores especialistas em diagnóstico por ultrassom. No auge de sua carreira, Donald livrou da morte uma paciente condenada pelo diagnóstico de câncer gástrico. Seu aparelho de ultrassom questionou o diagnóstico: as imagens eram compatíveis com a de um gigantesco cisto ovariano. A disputa ocorreu no centro cirúrgico, e a cirurgia de fácil realização deu o veredito a favor do ultrassom e salvou a jovem.

A melhoria dos transdutores aprimorou a definição das imagens. Surgiu o gel utilizado até os dias atuais, que, aplicado na superfície cutânea, eliminou as imersões em água. As ondas ultrassônicas seguiam sem dificuldade. Donald divulgava seus resultados. O exame de ultrassom encontrava cistos ovarianos, fibroses, tumores de ovário, líquidos anômalos no abdome, inchaço hepático, aumento das dimensões do baço, cânceres metastáticos no fígado, cistos e tumores renais.[210] Médicos solicitavam o exame para complementar as consultas. No final da década de 1950, chegaram novas medidas padronizadas por Donald: as fetais. Gestantes, agora, se submetiam ao ultrassom para avaliar a formação e a normalidade fetal. A década de 1960 avançou com o reconhecimento das vantagens do ultrassom. Em 1969, aconteceu o I Congresso Mundial para Diagnóstico pelo Ultrassom na Medicina, em Viena. Os participantes daquele encontro médico não imaginavam que um novo exame estava preste a ser apresentado: a tomografia computadorizada (TC).

O PRINCÍPIO DA TOMOGRAFIA

Os aparelhos de raios x se alastraram por clínicas e hospitais no século xx. A novidade cativou médicos ávidos por esmiuçar o interior humano. Porém, a técnica tinha enormes limitações. Os raios empregados, por exemplo, no tórax humano, transpassavam pulmões e incidiam na chapa fotográfica. Resultado final: a radiografia revelava duas manchas enegrecidas e paralelas pela facilidade com que as ondas radioativas fluíam pelo ar aprisionado nos pulmões. Já ao centro da imagem ocorria o oposto. As ondas eram bloqueadas pelo coração que, repleto de sangue, apresentava maior densidade. Conclusão: um borrão branco ao centro da radiografia, pendente à esquerda, indicava a presença cardíaca mesclada com a de grandes artérias, veias e gânglios. Todos juntos em uma massa única, difícil de diferenciar o que era o quê.

Além disso, os raios, uma vez bloqueados pelos ossos e pelo sangue, interrompiam sua trajetória. Como saber o que havia atrás desses tecidos? Patologias se ocultavam por detrás de órgãos densos que rechaçavam os raios x. E mais, alguns nódulos ou anomalias pulmonares tinham a mesma densidade do tecido pulmonar. O que isso acarretava? Os raios penetravam nessas estruturas com a mesma intensidade que no órgão normal. A radiografia não detalhava uma clara distinção entre uma estrutura e outra. Nódulos e doenças passavam despercebidos nas chapas.

Já no crânio, os raios, bloqueados parcialmente pelos ossos, incidiam no filme e revelavam com precisão o arcabouço ósseo. Excelente para avaliar fraturas, porém inútil para estruturas cerebrais, transpassadas na mesma intensidade pelas ondas radioativas. O mesmo ocorria nas radiografias de abdome. As ondas cruzavam de maneira igual os tecidos e, portanto, sem barreiras, não diferenciavam a silhueta de pâncreas, rim, estômago, fígado, baço, intestino etc.

Os médicos tentavam topografar estruturas sobrepostas. Como? Imagine, por exemplo, um panetone. A massa porosa do bolo com frutas cristalizadas dispersas aleatoriamente. Agora, um aparelho emite ondas de raios x que atravessam o bolo para incidir na chapa fotográfica posicionada na outra extremidade. O que veremos? A estrutura cilíndrica do panetone surgirá na radiografia como um retângulo vertical com borda superior arredondada. Ao centro repousam diminutas figuras geométricas, as frutas cristalizadas com tamanhos e formas variadas. Em resumo, toda estrutura tridimensional do panetone foi condensada em uma única imagem bidimensional, e, com isso, perdemos diversos detalhes. Não precisamos a localização das frutas maiores em relação às outras, nem mesmo no interior do bolo. Como visualizar toda cena? E mais, como precisar as distâncias de cada componente? Uma maneira de solucionar a questão seria comparar sucessivas radiografias obtidas de ângulos diferentes. Assim, a imagem obtida por ondas de raios x emitidas na diagonal seriam comparada com a frontal. Dessa forma compararíamos a posição das frutas em ambas e deduziríamos suas localizações no interior do bolo. Mas duas radiografias não seriam suficientes, portanto novas imagens em novos ângulos se somariam ao trabalho até a última imagem obtida na lateral. Os médicos lançaram mão dessa estratégia nas radiografias de tórax.

Analisavam chapas obtidas de ângulos diferentes para topografar, com precisão, nódulos, massas, cavidades e projéteis de arma de fogo no interior do tórax. Tudo através de medidas realizadas por compassos projetados e trabalhosos cálculos de trigonometria.[211] Um tumor diagnosticado na primeira radiografia frontal seria topografado no centro pulmonar, próximo ao coração, nas porções centrais pulmonares ou na periferia. Porém, a técnica era repleta de falhas. Havia patologias que, por apresentarem a mesma densidade dos tecidos normais, não apareciam nas radiografias. E radiografias de abdome e crânio não mostravam nenhum órgão interno. A descoberta de um exame pôs fim a todo esse problema: a tomografia computadorizada, ou TC.

Imagine o mesmo panetone submetido, agora, à tomografia. Eis a descrição do princípio do exame nesse bolo. O leitor pode se incomodar com o ingênuo exemplo ou mesmo sentir sua inteligência subestimada. Porém, lembramos que quando a TC surgiu, trabalhos científicos voltados aos médicos também utilizaram exemplos simplórios para a compreensão da nova e complexa técnica de exame.[212] Além disso, descreveremos a técnica de maneira repetitiva, propositalmente, em decorrência de sua complexidade. Pedimos, portanto, paciência. Como a TC funciona? O aparelho de raios x percorre um semiarco na lateral do panetone para enviar ondas radioativas de tempos em tempos. Com isso, obtemos diversas imagens radiográficas a cada ângulo percorrido desde a primeira imagem frontal à última na porção posterior. A comparação das imagens localiza todos os componentes do interior do panetone. Tudo graça a extensos e complexos cálculos matemáticos que definem as distâncias. Portanto, o primeiro grande passo para o nascimento da TC foi realizar milhares de cálculos em questão de segundos. Mas havia outro passo.

Os raios x são bloqueados em intensidade variada para cada tipo de fruta cristalizada. Se pudéssemos quantificar a retenção dos raios para cada estrutura, teríamos meios de identificar com precisão cada componente do bolo. Seria um meio para solucionar o problema citado há pouco das estruturas com densidades semelhantes. Assim, as imagens forneceriam cada estrutura detalhada e suas distâncias. Mas aqui entra um detalhe: as imagens da TC são apresentadas de maneira diferente. Como? A tomografia reconstitui o panetone através de imagens fatiadas, mas não fatias que nos acostumamos a visualizar no dia a dia: são fatias vistas de cima. Graças ao computador que, pelas informações obtidas, reconstrói imagens do interior do panetone em planos e ângulos variados. Imagine vários cortes horizontais no panetone e cada qual visualizado de cima. A primeira imagem forneceria o corte superior sem a tampa semicircular do panetone. Veríamos uma estrutura circular com frutas cristalizadas esparsas. Na segunda imagem fatiada, em um plano pouco mais inferior, constataríamos outra estrutura circular sem as primeiras frutas visualizadas na imagem anterior, mas com novas emergidas por estarem abaixo. E, assim por diante, obteríamos todo o panetone fatiado de cima para baixo horizontalmente.

É exatamente isso que vemos na tomografia, por exemplo, de abdome. As primeiras imagens revelam órgãos como se cortássemos horizontalmente a região para visualização de cima. Surgem o fígado e o baço. Os cortes seguintes vão obtendo imagens de regiões inferiores dessas vísceras, enquanto surge a silhueta de novos órgãos. Fígado e baço desaparecem para dar espaço aos rins e ao pâncreas, e assim por diante.

Portanto, foram necessários dois enormes passos para o desenvolvimento da TC, realizar complexos cálculos matemáticos em segundos e precisar a intensidade de bloqueio dos raios X para cada tipo de tecido. O primeiro foi dado durante a Segunda Guerra Mundial, enquanto o segundo por dois cientistas criativos na década de 1960. Vamos a eles.

OS DOIS ÚLTIMOS PASSOS PARA A INVENÇÃO

Em 1943, a noroeste de Londres, distante das bombas despencadas pela aviação nazista na capital inglesa, nascia uma tecnologia revolucionária que auxiliaria o surgimento da TC. Engenheiros, matemáticos e físicos trabalhavam no projeto secreto da guerra. A missão foi cumprida no tempo recorde de dez meses.[213] A invenção preenchia a sala toda com monitores interligados a fiações, plugues, botões, tablados de madeira, cabos, suportes de ferro, baterias e válvulas. Nascia o *colossus*, o primeiro computador digital eletrônico e programável.

O *colossus* media mais de quatro metros de largura por pouco mais de dois de comprimento e altura.[214] Ocupava toda a sala, pesava uma tonelada e acomodava mais de mil válvulas e tubos a vácuo.[215] Sua tarefa era decodificar as mensagens cifradas dos nazistas na guerra. A Alemanha desenvolvera um excelente sistema de mensagens codificadas. Agora, a estratégia nazista, até então inviolável, poderia ser desmascarada pela programação do *colossus*. Até o final da guerra, a Inglaterra produziria mais dez novos computadores similares. Todos em sigilo e guardados em locais secretos.

A tecnologia da computação estava inaugurada. Após a guerra, surgiram novos computadores, enquanto o *colossus* permaneceu em segredo por mais de duas décadas. Os Estados Unidos acreditavam ter lançado o primeiro computador, o ENIAC, com 18 mil tubos a vácuo ocupando uma sala inteira com seus trinta metros de comprimento e três de altura.[216] Os matemáticos o programaram para processar multiplicações em 1/300 segundos e 100 mil cálculos por segundo.[217] O primeiro passo na construção da TC estava vencido. Computadores programados com as informações obtidas pelos raios X criariam as imagens tridimensionais. Mas quais informações receberiam? E como programá-los na reconstrução radiográfica? Entram em cena dois cientistas para superar o segundo passo.

Allan M. Cormack tinha 32 anos quando deixou a África do Sul para estagiar em Boston em 1956. Foi na Universidade de Harvard que Cormack, já conceituado físico e matemático, se interessou em desenvolver cálculos para definir os coeficientes de atenuação dos raios X em diferentes tecidos humanos.[218] Em outras palavras, definir o grau de bloqueio dos raios para cada tipo de substância. A radiação era empregada no tratamento e no diagnóstico do câncer. Assim, por que não desenvolver cálculos que, empregados, precisassem a localização dos tumores a ser irradiados? Para isso, era necessário obter a intensidade do bloqueio das ondas de raios X em cada tipo de tecido.

Após seu regresso à África do Sul, Cormack se enfurnou no laboratório para desenvolver fórmulas que reconstruíssem as imagens tridimensionais das radiografias. Mas como avaliar a precisão de seus cálculos? Para obter essa resposta, criou um aparelho único. Um disco metálico de vinte centímetros de diâmetro acomodava pedaços de costelas e músculos de cavalos e porcos, enquanto um cilindro fixo ao lado do aparato emitia raios X. Cormack girava o disco móvel para obter radiografia seriadas de ângulos diferentes. Com isso, esmiuçou cada detalhe da intensidade de raios bloqueados ou atravessados em músculos, ossos, gordura, líquidos etc. Suas fórmulas processadas pelo computador reproduziam imagens tridimensionais com a localização precisa e os limites detalhados das estruturas. Os trabalhos de Cormack seriam empregados nas futuras tomografias.

O engenheiro elétrico britânico Godfrey N. Hounsfield realizou experimentos semelhantes aos do sul-africano em 1967. Radiografias em ângulos diferentes enviavam informações ao computador para que o pesquisador determinasse a intensidade radioativa transpassada para cada tecido. Na mesa do laboratório, ondas radioativas bombardeavam cérebros de bezerros e rins de porcos, entre outros órgãos. Após analisar as imagens projetadas, Hounsfield alterava a intensidade radioativa do aparelho para melhor definir a silhueta das estruturas orgânicas. Assim, descobriu a potência necessária dos raios x para cada tipo de tecido ou órgão.

Em 1967, após árduas medições e alterações de cálculos, foi obtida a primeira imagem de um cérebro animal em que se distinguia o esboço do tecido encefálico, do arcabouço ósseo e dos líquidos intracranianos. A imagem emergiu após 20 mil cálculos empregados pelo computador com duração de duas horas e meia.[219] Hounsfield ainda aprimoraria seu aparelho e incrementaria a velocidade dos cálculos para encurtar a duração do exame e melhorar a definição da imagem. Em 1971, sua proposta de diagnóstico caiu nas graças do radiologista James Ambrose, que vislumbrou a possibilidade de visualizar o interior craniano. Assim, a dupla construiu o primeiro aparelho tomógrafo no Hospital Atkinson Morley, uma construção vitoriana a 24 quilômetros do centro de Londres.

No início de outubro de 1971, uma senhora com suspeita de tumor cerebral se acomodou na maca acoplada ao aparelho, e sua cabeça foi posicionada ao centro de um enorme aro metálico na cabeceira. A primeira imagem tomográfica só poderia ser do crânio, pois a pequena dimensão da abertura do aparelho não comportava o tamanho da circunferência do tórax ou do abdome. A dupla acompanhou a realização do exame daquela senhora em que cada imagem era obtida em pouco mais de quatro minutos. Ao final, o computador reconstruiu uma imagem arredondada de conteúdo enegrecido compatível com densidade líquida no interior cerebral. A britânica apresentava cisto benigno cerebral, e não tumor.

O sucesso foi imediato em virtude da nitidez da imagem. A tomografia mostrava com nitidez o que era osso, tecido cerebral e ventrículos cerebrais com conteúdo líquido raquidiano. Em seis meses, seriam realizadas mais setenta tomografias de crânio.[220] Pacientes eram operados com diagnósticos previamente firmados pela TC, e os achados cirúrgicos confirmavam a eficácia diagnóstica da recém-nascida tomografia computadorizada.

ANO 1977

O TRIUNFO DAS VACINAS

A PRIMEIRA VACINA

Em 1774, o fazendeiro Benjamin Jesty acomodou seus dois filhos na carroça, ao lado da esposa, e rumou à fazenda vizinha. A propriedade de Jesty, ao sul da Inglaterra, se destinava à criação bovina para produção de leite e abate. Foram duas empregadas na ordenha do gado que incentivaram Jesty a procurar o vizinho. Ambas haviam cuidado de parentes vitimados pela varíola e, de acordo com o mito rural, não adoeceram pela doença, apesar do íntimo contato com os enfermos. Qual mito?

As jovens haviam se infectado, no passado, pelas lesões que acometem o úbere das vacas. A enfermidade bovina era conhecida como *cowpox*. O gado infectado manifestava bolhas com conteúdo líquido na pele do úbere, e, com frequência, as ordenhadeiras, ao encostarem as mãos nas lesões, se infectavam. O contágio ocasionava as mesmas bolhas no dorso das mãos, porém as lesões regrediam sem maiores problemas. O mito? As moças que se infectavam pelo *cowpox* não adoeciam durante as epidemias de varíola. A infecção pelo *cowpox* trazia alguma proteção desconhecida contra a temida varíola.

Esse mito incentivou a conduta de Jesty, que levou sua família à fazenda vizinha ao saber que haviam surgido casos do *cowpox* no gado. O rico fazendeiro tinha pressa, pois o *cowpox* era raro, e não queria perder tempo em proteger seus filhos e a esposa da recém-iniciada epidemia de varíola na região. A esposa concordou esperançosa em proteger os filhos de uma doença que matava um terço das crianças adoecidas. O vírus da varíola agredia os órgãos internos e causava bolhas pela pele. Em diversos momentos, as bolhas eram tantas e confluentes, que não se conseguia visualizar pele íntegra entre as lesões. Por isso, aqueles que sobreviviam permaneciam com cicatrizes pelo rosto, enquanto outros ficavam cegos por causa do comprometimento ocular.

Jesty mergulhou a ponta da agulha de tricô da esposa nas bolhas do úbere das vacas. Em seguida, fez pequenas perfurações nos braços dos filhos com a ponta da agulha umedecida pelo conteúdo líquido das lesões.[221] A esposa também não escapou desse procedimento. As crianças cresceriam saudáveis e se livrariam das epidemias futuras de varíola. O mito rural inglês parecia, então, ter sentido. Mas por quê?

Jesty capturou partículas virais do *cowpox* e as introduziu no braço das crianças. O vírus bovino pertencia à mesma família viral do da varíola humana. Isso significa que o material genético de ambos é semelhante. Enquanto o vírus do *cowpox* se proliferava na pele das crianças, o sistema imunológico produzia anticorpos. Em questão de dias, o sangue apresentaria elevado nível de anticorpos contra o vírus do *cowpox*, que auxiliaria na cura das bolhas. Porém, como os vírus eram geneticamente semelhantes, os mesmos anticorpos também agiriam parcialmente contra a varíola. Portanto, a lenda rural era verdadeira e tinha uma explicação científica desconhecida à época.

James Gillray, 1802.

O início da vacinação foi visto com cautela pela população, como retrata este *cartoon* irônico de 1802. O médico Edward Jenner pessoalmente oferece a vacina, mas estranhas reações acontecem naqueles que a tomaram.

Somente após vinte anos, em 1796, o médico Edward Jenner realizou o experimento científico para comprovar o que Jesty havia feito. Jenner tinha forte interesse por Biologia animal e História Natural, além de conhecer o mito das ordenhadeiras. Sua experiência consistiu em introduzir a agulha nas lesões da mão de uma ordenhadeira infectada pelo *cowpox* e mergulhar sua ponta úmida nos braços de um menino de 8 anos de idade.[222] A seguir, o jovem James Phipps foi inoculado com o vírus da varíola através de perfurações no braço. O menino não adoeceu, parecia ter adquirido resistência a esse temível vírus. Outros 16 jovens foram submetidos ao método de Jenner para ampliar o número de casos e validar seu trabalho. O sucesso foi total.

O início do século XIX despontou com o nascimento da primeira vacina eficaz da Medicina ocidental. As enormes críticas ao método esmoreceram diante dos fortes resultados positivos. A aceitação da vacinação se consolidou. Todos queriam livrar seus filhos da catastrófica varíola. A nova técnica de Jenner se mostrava superior e mais segura que a utilizada na Europa e nos Estados Unidos, que manipulava o vírus vivo da varíola extraído da pele dos infectados. Inocular o próprio vírus da varíola na pele das crianças levava a enormes feridas com chances de infectar, além de promover a transmissão da sífilis. Jenner batizou seu material infeccioso como *vaccine*, oriundo do termo latino *vacca* (vaca). O método da vacina se proliferou nas grandes cidades. Em 1821, já era obrigatória em boa parte das nações europeias.[223] E, em 1853, o governo inglês estabeleceu uma multa de 20 xelins à família que não vacinasse o filho.[224]

ENTENDENDO O MECANISMO DA VACINA

A descoberta de Jenner se transformou em um sucesso entre as clínicas europeias e norte-americanas. Era amplamente empregada, apesar do desconhecimento científico de seu mecanismo. Bastaria o homem descobrir como atuava para que as portas fossem abertas à produção de novas vacinas. E foi isso que ocorreu por obra do acaso na cidade de Paris.

Em 1879, Pasteur já se tornara famoso. Seu laboratório era reconhecido pelas contribuições à ciência. Nas décadas anteriores, o químico já tinha elucidado a causa da indesejável má fermentação das beterrabas, como foi visto no capítulo "Ano 1905 – O látex ensanguentado". A reação se contaminava por leveduras láticas, o que levou à inovação da antissepsia em ferimentos e cirurgias. A economia francesa também agradecera Pasteur por desvendar a causa de uma praga no bicho-da-seda e salvar a produção do tecido. Pasteur também contribuíra com os trabalhos prussianos de Robert Koch na comprovação da bactéria do antraz como causa da doença bovina. Isso abriu um novo horizonte aos médicos: os microrganismos eram responsáveis pelas doenças infecciosas humanas. Graças a isso se iniciou a corrida científica em busca do microrganismo específico para cada infecção humana. A ciência rotularia os responsáveis por gonorreia, pneumonia, amigdalite, cólera, diarreias, infecções de pele etc. Agora, em 1879, Pasteur direcionava esforços contra a doença do cólera da galinha, que dizimava criações pela nação.

As culturas do seu laboratório replicavam a bactéria causadora da doença aviária. A intenção era esclarecer seu mecanismo de transmissão para, assim, conter as epidemias. Foi com essa finalidade que seus assistentes guardaram culturas bacterianas à espera do retorno de Pasteur, que estava em viagem. O tempo decorrido fez as bactérias se proliferarem nos meios de cultura. Porém, a demora do retorno de Pasteur levou ao consumo dos nutrientes e à estagnação no crescimento bacteriano. Agora, sem energia, boa parte das bactérias do cólera da galinha começou a hibernar e desintegrar. O exército microbiano enfraqueceu. Pasteur e seus assistentes só se deram conta disso quando inocularam bactérias daquela cultura nas aves e constataram, para sua surpresa, que os animais não adoeceram.[225] Como isso poderia ocorrer? Aquelas aves estavam resistentes?

Pasteur presenciava a formação de bactérias atenuadas e, consequentemente, inofensivas às aves. Porém, era a ponta do *iceberg* que estava por descobrir. As galinhas foram novamente infectadas; mas, dessa vez, por culturas bacterianas jovens e, portanto, agressivas e letais. Dessa forma, Pasteur comprovaria que culturas velhas poderiam gerar bactérias enfraquecidas. Bastava as aves adoecerem pela bactéria recém-proliferada dos novos meios de cultura. Porém, o resultado surpreendeu Pasteur e sua equipe: as aves continuaram saudáveis. Aquelas galinhas haviam se tornado resistentes à bactéria do cólera.

Uma luz se acendeu na mente de Pasteur. Estava claro o que ocorreu: havia reproduzido a vacina de Jenner. As bactérias enfraquecidas não causaram doença, mas estimularam a defesa das aves, que se tornaram resistentes e não desenvolveram a doença quando receberam novas bactérias agressivas. A vacina de Jenner tinha o mesmo mecanismo. Um provável vírus do gado, o *cowpox*, era inofensivo ao organismo humano, mas desencadeava resposta de defesa com proteção ao vírus da varíola. Todo mecanismo de funcionamento das vacinas surgiu na mente de Pasteur, que, agora, deslumbrava a possibilidade de atenuar microrganismos para inúmeras novas vacinas. Essa descoberta, em 1880, fez Pasteur mergulhar na busca da vacina contra a raiva animal.

O laboratório na rua Ulm, em Paris, acomodava gaiolas com animais sadios intercaladas por outras que continham animais raivosos. Pasteur buscava um meio de produzir vírus da raiva enfraquecido para inoculá-lo em forma de vacina. Por que o vírus da raiva? Como o período de incubação da doença era muito grande, Pasteur acreditava que a vacina, mesmo fornecida após a mordida animal, pudesse prevenir a doença. Mas primeiro precisava de um vírus atenuado. Saliva dos animais raivosos foi introduzida no cérebro de macacos para proliferação viral, e, assim, Pasteur conseguiu cepas enfraquecidas. Porém, não atenuadas o suficiente. Finalmente, após tentativas fracassadas, a equipe conseguiu um meio de enfraquecer o vírus através de proliferação na medula neurológica de coelhos.

As medulas eram lacradas em tubos de vidros sem umidade para que desidratassem. Depois, o vírus introduzido no tecido se proliferava no interior das células nervosas. Dessa forma, pela desidratação, os microrganismos encontravam um terreno inóspito para proliferação, isto é, células danificadas e nutrientes escassos. Conclusão: os vírus se proliferavam à custa de gerações enfraquecidas. A prole viral dessa cultura não causava doença quando Pasteur a inoculava no cérebro dos animais. Conseguiu seu candidato para a vacina.

O teste foi feito em Joseph Meister, um garoto de 9 anos, atacado por um cão raivoso na volta da escola. As lacerações nas mãos, nas pernas e na face indicavam elevada chance de a criança sucumbir pela raiva. Pasteur não tinha nada a perder se tentasse inocular sua vacina. Consultou os médicos, que afirmaram a iminente evolução fatal dos vírus no garoto. Conversou com a mãe de Joseph, que estava disposta a tentar tudo para bloquear a evolução da doença. Assim, Meister recebeu a vacina com vírus da raiva atenuado e sobreviveu. A ciência descobria o benefício de transformar microrganismos em formas atenuadas para vacina. Enquanto Pasteur produzia sua nova vacina em larga escala para administrá-la em animais, um centro de pesquisa rival, em Berlim, caminhava para uma nova descoberta.

UMA NOVA DESCOBERTA

Emil Behring estava pronto para inspecionar os animais de seu laboratório em Berlim. Seu olhar sério se acentuava sob os óculos de aros arredondados e revelava a tensão pelo experimento. Behring aparentava austeridade devido às entradas avantajadas pela calvície precoce dos 36 anos e ao bigode cuidadosamente aparado. Iniciou sua carreira médica como cirurgião militar das Forças Armadas prussianas, cargo concorrido e imponente na segunda metade do século XIX. Porém, deixara o serviço militar e, agora, era médico assistente do Instituto de Doenças Infecciosas de Berlim. Apesar de ter abandonado a carreira no Exército, aqueles animais que estava prestes a examinar eram rescaldos das suas pesquisas militares.

Durante os anos como cirurgião do Exército, Behring trabalhou arduamente na pesquisa para a descoberta de novas drogas antissépticas, assunto em moda após as descobertas de Lister. Além disso, a Guerra Franco-Prussiana, iniciada em 1870, revelou a necessidade urgente de novos tratamentos nos ferimentos de guerra. Os dois anos do conflito foram o bastante para convencer a cúpula militar prussiana a direcionar orçamento à pesquisa de novas substâncias que evitassem infecção nos ferimentos. As lesões caminhavam inexoravelmente para amputação e óbito. Bastou Behring ser admitido na instituição militar para receber a incumbência de descobrir um novo produto químico. Assim começou sua saga com o iodofórmio, que levaria à sua grande descoberta.

Behring passou anos na pesquisa do iodofórmio em animais de laboratório. Testava seus efeitos em bactérias, nos tecidos normais e nas áreas putrefatas.[226] O novo antisséptico não poderia ser tóxico aos tecidos, mas altamente letal aos microrganismos. Enquanto isso, outros produtos químicos derivados do iodo eram testados pelo militar. Behring continuou sua pesquisa no Instituto de Doenças Infecciosas de Berlim quando deixou a carreira militar para ingressar naquela instituição em 1889.

Behring encontrou um excelente modelo para testar o efeito antibacteriano de seu iodofórmio. Inoculou cobaias com a bactéria da difteria descoberta havia seis anos. Em seguida, administrou o então promissor iodofórmio na esperança que destruísse os microrganismos. Alguns animais sobreviveram ao ataque bacteriano, o que deixou Behring esperançoso em ter encontrado a cura. O iodofórmio curaria a difteria? Porém, a maior surpresa surgiu no segundo experimento para confirmar sua teoria. As cobaias foram reinfectadas com novas bactérias e, para sua surpresa, não adoeceram mais. Algo no sangue protegeu os animais da reinfecção. Seria efeito residual do iodofórmio? O soro dos animais adquirira poder antibacteriano? Apostando, assim, em sua substância iodada, acertou outro alvo e descobriu uma nova arma terapêutica. Bastava comprová-la.

Behring queria provar a presença de alguma molécula sanguínea adquirida pela infecção anterior que protegia contra novas infecções. Para isso, usou a toxina da difteria descoberta no ano anterior por pesquisadores do Instituto Pasteur. A descoberta da toxina veio de um experimento simples. Havia tempos se acreditava que a difteria decorria do efeito de uma toxina liberada pelas bactérias. Isso explicava como bactérias localizadas apenas nas vias aéreas causavam estrago, a distância, nos vasos sanguíneos, no coração, no cérebro e nos rins. A explicação: uma toxina era produzida pelos microrganismos e despejada no sangue. O grupo francês introduziu um meio de cultura com milhares de bactérias em um filtro de porcelana. Enquanto as bactérias permaneceram retidas no filtro, o grupo inoculou o filtrado em animais. Todos adoeceram. A doença surgiu sem presença bacteriana. Estava comprovada a existência de tal toxina. Behring lançou mão dessa recente descoberta para comprovar sua teoria.

Cobaias foram inoculadas com a toxina diftérica, porém, antes de adoecerem, Behring administrou o soro dos animais que sobreviveram à infecção anterior. Nenhum deles morreu, comprovando que sua hipótese estava correta.[227] O soro dos animais sobreviventes continha a antitoxina que neutralizava a toxina inoculada. Os médicos, agora, tinham um meio de tratar as crianças diftéricas: administrar o soro antidiftérico. Em dois anos, estrebarias europeias criariam cavalos para, inoculados com a toxina, produzirem soro com antitoxina. Crianças acometidas pela infecção não tinham chances de cura sem a descoberta dos antibióticos, mas, sim, com a administração do soro antidiftérico. Em 1984, a mortalidade parisiense pela difteria caiu de 52% para 25%.[228] A descoberta de como produzir soro animal com presença de anticorpos seria ampliada para outras doenças. Produzir-se-iam soros para mordidas de cobra e tétano.

Agora, a ciência tinha às mãos duas armas. A vacina inoculava antígenos de microrganismos para estimular a produção de anticorpos pelo paciente. Já o soro, conhecido atualmente como imunoglobulina, fornecia os anticorpos já prontos. Médicos poderiam lançar mão da vacina para prevenir o surgimento de doenças, ao passo que o soro era usado para combater algumas doenças já instaladas, para as quais não fazia mais sentido a vacinação.

Assim, o soro equino era administrado nas crianças vitimadas pela difteria. Mas a ciência queria mais. Almejava uma vacina que bloqueasse a transmissão e evitasse o surgimento da doença. A primeira ideia para essa façanha foi simples: inocular pequenas doses de toxina para induzir a produção de anticorpos. Porém, a toxina era extremamente letal mesmo em doses mínimas, o que impossibilitava sua administração. Daí veio a segunda possibilidade, que, eficiente, perdurou por quase trinta anos. Uma vacina que contivesse o "veneno" e o "antídoto" ao mesmo tempo. Os médicos inoculavam a toxina para produção de anticorpos; mas, para evitar sua agressividade, injetavam concomitantemente a antitoxina extraída do soro equino. Essa associação induzia a produção de anticorpos e evitava o adoecimento. Mesmo assim, lidaram com indesejáveis reações pela presença de componentes estranhos do soro do cavalo: dores pelo corpo, dor de cabeça, febre, mal-estar e inflamação no local da injeção. Apesar disso, era a única maneira de prevenir a difteria.

As campanhas de vacinação com toxina e antitoxina se intensificaram na esperança de abolir epidemias da doença. As reações amenizaram após a utilização de carneiros para a produção do soro. Apesar disso, a ciência precisava tornar a vacina mais segura. Esse passo foi dado em 1923, quando cientistas do Instituto Pasteur produziram uma toxina da difteria inócua ao homem, mas mantendo sua capacidade de induzir produção de anticorpos. Como conseguiram isso? Acrescentaram formalina à toxina e a aqueceram até 39-40°C.[229] Essa nova molécula transformada, chamada toxoide, não era mais tóxica. Dessa forma, a nova vacina não precisava mais da antitoxina com elementos estranhos do soro dos animais. França e Canadá aderiram rapidamente ao toxoide e abandonaram a antiga vacina. Havia sido criada uma vacina segura, sem a presença da toxina íntegra e sem reações ao soro de animais, com eficácia ideal.[230]

COMO PRODUZIR VÍRUS

Outro grande passo ao desenvolvimento de novas vacinas foi dado pelo patologista norte-americano Ernest Goodpasture, em 1931. O jovem médico, nascido em uma fazenda do Tennessee, estava interessado em cultivar o vírus da varíola das aves. Até então, culturas de bactérias eram fáceis de conseguir, bastava despejá-las em caldos repletos de nutrientes e aquecidos em estufas. Bactérias absorviam nutrientes e a cada 20 minutos se dividiam em duas novas. Já os vírus não se dividiam nos caldos nutritivos; precisavam invadir uma célula animal ou vegetal para se multiplicar à custa do maquinário da célula que haviam adentrado. O desafio de Goodpasture para obter cultura do vírus requeria um tecido vivo que sustentasse a proliferação viral, mas, ao mesmo tempo, fosse estéril da presença bacteriana, que destruiria todo o seu experimento. Aqui entrou a criatividade do pesquisador que proporcionaria a produção das vacinas do século XX.

O melhor tecido para proliferação de um vírus aviário seria o da própria ave. Goodpasture pensou em usar células das galinhas para proliferação viral, mas, ao mesmo tempo, teria que escolher um tecido estéril, livre de bactérias. A lógica o empurrou aos embriões no interior dos ovos, local protegido do meio pela casca e produzido no interior estéril das aves. Goodpasture embebeu a casca com álcool e uma pequena e efêmera chama de fogo flambou sua superfície para abolir a presença de qualquer bactéria residual. Com a minúscula lâmina de um bisturi, abriu uma janela de 7 a 10 milímetros na casca dos ovos para inocular o vírus da varíola aviária na membrana que envolvia o embrião.[231] A seguir, fechou sua janela com vaselina para isolar o interior. Dias na incubadora foram suficientes para rachar os ovos e constatar a proliferação maciça do vírus.

O cientista descobriu um meio de proliferar vírus e, com isso, alcançar grandes quantidades virais para produção de vacina. Em pouco tempo, a ciência reproduziria vírus em ovos, embriões e cérebros de animais, tecidos placentários e células de rins de macaco.

EXPEDIÇÃO MORTAL NA BUSCA DA VACINA

Em junho de 1927, o jovem Asibi adoeceu com febre. O negro de 28 anos de idade, cabelo raspado, recebeu a visita de pesquisadores norte-americanos da Fundação Rockefeller que estavam no seu país, Nigéria, em busca do vírus da febre amarela. Asibi interessava ao grupo, pois era mais uma das vítimas da doença. Os cientistas estavam atrás da identificação do vírus responsável pela doença e procuravam saber se a febre amarela africana era a mesma encontrada na América. Em busca disso, uma amostra de sangue de Asibi foi colhida pelo grupo.

O sangue de Asibi foi introduzido na veia de um macaco rhesus oriundo da Índia, pois os macacos africanos eram resistentes ao vírus. Enquanto o macaco adoeceu, Asibi se recuperou. Em poucos dias, os cientistas comemoraram o isolamento viral no sangue do primata. Pela primeira vez se conseguia proliferar o vírus da febre amarela em animais. O grupo não largaria mais aquela cepa viral batizada como "cepa Asibi".[232] Seria replicada continuamente em laboratório. A festividade pelo sucesso da expedição foi manchada pelo infortúnio que abateu o grupo. Adrian Stokes, patologista de Londres, morreu vitimado pela febre amarela adquirida na região. O doutor Hideyo Noguchi foi enviado pela Fundação Rockefeller para substituí-lo nas pesquisas. Em menos de um ano, também morreu pela doença, que ainda atingiria o médico da equipe que participou de sua necropsia. Daí a corrida por uma vacina.

Enquanto isso, outro grupo de pesquisa conseguia avanços no Senegal. O doutor Sellards da Medicina Tropical de Harvard também isolou o vírus após inocular sangue de um doente em um macaco rhesus. O Instituto

Pasteur, por trás da pesquisa, batizou o vírus como "cepa francesa". Agora tentariam a produção de uma vacina efetiva contra a febre amarela. Os primeiros testes foram desanimadores: o vírus destruído por fenol e formalina não induzia a produção de anticorpos nos animais. Esse resultado concluía que uma vacina eficaz deveria conter o vírus vivo atenuado, e não destruído. A tarefa seria mais árdua do que pensavam, e o grupo retornou para os Estados Unidos com sua cepa nas malas.

Entrou em cena Max Theiler. Nascido em Pretória, África do Sul, o talentoso Theiler graduou-se médico em Londres e foi absorvido pela disciplina de Medicina Tropical de Harvard[233], onde se deparou com seu primeiro grande desafio. A cepa francesa trazida para seu laboratório precisava ser enfraquecida, e essa tarefa foi incumbida a Theiler. No início parecia ter encontrado a fórmula através da inoculação viral no cérebro de camundongos. A proliferação do vírus em outra espécie animal poderia alterar sua constituição genética com consequente redução de sua agressividade. Para isso, Theiler recolhia partículas virais proliferadas e as inoculava, novamente, no cérebro de novos camundongos. Faria isso por diversas vezes para induzir mutações que enfraquecessem o vírus. E foi o que ocorreu, porém não como Theiler desejava. Algo saíra errado.

O vírus transformado não mostrava agressão ao fígado quando introduzido nos macacos rhesus, estava atenuado. Sucesso? Não. As passagens pelo cérebro dos roedores o haviam tornado extremamente agressivo ao sistema nervoso central. O vírus, agora, inflamava as células cerebrais, o que tornava inviável sua utilização na vacina.

Em 1930, Theiler foi contratado pela Fundação Rockefeller e se mudou para Nova York. Sua cepa viral candidata à vacina o acompanhou na bagagem. Como poderia lançar mão daquele vírus agressivo ao cérebro? Theiler lançou mão da criatividade para fazer com que aquele vírus, já inofensivo ao fígado, também não inflamasse o tecido cerebral. A estratégia escolhida era semelhante à da primeira vacina para difteria. Forneceria o vírus da febre amarela com o soro humano de pacientes recuperados da doença, e, portanto, portadores de anticorpos que neutralizariam a cepa viral. Assim, estimularia a produção da imunidade sem causar danos cerebrais. O médico Bruce Wilson, da Fundação Rockefeller, se voluntariou para ser o primeiro humano testado. Após retornar de licença no Brasil, recebeu a vacina sem qualquer efeito colateral. O teste foi um sucesso, e a vacina para febre amarela foi lançada. Porém, esbarrava em algo que a tornava inviável para produção em larga escala: a dificuldade de conseguir quantidades suficientes de soro humano com anticorpos.

Enquanto isso, o grupo de Sellards, transferido para o Instituto Pasteur de Tunis, tentava outras maneiras de amenizar o efeito cerebral do vírus, adicionando óleo e o submetendo a congelamento na tentativa de enfraquecê-lo. O sucesso parcial ainda não era suficiente para a vacina ideal. A corrida continuava.

Nesse momento, a descoberta da vacina dependia de se encontrar um meio que bloqueasse a agressão viral ao cérebro. Finalmente isso foi alcançado através de uma ideia genial. Em 1932, Theiler arriscou nova tentativa para reduzir o efeito indesejável de sua cepa. O vírus proliferado nos camundongos e em embriões de galinhas mantinha a agressão cerebral quando inoculado nos primatas. Como suprimir esse efeito? A ideia de Theiler foi cultivá-lo em embriões de galinhas com o cérebro retirado cirurgicamente. A esperança era que o vírus, após várias reinoculações e sem se replicar nas células nervosas, perdesse o efeito danoso àquele tecido. Theiler utilizou a "cepa Asibi" para inocular os embriões. O vírus se proliferava e gerações virais recuperadas eram outra vez inoculadas em novos embriões. Os vírus se multiplicavam sem encontrar células nervosas. Theiler faz isso por cem vezes na tentativa de induzir a alteração comportamental pelas mutações. Finalmente, surgiu uma cepa viral, batizada 17D, que, através de mutações, deixou de ser agressiva quando inoculada no cérebro de camundongos. Theiler finalmente conseguiu um vírus mutante atenuado da febre amarela. A vacina ideal foi sintetizada. Em 1941 e 1942, sete milhões de recrutas norte-americanos a receberam antes do embarque da campanha militar para o norte africano na Segunda Guerra Mundial.

A CONSTRUÇÃO DE UMA NOVA EPIDEMIA

As doenças infecciosas começaram a ser combatidas de maneira eficaz a partir da segunda metade do século XIX. Por quê? O homem descobriu o papel dos microrganismos e a necessidade de enfrentá-los. Agora, o esgoto urbano era direcionado e tratado, enquanto a água ingerida era potável e oriunda de fonte segura. Nasciam o filtro de porcelana, os sistemas de tratamento de água e esgoto e, posteriormente, a adição do cloro à água. O século XX iniciava com o controle do cólera, das diarreias infantis e da febre tifoide. A mortalidade infantil se reduzia nas cidades salubres. A ciência triunfava diante das infecções transmitidas por água e alimento contaminados. Apesar disso, algo paradoxal ocorria. Médicos testemunhavam o nascimento de uma epidemia inesperada em um mundo livre de contaminações. Ao passo que a frequência da maioria das doenças de transmissão oral regredia, uma doença em especial ganhava força e se avolumava: a poliomielite. Como isso seria possível?

O vírus da pólio, conhecido desde a Antiguidade, encontrou terreno fértil para disseminar-se nas crianças do século XX. Por que um microrganismo antigo começava a causar epidemias? Na história humana, esse vírus, eliminado nas fezes, sempre alcançou a água ingerida e os alimentos. Portanto, o vírus infectava as crianças com enorme frequência antes de se descobrir a necessidade de instalação de sistemas de tratamento de água e esgoto. Mas havia um pequeno detalhe que nos livrava das epidemias. Quanto mais jovem é o infectado, menor o risco da paralisia neurológica. Nesse período, a infecção é leve e regride de maneira espontânea sem sequelas. Além disso, crianças infectadas em período precoce de vida lançam mão de outra estratégia de defesa: a presença dos anticorpos da mãe.[234] Como? O recém-nascido apresenta anticorpos maternos herdados no período de vida intrauterino pelo transporte placentário. A criança, durante o crescimento, produz os seus próprios anticorpos, enquanto os da mãe vão sendo eliminados. É um mecanismo de proteção nos primeiros meses vulneráveis da criança. Como isso explica a defesa no combate à paralisia infantil? Os anticorpos maternos contra o vírus da pólio abortariam a doença, caso as crianças se infectassem cedo. Nesse caso, a falta de saneamento básico era positiva. O vírus atingia os menores, que não adoeciam pela proteção dos anticorpos maternos circulantes, mas o contato viral estimulava a defesa para imunizá-los.

Com as reformas sanitárias do início do século XX, criou-se uma multidão não exposta ao vírus. As crianças cresciam para engrossar o número de susceptíveis. Bastava um caso para emergir epidemias de pólio e, como as crianças eram mais crescidas, com maior chance de paralisia. Foi isso que ocorreu durante a primeira metade do século XX. As epidemias iniciais predominavam em crianças de classe média e poupavam as de classes inferiores, principalmente os negros. Além disso, eram comuns na região norte dos Estados Unidos e raras no sul empobrecido e com menos saneamento básico. Essa discrepância preocupou as mentes defensoras da eugenia. O negro seria mais resistente à doença pelas diferenças raciais,[235] as mesmas que o tornava menos inteligente e capaz do que os brancos. Com isso, as medidas governamentais visavam auxílio à população branca, susceptível à doença. Nas décadas seguintes, ficou claro que a doença não privilegiava nenhuma população, e o governo foi obrigado a inaugurar centros especializados para vítimas da paralisia também para os negros.

As nações aguardavam, temerosas, pelos frequentes casos de paralisia infantil em todos os verões. As epidemias se somavam. O rescaldo anual eram crianças mortas pela infecção aguda ou paralisadas. Cresciam as vendas de muletas, seguidas pelos aparelhos metálicos ortopédicos. Surgiam clínicas de recuperação para pacientes paralíticos. A ciência inventou o pulmão de ferro, um aparelho gigantesco que deixava apenas a cabeça das crianças de fora. A pressão negativa do interior expandia o tórax e se tornava a única esperança de vida daqueles cuja paralisia havia afetado os músculos respiratórios. Surgiam fundações de pesquisa. A ciência se esforçava por uma solução, enquanto o número de casos se elevava ao longo das décadas do século XX.

Em 1952, os Estados Unidos viveram a maior epidemia de pólio de sua história. A corrida por uma vacina se tornou imperativa, e a esperança estava nas mãos de Jonas Salk, da Universidade de Pittsburgh. Três anos antes, os cientistas haviam descoberto a existência de três tipos do vírus da pólio. A vacina precisava conter o trio. No mesmo ano, conseguiram culturas do vírus em células de tecidos embrionários. Agora, Salk tinha nas mãos os meios para produzir quantidades maciças de vírus para produzir sua vacina. Faltava um passo à produção da vacina, o vírus letal e danoso deveria ser morto ou atenuado. Esse era o desafio de Salk: destruir o vírus e se certificar de que seus fragmentos estimulariam resposta imunológica. Primeiro Salk multiplicou o vírus em células de rins de macacos, para em seguida inativá-los em formaldeído. No início de 1954, Salk armazenou um largo estoque de vacina. Faltava agora testá-la para comprovar sua eficácia e segurança. Iniciou-se, dessa forma, o maior estudo vacinal norte-americano.

Salk contava com o patrocínio da Fundação Nacional para a Paralisia Infantil. Fundada em 1938 pelo então presidente Franklin D. Roosevelt, foi amplamente apoiada e divulgada pelos veículos de comunicação. Seu próprio patrono, o carismático Roosevelt, fora vítima da doença que o condenou a não conseguir andar. A fundação agia em diversos *fronts* na batalha contra a poliomielite, desde assistência à pesquisa, medidas preventivas, até informações durante as epidemias ao tratamento dos sequelados. Agora, a fundação abraçava o projeto de Salk. Despachou cartas para os departamentos estaduais de saúde com solicitações de adesão ao estudo. Quarenta e quatro estados norte-americanos se inscreveram no experimento. Os pesquisadores dividiram o território nacional em 211 áreas para coleta dos dados. A estratégia era vacinar crianças em idade escolar entre 6 e 9 anos.

Os agentes de saúde visitaram escolas em 11 estados para catalogar crianças dessa faixa etária. Todas receberam injeções com um mililitro da vacina, seguida de reforços vacinais após uma e cinco semanas. Após o mutirão, a pesquisa computou cerca de 624 mil crianças vacinadas. Destas, metade recebeu a vacina com constituintes de vírus morto, enquanto a outra metade, sem saber, recebeu placebo, inútil à proteção. Os pesquisadores queriam comparar os grupos para confirmar a eficácia da vacina. Como consequência, esperavam muitos casos de paralisia no grupo que recebeu placebo e poucos nos verdadeiramente vacinados. Além disso, em outros 33 estados, os pesquisadores vacinaram apenas as crianças da segunda série escolar, enquanto observavam as da primeira e terceira série.

O projeto envolveu entre 150 e 300 mil voluntários médicos, enfermeiras, professoras e diretores de escola, agentes de saúde e escriturários. Cerca de 15 mil escolas públicas de 44 estados norte-americanos foram visitadas. Quase 2 milhões de crianças foram catalogadas para simples observação, receber a vacina ou o placebo. Salk, agora, ficaria seis meses à espera das paralisias do verão para então abrir os envelopes lacrados e saber quais doentes receberam vacina ou placebo. Os resultados apresentados em abril de 1955 não deixaram dúvidas. A grande maioria dos vacinados, diferentemente dos que haviam recebido placebo, não contraíram a doença. A vacina de Salk prevenia a paralisia infantil. A humanidade tinha uma vacina eficaz e segura para conter as epidemias de poliomielite.

UMA DOENÇA ERRADICADA PELA VACINA

Em pouco tempo, a humanidade avançou na descoberta de novas vacinas contra infecções virais. Vírus do sarampo se multiplicavam em células de rins, placenta e ovos de aves. Nasceram vírus atenuados para a primeira vacina contra a doença. Sabin lançou a vacina com vírus da pólio atenuado, que, fornecida oralmente por meio de gotas, tinha a vantagem da maior facilidade de administração. No início, era distribuída em pequenos torrões de açúcar para cativar a população infantil. O medo da nova pandemia de gripe asiática de 1957 fez pesquisadores norte-americanos introduzirem em ovos o vírus *influenza* despachado da Ásia. As culturas foram positivas e forneceram grandes quantidades virais para produção de vacina. Desde então, utiliza-se técnica semelhante para as nossas vacinas anuais contra o *influenza*.

Em 1941, a ciência descobriu os perigos antes desconhecidos de uma doença viral aparentemente inofensiva às crianças. O oftalmologista australiano Norman McAlister Gregg atendeu, a partir de 1940, diversas crianças recém-nascidas com catarata. A doença, até então rara, se apresentava como epidemia na sua clínica. O que justificaria tantos casos de catarata em recém-nascido? Intrigado, Gregg questionou as mães e catalogou informações preciosas das que passavam pelo mesmo problema. Todas relataram ter sofrido a mesma doença no início da gestação. Qual doença? Um ano antes, com o recrutamento militar para a Segunda Guerra Mundial e a migração de jovens, eclodiu uma epidemia de rubéola em solo australiano. Todas aas mães questionadas tinham adquirido rubéola no início da gestação. Gregg partiu em busca de todo recém-nascido com má-formação. A conclusão: 95% das gestantes acometidas pela rubéola antes da 16ª semana de gestação teve seu filho com algum defeito congênito. A ciência descobria o perigo da infecção gestacional pela rubéola. Na década de 1960, surgiu a primeira vacina com vírus atenuado por cultura em tecido fetal.

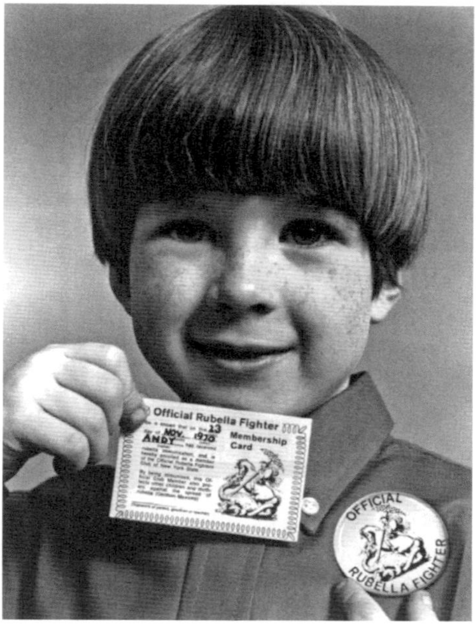

Centers for disease Control and Prevention

Em apenas dois anos da década de 1960, mais de 20 mil gestantes infectadas pela rubéola geraram recém-nascidos com defeitos. A vacina foi licenciada em 1969 nos Estados Unidos. As crianças vacinadas recebiam certificado e bóton de combatente oficial à rubéola.

Em 1958, o ministro da saúde da então União Soviética lançou uma proposta à Organização Mundial da Saúde (OMS). A potência comunista controlara suas epidemias de varíola havia anos. Porém, mantinha campanhas onerosas de vacinação por um único motivo: países vizinhos sofriam com a doença. A varíola ameaçava ser reintroduzida na União Soviética pelas fronteiras. A façanha comunista trazia pouco benefício, porque 60%

da população mundial ainda habitava áreas assoladas pela varíola.[236] Daí a proposta soviética: juntar forças internacionais para erradicar de vez a doença do planeta à custa de maciça campanha de vacinação mundial.

cdc/World Health Organization; Stanley O. Forster M.D., M.P.H.

Bilkisunnessa recebe recompensa de 250 taka pelo governo de Bangladesh por comunicar o último caso de forma grave da varíola em 1975. Em 1977, a Organização Mundial da Saúde relatou o último caso de varíola na Somália, e, em 1979, a doença foi oficialmente decretada extinta.

A OMS aceitou a proposta apesar de adiá-la pelo fato de estar envolvida em outro projeto com o outro lado da Guerra Fria. Os Estados Unidos haviam abraçado a luta pela erradicação da malária. A extinção do vírus da varíola parecia ser inviável devido à necessidade de vacinar 80% da população mundial, inclusive povos incrustados em regiões de difícil acesso, como florestas, matas e desertos. Uma pequena disputa diplomática foi travada entre os lideres rivais da Guerra Fria. Por fim, com o fracasso do combate à malária, Estados Unidos e União Soviética sentaram à mesa de planejamento da Organização Mundial da Saúde. A varíola estaria com seus dias contados.

Em 1966, os líderes comunistas e capitalistas doaram 150 milhões de doses de vacina. A OMS aprovou a liberação de 2,4 milhões de dólares para os próximos dez anos do projeto. Os governos mundiais se uniram a fim de alcançar o objetivo comum: vacinar 80% da população. Somente assim se acreditava ser possível o fim do vírus. Porém, uma descoberta ao acaso mudou a estratégia e facilitou o sucesso.

O escasso suprimento de vacina para a Nigéria perturbava o doutor William Foege, responsável pela campanha naquela nação. Sem outra opção, Foege sentou diante do mapa da nação africana para reformular sua estratégia de vacinação devido ao número limitado de doses. A solução? A partir daquele momento, apertaria o cerco na busca de casos novos da doença. Sua equipe reservaria as escassas doses da vacina a todas as pessoas que relatavam contato próximo com doentes contaminados pela varíola. A estratégia visava conter o avanço da doença. Familiares e outros contatos recebiam as doses vacinais. Para sua surpresa, esse método não apenas conteve o avanço da doença, mas a erradicou no leste da Nigéria.[237] Bastou vacinar 50% da população para conseguir a façanha de extinguir a doença. A ciência descobria a eficácia das campanhas de vacinação para conter os surtos, e, de quebra, a OMS testemunhou que bastava vacinar 50% da população mundial para erradicar a varíola.

O fôlego e a esperança foram reacesos. As campanhas se intensificaram em nações ricas e pobres. Finalmente, o último doente de varíola foi diagnosticado na Somália, em 1977. Três anos depois, com a ausência de novos casos, a doença foi considerada erradicada do planeta. A varíola, responsável pela produção da primeira vacina dois séculos antes, deixou a humanidade. As vacinas triunfaram.

ANO 1978

A CONSTRUÇÃO DO BEBÊ DE PROVETA

O método é simples. Apanhe um óvulo emergido do ovário e coloque-o em um caldo nutritivo. Em seguida, acrescente o espermatozoide nas proximidades. Aguarde a ocorrência da união de ambas as estruturas. O corpúsculo masculino forçará sua entrada através da vigorosa oscilação de sua longa cauda. O óvulo, uma vez fecundado, iniciará a divisão celular em uma velocidade assustadora. Após algum tempo, teremos um aglomerado de células pronto para ser introduzido no útero feminino através de uma longa e fina sonda. Agora, basta aguardar que a massa celular se implante no endométrio, desencadeie a formação da placenta e inicie a gestação. Essa técnica de fertilização *in vitro*, que resultou no chamado "bebê de proveta", só pôde ser realizada após a elucidação dessas diversas fases. A ciência precisou desbravar os mistérios da ovulação, desenvolver caldos nutritivos para acomodar o óvulo, aperfeiçoar a união das células germinativas, capturar o óvulo materno oculto no interior dos ovários e manipular os espermatozoides, entre outras inovações. Foi uma árdua descoberta construída tijolo a tijolo.

A DESCOBERTA DE UMA SEMENTE

A origem da gestação era clara na Antiguidade, não havia dúvidas da necessidade do ato sexual para a concepção. Além disso, parecia óbvio que o líquido leitoso da ejaculação masculina continha alguma forma de semente responsável pela nova vida. As primeiras civilizações humanas também definiram, com facilidade, o tempo gestacional: nove meses eram necessários para o nascimento. O progressivo crescimento abdominal das mulheres se interrompia aos nove meses, quando o rebento surgia. O tempo coincidia exatamente com o número de meses em que se visualizava um astro brilhante nos céus noturnos. Um planeta – para outros, uma estrela – brilhante era visto durante nove meses do ano, logo após o pôr do sol ou antes do amanhecer. A coincidência do período relacionou aquele astro à gestação. Os caldeus o batizaram como estrela da deusa do amor", enquanto os persas a associavam à fecundidade. Os gregos relacionaram aquele planeta à Afrodite, deusa do amor, da beleza e da sexualidade. Os romanos a renomearam Vênus. Portanto, o planeta Vênus, ou "estrela dalva", foi batizado justamente por ser visível no céu durante nove meses.[238]

O aspecto da semente da vida permaneceu obscuro por séculos. O que haveria na ejaculação masculina? Qual o conteúdo fértil por trás daquele poderoso líquido? A resposta viria somente no século XVII pelas mãos de um curioso holandês. Antony van Leeuwenhoek não tinha formação científica ou naturalista. Não frequentou nenhuma universidade tradicional, não assistiu a palestras com professores renomados nem tinha intimidade com o latim. Era um simples comerciante de tecidos. Apesar disso, transformou-se em um dos maiores cientistas da história. O motivo? Curiosidade, interesse e criatividade.

Leeuwenhoek analisava com rigor os tecidos que chegavam ao seu pequeno comércio. Para isso, lançava mão de lentes de aumento que pudessem auxiliar na contagem das fibras e na análise da qualidade.[239] Não demorou a perceber que aquelas lentes biconvexas também ampliariam um mundo microscópico até então inexplorado, bastava melhorar a qualidade da curvatura e transparência. Nos tempos livres, Leeuwenhoek polia lentes minúsculas para ampliarem melhor os objetos pequenos, além de combinar diferentes tipos para incrementar a ampliação. Em pouco tempo, descobriu o potencial delas. Sua curiosidade o levou a construir o primeiro aparelho capaz de ampliar objetos. A lente biconvexa foi fixada em um pequeno orifício de uma placa metálica retangular. Um suporte ou pino pontiagudo, em um dos lados, acomodava o objeto a ser analisado. Leeuwenhoek observava o alvo através da lente, enquanto rosqueava um parafuso que afastava ou aproximava o objeto dela até obter foco e nitidez da imagem. Dessa forma, surgiu o primeiro microscópio.

O aparelho rudimentar revelou um mundo microscópico. Leeuwenhoek, empolgado, explorou todas as substâncias ao seu alcance, ao passo que aperfeiçoava a produção de microscópios mais potentes.[240] A observação da água mostrava seres móveis batizados como "pequenos animais", ou "animálculos". O sangue humano continha pequenos corpúsculos discoides avermelhados. As penas das aves eram formadas por minúsculas circulações. O microscópio descobria a intimidade dos insetos, da pólvora, da pelagem animal, de ossos, músculos e dentes. Os organismos de dezenas de espécies de insetos eram devassados pelo microscópio. Leeuwenhoek enviou cartas com desenhos de suas descobertas à prestigiada Royal Society de Londres. A instituição científica foi bombardeada com descrições inéditas dos achados microscópicos. Finalmente, após o reconhecimento da pesquisa, o comerciante de tecidos foi eleito membro da Royal Society em 1680.

Diante de tanta descoberta, uma célula especial emergiu das lentes do instrumento. O esperma humano revelava milhões de animálculos se movendo freneticamente por meio de enormes caudas transparentes. Leeuwenhoek descobria os espermatozoides. Desenhos da descoberta partiram à Royal Society acompanhados de prováveis explicações daquelas estruturas móveis. A ciência especulava ter descoberto a semente da gestação. Em pouco tempo, seria clara sua participação na descoberta da origem fetal.

Bastou um século para que a ciência lançasse mão da descoberta de Leeuwenhoek para realizar as primeiras inseminações artificiais. A semente da vida, o espermatozoide, uma vez introduzida artificialmente na genitália feminina geraria gestação? A Medicina conseguiria excluir o ato sexual na origem da vida? O fisiologista italiano Lazzaro Spallanzani demonstrou ser possível. Inoculou sêmen na vagina de uma cadela, e, após dois meses, documentou o nascimento de três filhotes.[241] O médico John Hunter fez o mesmo no final do século XVIII, quando procurado por um mercador de tecidos que sofria de hipospádia. O que é? Uma má-formação no orifício peniano, o meato uretral, por onde se elimina a urina e o esperma. O meato uretral anômalo, ao invés de se formar na extremidade peniana, se posiciona na borda inferior do pênis. Em alguns casos extremos se localiza na bolsa escrotal. Os homens com essa má-formação urinam pela porção inferior do pênis, o que exige correção cirúrgica.

O mercador procurou Hunter por outra consequência da má-formação: não conseguia engravidar a esposa. A ejaculação, também eliminada pelo meato uretral, escapava pela região inferior, e, jamais atingiria o útero da parceira. Assim, Hunter realizou a primeira inseminação artificial humana. Orientou o mercador a coletar, através de uma seringa, o esperma derramado após o ato sexual. A seguir, o líquido foi injetado no interior da genitália da esposa. A gestação foi um sucesso. A Medicina caminharia para desenvolver formas de inseminação para assistência na reprodução, enquanto o bebê de proveta não passava de ficção. Assim, ao mesmo tempo que as pesquisas avançavam, surgiam "clínicas de reprodução" bizarras nos Estados Unidos, como veremos a seguir.

A REPRODUÇÃO ASSISTIDA

No sul dos Estados Unidos, uma jovem negra adentra em uma rudimentar construção de madeira na primeira metade do século XIX. A jovem é forçada a se deitar no chão de terra ou, quem sabe, em um amontoado de palha. Talvez tenha a sorte de encontrar uma cama. Sua missão? Engravidar para, no futuro, gerar negros escravos utilizados nas crescentes plantações de algodão, tabaco, arroz ou índigo. Por que apostar nos nascidos? O abastecimento de escravos aos Estados Unidos havia minguado com a lei de 1808 que proibiu o tráfico negreiro. Agora, donos de terras dependiam do tráfico interno do país ou da reprodução de suas escravas. Para piorar a situação, as exportações de algodão dispararam e exigiam maior produção desde 1820. As fazendas algodoeiras sulinas precisavam de maior quantidade de mão de obra escrava justamente quando o tráfico fora proibido. O número de escravos comprados dos estados da Virgínia e da Carolina não era suficiente à crescente necessidade dos estados do sul. Por isso, a elite escravista norte-americana lançou mão de outra estratégia: a desumana "reprodução assistida".

As negras eram convencidas a engravidar em troca de recompensas baratas. A promessa de liberdade após determinada cota de filhos incentivou algumas à gestação. Presentes como roupas coloridas cativaram outras. Uma mínima recompensa monetária arregimentou outro grupo de futuras grávidas. A oferta de maior tempo livre para o lazer semanal recrutou novas mães. Dessa forma, se submetiam às relações sexuais para gestação. A melhor decisão era aceitar, pois as que não se rendiam às ofertas sedutoras eram estupradas. Negros e capatazes eram usados como animais reprodutores. Sem muitas opções, adolescentes escravas engravidavam. Muitas chegavam aos 20 anos com cinco ou seis filhos.[242] A sabedoria de Thomas Jefferson incentivava a conduta: uma escrava que desse à luz a cada dois anos seria mais lucrativa que o melhor escravo homem.[243] Essa estratégia para incrementar o número de escravos escasseado pela proibição das embarcações vindas da África terminaria somente na década de 1860. A Guerra Civil norte-americana pôs fim definitivo à escravidão e a essas primeiras "práticas de reprodução forçadas". Porém, episódio semelhante se repetiria em pleno século XX, como veremos adiante.

Por sorte, os donos de escravos norte-americanos tinham apenas essa técnica arcaica de reprodução à disposição. Não dispunham ainda da inseminação artificial; caso contrário, não pensariam duas vezes para multiplicar de maneira mais eficaz a "carga escrava". Novas descobertas na área reprodutiva estavam prestes a surgir. Cada avanço científico seria um degrau a mais rumo à considerada impossível fecundação *in vitro*. No início, os primeiros passos que abriram o horizonte das pesquisas ocorreram pela reprodução artificial de vegetais e animais.

O botânico norte-americano Luther Burbank foi um dos pioneiros na reprodução vegetal ao descobrir como produzir híbridos. Animais híbridos surgem pelo cruzamento de espécies diferentes: por exemplo, a mula pelo cruzamento de jumento com égua. O mesmo também pode ocorrer entre os vegetais, e, apesar de o fenômeno ser raro na natureza, Burbank descobriu como realizá-lo em frutas, flores e plantas. Pacientemente, recolhia o pólen em folhas de papelão e, com ajuda das pontas dos dedos, dispersava-o no estigma das plantas. Durante anos, o cientista dedicou sua vida à criação de novas espécies pela hibridização e, no final do século XIX, já atapetava o solo de uma fazenda na Califórnia com novas espécies.

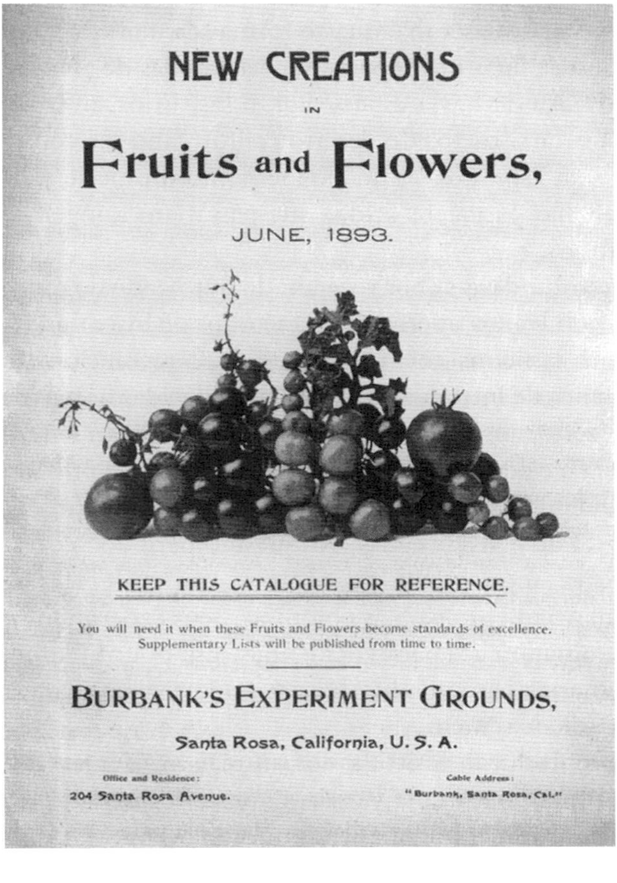

Catálogo de 1893 da fazenda experimental de Luther Burbank. A publicação traz suas novas criações em frutas e flores.

Um ótimo exemplo da árdua tarefa de Burbank está na sua criação da noz híbrida. Primeiro inoculou o pólen da noz persa na da Califórnia. Após semear e aguardar o crescimento das sementes, Burbank encontrou uma espécie híbrida com crescimento rápido. Outros cruzamentos de espécies diferentes de nozes produziu outro híbrido também com crescimento rápido, mas de tamanho maior, mais doce e, pela casca fina, mais fácil de descascar. A nova espécie de noz foi um sucesso. Outro exemplo encontrou na hibridização que levou a uma espécie maior de ameixa, mais doce e suculenta. Uma nova espécie de amora também emergiu de sua fazenda. Os mesmo esforços o levaram a criar plantas ornamentais. Das bancadas de Burbank nasciam novas espécies de orquídea, lírio e rosa. Plantas coloridas e exóticas atraíam compradores.

O reconhecimento de seu trabalho alavancou as vendas da fazenda onde realizava seus experimentos. Catálogos eram lançados com preço das novas sementes criadas por Burbank. Compradores chegavam de todos os cantos da nação em busca das novidades. No final do século XIX, Burbank já criara dois tipos de noz, um de castanha, quatro formas de marmelo, dez diferentes espécies de ameixas, duas novas batatas, e variedades de amoras, morangos e framboesas.[244] Ainda havia espécies de rosas, lírios, murta e petúnia. Burbank ainda cruzaria cactos do deserto californiano até conseguir uma forma híbrida sem espinhos. A finalidade da nova espécie seria fornecer água aos animais nas pastagens áridas que passariam a ingeri-lo uma vez ausentes os espinhos.

Enquanto Burbank aprofundava-se nos vegetais, do outro lado do mundo, na Rússia, Ilya Ivanovich Ivanov aperfeiçoava métodos de inseminação artificial em cavalos, porcos, carneiros, coelhos, cães e bois. O revolucionário biólogo desenvolveu a técnica de introduzir esponjas umedecidas na vagina dos animais para, após o coito, absorverem o esperma animal. Ivanov retirava as esponjas e espremia o caldo em meio nutritivo. O sêmen capturado era introduzido artificialmente no útero dos animais. Assim, o esperma de um único cavalo fertilizaria dezenas de éguas. No mesmo período, a cavalaria do czar se multiplicava, motivo pelo qual Ivanov caiu nas graças de Moscou, conseguindo financiamento para as pesquisas. Seus experimentos repercutiram no Japão e rumaram aos países ocidentais. Em pouco tempo, uma vagina artificial enganaria os animais machos ao montarem nas fêmeas e coletaria maior quantidade de sêmen.

Ivanov inaugurou a reprodução assistida nos animais. O sêmen dos melhores selecionaram ótimas criações na Rússia, e, posteriormente, pelo mundo. Qualquer qualidade animal poderia ser alcançada pela nova técnica: animais musculosos, gado produtor de volumosa quantidade de leite e cavalos potentes e velozes.

O bizarro também contaminaria a mente de Ivanov na década de 1920. O biólogo acreditou ser possível gerar uma espécie híbrida através do cruzamento humano com chimpanzé.[245] Coletou sêmen humano para inseminar fêmeas de chimpanzé. Os primatas chegavam do solo africano ao laboratório de Ivanov. O objetivo? A nova espécie obedeceria a ordens de comando para constituir um batalhão de soldados híbridos tão fortes e agressivos como os primatas. Ivanov conseguiu, no início, empolgar os governantes russos pela ambição por um exército poderoso. Porém, a euforia inicial deu lugar à lucidez que revelou o absurdo do projeto. O mesmo não ocorreu na Alemanha nazista, cuja lucidez submergiu para dar espaço a todo tipo de experimento surreal, inclusive no campo da reprodução assistida.

AS "CLÍNICAS DE REPRODUÇÃO" NAZISTAS

Muitos sabem dos principais objetivos nazistas em exterminar as raças ditas inferiores. O Terceiro Reich seria construído em uma base sólida por arianos puros. Não havia espaço para genes inferiores que contaminassem a população e comprometesse o futuro império de mil anos. Casamento entre arianos e qualquer raça inferior foi proibido logo após a ascensão dos nazistas ao poder. Ao mesmo tempo, era imperativo findar a procriação de alcoólatras, esquizofrênicos, pessoas com retardos mentais ou deformidades e epilépticos. Assim, médicos alemães anestesiavam esses ditos inferiores para realizar pequenas cirurgias de ligadura das trompas uterinas ou vasectomias. Até o fim do regime nazista, foram cerca de 400 mil esterilizações. Da mesma forma, os nascidos considerados inúteis ao crescimento do Reich eram condenados à morte. Eutanásia com injeção letal ou fome proposital foi aplicada em cerca de 200 mil recém-nascidos com deformidades, defeitos genéticos, doenças incuráveis ou Síndrome de Down.[246,247] Todos os esforços visavam à ascensão do Reich através de uma espécie humana pura e forte. Mas o regime nazista queria mais. Enquanto fechava a torneira dos nascimentos impuros, abria outra válvula para inundar a Alemanha com crianças arianas. Como? Somente incentivando a procriação dos casais arianos? Não.

Pequenas habitações rurais nazistas abrigavam grupos de moças a partir de 1935. Em geral, as construções eram vizinhas a pequenas cidades ou vilarejos. As jovens recebiam fartas e balanceadas refeições com a finalidade de crescerem saudáveis e rígidas. Dormiam cedo e acordavam pela manhã com os primeiros raios de sol. Uma noite tranquila, com horas de sono, era fundamental para revigorar o corpo. Exercícios físicos matinais condicionavam o organismo desse grupo de mulheres, muitas adolescentes. Moradores locais notaram a movimentação naquelas residências e duvidaram da informação oficial de que eram "casas do programa de abrigo para solteiras". Os boatos afirmavam se tratar de prostíbulos voltados aos oficiais da SS que frequentavam as moradias. Na verdade, tratava-se de mais um dos inúmeros projetos nazistas.

Enfermeiras recrutavam as adolescentes para o novo programa de procriação. A meta nazista era inundar o Reich com 150 milhões de recém-nascidos arianos.[248] Como? As jovens eram convencidas a engravidar para fornecer arianos que consolidariam o império alemão. O delírio coletivo atingiu a mente daquelas que concordaram com a prática: seriam assistentes na concepção de bebês puros. Muitas adolescentes entraram nessas "fábricas de fertilização" para, através de relações sexuais com oficiais da SS, gerar prole ariana. Realizavam um juramento de fidelidade ao regime nazista em que o segredo da missão era fundamental. Muitas receberam dinheiro como incentivo; enquanto outras, um certificado de pertencer à raça pura e, portanto, ter direito de matrimônio com oficiais da SS. As garotas teriam total assistência durante a gestação e o parto, porém, após a concepção, a criança ficaria a cargo do partido para ser doada a uma família. A jovem puérpera não teria direito ou responsabilidade pelo filho, que teria registro de nascimento ali mesmo.

Casa do projeto nazista *Lebensborn* (fonte da vida). Os bebês "arianos puros" eram levados ao banho de sol sob a bandeira da SS. Essas casas ficavam nos campos afastadas das regiões urbanas.

Os oficiais alemães casados participavam da "procriação" uma vez convencidos de que suas relações extraconjugais eram pelo bem do Reich. Uma pequena porcentagem do salário era reservada ao financiamento do projeto. Também não teriam responsabilidade pelas crianças, que cresceriam com famílias selecionadas, sob o disfarce de serem filhos de oficiais mortos em combate. Estima-se de 12 mil a centenas de milhares as crianças nascidas desse projeto nazista. A cúpula nazista logo percebeu que a meta do projeto não seria atingida. O número de gestações não suplantou as expectativas. A estratégia precisaria ser alterada, e o início da guerra trouxe a oportunidade ideal. Os nazistas passaram a raptar crianças dos países invadidos pela Alemanha. As mães estrangeiras eram coagidas a aceitar o futuro melhor dos filhos em solo nazista. Carregamentos de crianças estrangeiras chegavam aos domicílios das famílias alemãs. Os nomes trocados apagavam o paradeiro das crianças reassentadas. O enredo era o mesmo: cresciam com novas famílias informadas de que o pai, oficial da SS, havia morrido pela pátria em combate. As crianças norueguesas entravam diretamente na Alemanha devido ao cabelo loiro, aos olhos azuis e à pele clara. Já as francesas e polonesas passavam por uma triagem médica que comprovasse a pureza racial. O saldo ao final da guerra? Cerca de 340 mil crianças raptadas da Rússia, da Polônia, da Iugoslávia, da Dinamarca, da França, da Holanda e da Noruega.[249]

A velocidade de inseminação natural de oficiais da SS em jovens arianas não foi o bastante para atingir a meta de milhões de crianças de raça pura. O objetivo só poderia ser atingido se pudessem coletar esperma dos oficiais, acondicioná-lo, para então inseminar as jovens. Assim, os espermatozoides de um único alemão puro criariam uma grande "linha de produção" ariana. Mas havia um detalhe: essa técnica inexistia à época. Hitler não sabia que, na mesma época em que levava adiante seu projeto, médicos dos países aliados avançavam nessa pesquisa, o que também contribuiria para a realização da primeira fertilização *in vitro*.

DESVENDANDO O ESPERMATOZOIDE

Em 1939, cientistas conseguiram resfriar o sêmen sem danificar a função dos espermatozoides. Adicionaram gema de ovo para que seu fosfolípide e lipoproteína envolvessem a célula germinativa e a protegessem do choque térmico do resfriamento.[250] O primeiro passo ao estoque de sêmen era dado. O sucesso, comprovado em esperma de touro, alavancou novas pesquisas, e, em dois anos, o acréscimo de citrato de sódio conseguiu a preservação por mais de três dias a 5 °C. Uma façanha à época. A possibilidade de se criar um banco de sêmen ganhava força. Bastava descobrir a técnica ideal que mantivesse as sementes da vida viáveis por mais tempo em temperatura de congelamento. Tal método, no início, tinha o objetivo de incrementar as criações animais. As tentativas se seguiram, porém esbarravam no mesmo problema: temperaturas baixas rompiam e inativavam espermatozoides. A solução viria somente após dez anos de pesquisas, e, mesmo assim, a descoberta se deu por obra do acaso, quando um cientista, ainda sem saber, roubou a ideia dos peixes de água fria.

Ernest J. Polge tinha 22 anos quando aceitou o convite de trabalhar em um centro de biologia experimental em Londres. O jovem biólogo foi recrutado para desenvolver pesquisas em inseminação artificial de gado. Sua missão seria encontrar um meio para congelar o esperma animal de modo que o preservasse. O desafio era evitar a formação de gelo no interior das células com sua consequente ruptura, além de prevenir que o resfriamento danificasse a membrana celular. O congelamento, apesar de manter o espermatozoide móvel, interrompia sua capacidade de fertilização. Polge iniciou seu novo emprego com uma teoria já em mente. O sêmen é rico em açúcar, frutose, consumido como fonte de energia pelos ávidos espermatozoides. Talvez o enriquecimento de açúcar protegesse os espermatozoides dos efeitos do resfriamento. Afinal a frutose, já presente no sêmen, também deveria ter alguma função protetora.

As primeiras tentativas fracassaram e empurraram o projeto à hibernação. Mas Polge, insistente, retomou sua linha de pesquisa meses depois. Em 1944, solicitou um novo frasco com rótulo de frutose ao estoque do laboratório. Tentaria diferentes concentrações de açúcar na esperança de encontrar a solução ideal que preservasse as células congeladas. Para sua surpresa, a experiência foi bem-sucedida logo na primeira tentativa: os espermatozoides descongelados fecundaram óvulos animais. Era muita sorte encontrar logo no início a proporção ideal de açúcar. A animação tomou conta de seu laboratório. Porém, novas tentativas foram frustrantes, Polge não conseguiu reproduzir seu sucesso inicial. Por que a primeira tentativa fora diferente das seguintes? De repente, uma luz se acendeu na mente do biólogo. Talvez alguma outra substância tivesse contaminado a solução do primeiro frasco. Os químicos trouxeram a resposta: os 10 mililitros que restaram no frasco apresentavam altas concentrações de glicerol e nenhuma de açúcar. O glicerol era empregado para fixar tecidos em lâminas de vidro para análise ao microscópio. A única explicação era a troca acidental dos rótulos uma vez desprendidos.[251] Polge havia adicionado, acidentalmente, glicerol em vez de açúcar. O engano foi comemorado e abriu as portas para inaugurar os primeiros bancos de sêmen. No início de animais e, a partir da década de 1970, de humanos.

Elevadas concentrações de glicerol são encontradas no sangue de peixes de águas frias. Sua molécula reduz o ponto de congelamento e previne os danos celulares em temperaturas abaixo de 0 °C. Agora, a ciência lançava mão dessa estratégia da natureza. Os primeiros bancos de sêmen estocavam o esperma animal voltado à reprodução assistida. O fluído seminal, acrescido de glicerol e antibiótico, repousava em *freezer*.

Na mesmo época, outro segredo dos espermatozoides era revelado. Um mistério fundamental para viabilizar a realização da fertilização *in vitro*. Dois pesquisadores descobriram algo inesperado. As coelhas inseminadas algumas horas antes da ovulação cursavam com fecundação adequada e, em questão de dias, geravam a prole. Por outro lado, quando a inseminação ocorria logo após a ovulação não havia fecundação.[252] Algo misterioso justificaria tal fato? A pesquisa prosseguiu em ratos. Uma incisão abdominal nas roedoras expôs o ovário. Uma pequena pinça recolheu parte do tecido portador dos pequenos óvulos, que foram acomodados em uma solução nutritiva. A seguir, espermatozoides foram postos em contato. Agora, era só visualizar a fecundação ao microscópio. O teste confirmou o esperado. A fecundação ocorria apenas após quatro horas de contato. Não havia dúvidas: os espermatozoides adquiriam a capacidade de fecundar somente depois de algumas horas dentro dos órgãos femininos.

Hoje sabemos que o espermatozoide, no interior feminino, sofre uma série de reações químicas e de pH que o tornam capacitados à fecundação. Esse "choque físico-químico" altera as concentrações das moléculas celulares e auxilia na remoção de uma espécie de "capa" protetora que o envolve. Somente assim é possível fundir-se ao óvulo. A descoberta auxiliou os cientistas a desenvolverem técnicas para tratar o esperma do doador com soluções químicas antes da fertilização *in vitro*. Assim, lavagens do sêmen retiram restos celulares, proteínas, bactérias e outras moléculas para tornar os espermatozoides capacitados à fecundação.[253] A geração do primeiro bebê de proveta se aproximava. Bastava algo fundamental: recolher o óvulo feminino.

EM BUSCA DOS ÓVULOS

A inseminação artificial largamente empregada na criação animal foi útil. A Medicina auxiliava homens portadores de espermatozoides deficientes, bastava inseminá-los diretamente na cavidade uterina das esposas. Aqueles com ausência de esperma lançariam mão dos bancos de sêmen. Porém, havia outro problema de difícil solução para uma boa parte das mulheres inférteis. Muitas haviam sido vítimas de inflamações pélvicas que, uma vez cicatrizadas, obstruíram suas tubas uterinas. Esse longo túnel de acesso dos ovários ao útero estava ocluído, e a gestação impossível. O óvulo jamais chegaria ao encontro dos espermatozoides e ao útero, exceto por uma única alternativa: a fertilização *in vitro.* Mas ainda havia um grande obstáculo a ser ultrapassado.

Os médicos deveriam recolher o óvulo materno. Como prever quando ocorreria ovulação e como capturar o óvulo? A futura mãe deveria ser anestesiada para, através de uma incisão abdominal, os médicos visualizarem os ovários. E mesmo assim torceriam para encontrar uma pequena "bolha" em sua superfície denunciando um óvulo prestes a ser expulso do órgão. O procedimento cirúrgico era muito arriscado para apostar na sorte de encontrar a ovulação. A pergunta imperativa: quando ocorre a ovulação feminina? Qual o melhor período do ciclo menstrual para a cirurgia? A resposta foi parcialmente alcançada graças à Primeira Guerra Mundial.

Em 1916, os soldados alemães se liquidavam nos campos de batalha. Além disso, a ausência masculina nos domicílios fez com que despencasse a taxa de nascimento. O governo deslumbrava um despovoamento das terras do Kaiser. Alguma medida deveria ser tomada, e a solução recaiu nos ombros do médico Walter Pryll, incumbido em criar um plano estratégico de incentivar a gestação e elevar o número de nascimentos. Para isso, Pryll precisava responder a uma pergunta fundamental: qual o dia de maior fertilidade feminina? Somente assim orientaria o período ideal para o ato sexual. Como prever o dia da ovulação feminina? A maior chance de fecundação estaria logo após a menstruação, em meados do ciclo ou próximo ao seu fim? Como solucionar essa questão? A resposta veio através de criatividade e estratégia. Foi isso que Pryll fez com o auxílio da guerra.

Os soldados alemães tinham, a cada mês, um dia de folga do *front* de batalha para visitar a família. Após essa efêmera visita, retornavam ao combate, após matar a saudade da esposa com inevitável relação sexual. Pryll aproveitou essa chance e recrutou as jovens para seu projeto. As mulheres alemãs relataram em qual dia do ciclo menstrual houve a única relação sexual mensal. Pryll catalogou o ato sexual de acordo com o dia do ciclo. A seguir computou aquelas que engravidaram. A maioria das 25 gestações ocorreu nos atos sexuais realizados próximos ao meio do ciclo menstrual, ao redor do 14° dia.[254] A suspeita da ovulação recaiu nesse dia. Apesar disso, o trabalho de

Pryll não auxiliou na captura dos óvulos. Uma parte considerável das gestações também ocorria nos outros dias e a maior chance de ovulação, em torno do 14° dia, mas não havia certeza total. A cirurgia abdominal em busca de um óvulo ainda era muito arriscada para se basear em uma estatística falha. Outra solução teria de ser encontrada, e, dessa vez veio do interior cerebral.

Em 1898, o médico alemão Otto Huebner descrevera um garoto com sinais claros de puberdade apesar de ter apenas 4 anos. Por que aquela puberdade tão precoce? A provável explicação: a criança sofria de tumor de hipófise. A pequena glândula, localizada no centro cerebral, sempre fora motivo de mistério. No passado já se havia suspeitado de ser responsável pelo armazenamento da alma humana. Agora, pensava-se que talvez comandasse o desenvolvimento dos órgãos sexuais. Pelo menos era isso que o doente de Huebner denunciava. Mas como seria possível? A hipófise liberaria alguma substância estimulante do crescimento genital? A corrida pela resposta se iniciou, e os experimentos animais entraram em ação no início do século XX.

Bisturis avançavam no cérebro de ratos, coelhos e cães. A hipófise de cães era destruída, e os animais, uma vez restabelecidos da cirurgia, mostravam os efeitos da ausência glandular: suas gônadas atrofiavam e se tornavam inférteis. A redução das gônadas era revertida pelo transplante de hipófise de outro animal. A função da glândula começava a ser desvendada: produziria hormônios responsáveis pela maturidade sexual. Os trabalhos se avolumaram. A glândula era retirada, sofria abrasão, tinha seus vasos sanguíneos interrompidos e sofria choques elétricos. Os efeitos eram sempre os mesmos: atrofia dos órgãos genitais. A hipófise de animais adultos era transplantada em filhotes, e, em pouco tempo, os animais imaturos se tornavam férteis: cresciam ovários e ocorriam ovulação em ratas, coelhas e gatas. A glândula também comandaria a reprodução? Talvez a ovulação? Os experimentos continuaram. Coelhas submetidas à retirada da hipófise não ovulavam após o coito. Os resultados não deixavam mais dúvidas, a glândula produzia hormônios fundamentais à maturação dos órgãos genitais e à ovulação.

Então as buscas se direcionavam para a descoberta de quais hormônios seriam produzidos pela hipófise. Químicos esmiuçavam o sangue e a urina dos animais em busca de alguma molécula desconhecida. O sucesso foi atingido no transcorrer da década de 1920. Uma substância estranha foi detectada na urina feminina somente na primeira metade do ciclo menstrual, enquanto outra predominava na segunda metade. Assim, a ciência descobriu o hormônio estimulante folicular (FSH) e o hormônio luteinizante (LH), produzidos pela hipófise. Ambos são estimuladores dos ovários, ou gonadotróficos. Enquanto um age no desenvolvimento e na maturação do folículo para liberar o óvulo, o outro, após a ovulação, age no corpo lúteo formado pela região folicular após a liberação ovular. Descobriu-se a chave que comanda o sinal para a ovulação. Agora, os químicos sabiam o que procurar, e não demorou a constatarem que a urina das mulheres na menopausa é rica nesses hormônios gonadotrópicos. Estes são produzidos incessantemente pela hipófise, uma vez que os ovários atrofiados não produzem substâncias para frear a produção.

Hormônios semelhantes também são encontrados em fêmeas prenhas. A urina de égua fecundada revelou a presença de outro hormônio gonadotrófico, dessa vez produzido pela placenta. Nas gestantes a história se repetiu. Cientistas descobriram outro hormônio gonadotrófico, a gonadotrofina coriônica humana, HCG, produzido pela placenta. Os laboratórios desenvolveram técnicas para detectar a fração beta do HCG urinário. Nascia o teste B-HCG para confirmação de gravidez.

A descoberta desse mundo hormonal esclareceu todo o mecanismo de funcionamento do eixo entre a hipófise e os ovários, aqui resumidos. A hipófise produz FSH, que estimulará o folículo ovariano a amadurecer e liberar o óvulo. O folículo, por sua vez, responde com produção de estrógeno, que freia a produção de FSH. Após a ovulação, entra em ação o LH, que estimula o corpo lúteo, vestígio do folículo após liberação ovular. Em resposta, há produção de progesterona pelo corpo lúteo, que induz a proliferação do endométrio uterino à espera de uma provável gestação. O excesso de progesterona bloqueia a produção do LH, que, em queda, deixará de estimular produção de mais progesterona, o que precipitará a menstruação. Exceto se ocorrer a fecundação e consequente gestação. Nesse caso, entra em cena a gonadotrofina coriônica humana, que, produzida pela placentária, manterá o estímulo da produção ovular de progesterona. Essa rede de ação hormonal saltou aos olhos da ciência. Tudo lógico e racional. Porém algo especial reacendeu a esperança da fertilização *in vitro*. A nova descoberta possibilitou aos médicos comandarem a ovulação. Agora sim o risco cirúrgico para captação ovular poderia ser tentado; afinal, havia sido definido o dia exato da ovulação. Como a ciência ditaria a regra feminina?

O DOMÍNIO DOS OVÁRIOS

A descoberta desses hormônios gonadotróficos abriu as portas para comandar as funções ovarianas. A gonadotrofina isolada na urina das éguas prenhas infundida em camundongos mostrava seu poder: induzia a ovulação. O mesmo se conseguia com a gonadotrofina coriônica humana capturada na urina de gestantes. Sua infusão em camundongos precipitava ovulação. Até mesmo ratos com ovários atrofiados pela retirada cirúrgica da hipófise voltavam a ovular após a infusão do hormônio. Agora tinha-se nas mãos um interruptor para ligar e desligar a ovulação, e os médicos podiam induzi-la no momento que quisessem. Bastava administrar os hormônios recém-descobertos. O futuro da fertilização *in vitro* dependia, em parte, dos esforços para aquisição desses hormônios gonadotróficos. E, para isso, as pesquisas avançaram em diferentes frentes de batalha.[255]

Galões repletos de urina de éguas prenhas entravam nos laboratórios químicos. O líquido sofria uma série de reações químicas e físicas para, após várias etapas da produção, obterem-se cristais de hormônios nos sedimentos. Patologistas tinham outra missão nas necropsias. Recolhiam a pequena glândula situada na base dos cérebros retirados dos cadáveres. A hipófise era enviada aos laboratórios. O órgão sofria processo de maceração para liberação de seu conteúdo. O suco espremido era submetido às mesmas reações químicas para, dentre tantos hormônios, se extrair os gonadotróficos. A linha de produção industrial expelia ampolas do FSH estimulante da ovulação. Porém, a quantidade de glândulas humanas era escassa, pois dependia do número de cadáveres. As indústrias responderam com aquisição hormonal das hipófises de porcos, carneiros e bois. Os animais forneciam grandes quantidades, apesar de não tão purificadas quanto as humanas.

Outra fonte abundante do hormônio veio da urina de idosas na menopausa. Fábricas recebiam tonéis de urina feminina. Trabalhadores transportavam galões de urina de uma etapa à outra da fabricação, seguidos pelo forte odor ácido disperso nos galpões. O líquido transpunha filtros, seguia para lavagem ácida e recebia substâncias diversas para, no final, fornecer a gonadotrofina humana da menopausa. Mais uma arma no arsenal médico para induzir a ovulação.

Enquanto isso, a viabilidade da realização da fertilização *in vitro* se tornava realidade. Afinal, na década de 1930, os animais provaram tal possibilidade. Coelhas receberam infusão do caldo retirado da hipófise. Os hormônios induziram a ovulação. Os roedores tiveram seus abdomes abertos para retirada dos óvulos que foram, imediatamente, protegidos em uma solução nutritiva. A seguir, os pesquisadores adicionaram espermatozoides ao caldo e monitoraram a esperada fusão celular ao microscópio. O experimento foi recebido com euforia. A fecundação e subsequente divisão celular ocorreu. Era possível a fecundação *in vitro*, fora do organismo animal, e introdução do futuro feto no órgão feminino. O desafio agora era saber se funcionaria em humanos. Mas como realizar esse experimento? Qual paciente aceitaria o risco cirúrgico sem a certeza de encontrar a ovulação? E mais, com a finalidade puramente científica de comprovar a viabilidade da fertilização *in vitro*? O ginecologista John Rock conseguiu recrutar essas voluntárias, mas de uma maneira camuflada.

Rock era um conceituado cirurgião ginecológico de Boston, com larga experiência profissional na área de fertilização. Porém, sua atuação se limitava às inseminações artificiais ou orientações familiares. A frustração aflorava diante das pacientes que o procuravam vítimas de obstruções nas trompas uterinas. Sabia ser impossível a gestação. Exceto se conseguisse realizar a fertilização *in vitro*. Foi então que os resultados do sucesso *in vitro* em animais caíram na mesa de Rock. Por que não seria possível o mesmo em humanos? Rock queria tentar o mesmo experimento em humanos. Mas como convencer as voluntárias?

Rock lançou mão do imenso material à sua disposição. Sua rotina incluía cirurgias ginecológicas diárias. Algumas para extrair miomas uterinos, outras para retirada do útero, intercaladas por diversas outras patologias. Por que não utilizar essas pacientes? Rock instituiu como rotina cirúrgica a exploração ovariana em busca das formações bolhosas de sua superfície que denunciavam um óvulo prestes a ser expulso. A captura de uma única célula não faria falta às pacientes.

Durante meses, o cirurgião enviou amostras de óvulos à sua assistente de laboratório. Todos eram incubados em diferentes meios nutritivos. Centenas de óvulos foram postos em contato com espermatozoides para fecundação. As células eram lavadas em soluções apropriadas e mergulhadas no soro do próprio paciente. Enquanto isso, espermatozoides eram tratados para capacitação de fecundação. Finalmente, em 1944, Rock conseguiu, pela primeira vez, documentar a fecundação humana nos óvulos recolhidos de três pacientes.[256] Em pouco mais de 40 horas do contato, a objetiva do microscópio revelou a primeira divisão celular de uma célula fecundada.[257] As duas primeiras células do futuro feto se dividiram aos olhos dos cientistas. Criou-se vida humana em uma proveta de vidro, fora do organismo. A fertilização humana *in vitro* era possível.

A FERTILIZAÇÃO IN VITRO – O BEBÊ DE PROVETA

O inglês Robert Edwards despontou na década de 1960 como uma das maiores autoridades em fertilização animal. O biólogo apresentava seus resultados em congressos. A técnica de fertilização *in vitro* para reprodução animal estava completamente estabelecida em seus experimentos. O método poderia ser instituído em humanos, porém suas aulas sempre terminavam com sua frustração diante da dificuldade: o risco cirúrgico e a imprevisibilidade de alcançar os ovários femininos no momento da ovulação. Sua busca por algum profissional médico disposto a tal risco sempre fracassara. Sua jornada terminou no dia em que conheceu a proposta do ginecologista britânico Patrick Steptoe.[258]

Steptoe trazia a solução. Os ovários poderiam ser facilmente visualizados com mínimo risco à paciente. Não faria incisão abdominal nem adentraria na cavidade. A proposta seduziu o biólogo que havia anos aguardava por tal parceria. Como alcançar os ovários sem a abertura da cavidade abdominal? Steptoe havia introduzido uma nova técnica cirúrgica na Inglaterra. A novidade se chamava laparoscopia e consistia em introduzir tubos metálicos rígidos na cavidade abdominal por mínimos orifícios na parede do abdome. A visualização do interior pela tubulação direcionava a manipulação do aparelho pelo cirurgião. O risco de complicações despencou pela efêmera anestesia necessária ao procedimento, pelo baixo índice de infecção e pelas diminutas incisões. Steptoe já havia realizado mais de mil laparoscopias quando firmou a parceria com Edwards.[259] Agora, bastava alinhar o tubo metálico com os ovários em busca da protuberância da ovulação.

A esperança da primeira fertilização *in vitro* nascer em solo britânico se avolumou. A dupla aperfeiçoou o projeto. Reuniões esmiuçaram a estratégia. Havia ainda uma última etapa a ser vencida. A administração dos hormônios gonadotróficos induziria a ovulação, mas quanto tempo depois de sua infusão? Steptoe precisava saber com certa precisão o momento de invadir a cavidade abdominal. Se entrasse antes da ovulação não obteria sucesso. Por outro lado, se chegasse tarde, o óvulo expulso já teria se perdido pela trompa. A dupla precisava de uma estratégia para saber o momento exato. Foi então que o raciocínio lógico e a imaginação entraram em cena.

Algumas mulheres já eram tratadas com hormônio gonadotrófico. Recebiam a droga para normalização do ciclo menstrual. Muitas se beneficiaram do medicamento para retornar a menstruação ausente ou mesmo sincronizar o ciclo. Essas mulheres forneceram a chance de Edwards e Steptoe estabelecerem o momento da ovulação após a administração hormonal. Como?

O hormônio estimula a maturação dos folículos que, em resposta, produzem estrógeno. Após a ovulação, os folículos se transformam no corpo lúteo, enquanto cessa a produção do estrógeno. Por sua vez, o corpo lúteo inicia a produção da progesterona. Aqui estava a chave da solução. Bastava dosar os níveis hormonais na urina em dias subsequentes.[260] A queda dos níveis de estrógeno denunciaria a ocorrência de ovulação coincidente com o início da ascensão dos da progesterona urinária. Assim, a dupla, após árduos trabalhos e estudos, conseguiu formular a quantidade necessária de hormônio e o intervalo de tempo para ocorrer a ovulação após a administração do hormônio gonadotrófico.[261, 262]

A dupla anestesiou a jovem Leslie Brown em 1977. A cirurgia transcorreu em sigilo para não polemizar a discussão filosófica entre Igreja e ciência, e muito menos incendiar a mídia quanto à possibilidade do primeiro bebê de proveta. Brown já havia recebido hormônio gonadotrófico há pouco mais de um dia. Na mesa cirúrgica, Steptoe realizou pequenas incisões para introdução de seu aparelho laparoscópico, transcorreram dez minutos de anestesia. Em pouco mais de um minuto, já visualiza uma pequena bolha na superfície ovariana. O material foi aspirado e fornecido a Edwards que, com o auxílio do microscópio, identificou a presença do óvulo e o acomodou no caldo nutritivo. Por fim, adicionara-se os espermatozoides paternos devidamente tratados para incrementar a capacidade de fecundação. A fusão celular foi um sucesso, no segundo dia já se visualizava a divisão celular com 8 células, seriam cem no quarto dia.[263] A jovem Brown retornou ao centro cirúrgico para, dessa vez acordada, receber o embrião inicialmente desenvolvido no laboratório. Uma delgada cânula plástica foi introduzida na sua genitália, transpassou o colo, penetrou na cavidade uterina e o líquido portador do embrião foi injetado. As dosagens hormonais nos dias subsequentes não deixaram dúvidas: havia formação placentária e Leslie estava grávida. Em 25 de julho de 1978, nasceu a menina Louise Brown, o primeiro bebê de proveta humano.

ANO 1979

O FIM DA MAIOR INTOXICAÇÃO MUNDIAL

UM METAL MALÉFICO

Há milhares de anos, humanos com vestes rudimentares cercavam os restos fumegantes da fogueira acesa para aquecê-los ou cozer alimentos. A cena ocorria em alguma região europeia ou asiática antes do nascimento das primeiras civilizações humanas. O grupo observou um estranho líquido cinza escorrido das pedras aquecidas que cercavam a madeira, agora, transformada em cinzas. O mais surpreendente foi constatarem que, após o resfriamento, aquele líquido endurecia: o homem descobria o chumbo. Surgia uma nova tecnologia. As rochas passaram a ser aquecidas ao fogo para derreter o metal que passa a ser recolhido. Essa descoberta ocorreu há mais de 9 mil anos, uma vez que o mais antigo artefato humano de chumbo foi descoberto na Turquia com datação estimada entre 6 e 8 mil anos atrás. A substância se mostrava perfeita para produção de objetos por ser facilmente maleável e resistente à corrosão. A descoberta ocorreu graças às baixas temperaturas necessárias para o derretimento do metal aprisionado nas rochas, visto que o chumbo se torna líquido a partir de 232 °C, bem abaixo da temperatura necessária para a fusão da prata, do ouro, do cobre e do ferro.

Nos séculos seguintes, fornos se espalharam para obtenção de temperaturas mais elevadas que extraíssem outros metais de rochas parcialmente derretidas. O cobre foi misturado ao estanho para a produção do bronze. Após tentativas frustradas, o homem encontrou a proporção ideal da combinação estanho/cobre para fabricação do bronze resistente. Surgiram civilizações impregnadas pelo bronze em estátuas, palácios, utensílios, espadas, armaduras, lanças, lâminas e caldeirões. A Idade do Ferro chegaria em breve com a ascensão desse metal mais durável e resistente, enquanto o chumbo, relegado a segundo plano, sobreviveria em utensílios domésticos, objetos decorativos e pigmentos de tintura.

Civilizações da Mesopotâmia se fortaleceram militarmente pelos metais e eternizaram suas obras e construções. Enquanto esses impérios emergiam e se alternavam, os povoados locais se depararam com lagoas de líquidos negros aflorados no solo da região. A humanidade entrava em contato com o petróleo. Fissuras no terreno traziam parte das reservas do subsolo à superfície. Essas poças petrolíferas acumulavam um líquido escuro e pegajoso: um verdadeiro "óleo de pedra" (do latim, *petrus*, pedra, e *oleum*, óleo). Por vezes emergia um fogo espontâneo e contínuo pela queima do gás e do petróleo. Os povos antigos também encontraram utilidade para o líquido negro que, por ser à prova de água, servia para revestir e vedar as paredes das casas e os cascos de embarcações. Já os persas direcionaram sua finalidade à guerra: incendiavam pontas de lanças e flechas mergulhadas no petróleo e arremessavam contra exércitos rivais. A utilização do petróleo era tímida para vedação e queima, enquanto a do chumbo imperaria na Antiguidade, principalmente entre gregos e no futuro Império Romano. A história de ambas as substâncias corria separada no aguardo do século XX, quando estas se uniriam para precipitar a maior intoxicação que o mundo já vira.

Durante a expansão do Império Romano, milhares de escravos atuavam nas minas da Espanha. As rochas derretidas forneciam ouro, prata e chumbo direcionados à capital do império. A mineração era tamanha, que parte do chumbo derretido nos fornos evaporou para a atmosfera e sedimentou no solo ou foi arrastado pela chuva e pela neve. Cientistas do século XX recuperaram fragmentos de gelo aprisionados nos Alpes e na Groelândia. As faixas de gelo datadas da época do Império Romano mostraram elevadas concentrações de chumbo originadas pela intensa mineração da época,[264] principalmente na Espanha e na Grécia.

O metal produzia máscaras, tintas e cintos. As casas eram repletas de utensílios produzidos com chumbo: xícaras, potes, panelas e pratos. Comerciantes manipulavam o metal pela sua presença nas moedas. A água das cidades romanas vinha pelas tubulações revestidas pelo impermeável chumbo em canos, tubos e aquedutos. Essa associação entre chumbo e tubulações de água originaria seu símbolo químico Pb (*plumbum*, encanamento em latim).

Como se não bastasse, os romanos ingeriam chumbo. Como? Pela intensa produção de vinho para exportação a todo o território do império. O comércio da bebida também chegava à Índia por embarcações romanas que levavam vinho, coral, metais, marfim, vidro e azeite em troca de joias, seda, pimenta, gengibre e pedras preciosas indianas.[265] Para tal produção maciça, o vinho tinha que ser protegido de contaminação bacteriana que, uma vez ocorrida, deterioraria a bebida. A solução era a adição ao vinho de um xarope melado feito da fervura do suco da uva. A fervura era realizada em chaleiras revestidas por chumbo que contaminavam o conservante do vinho. Pitadas do metal mergulhavam na bebida para intoxicar a população. Como esse xarope era adocicado, muitos consumidores também o acresciam para proporcionar um sabor mais agradável ao vinho. Conclusão: estima-se que os romanos ingeriam de 35 a 250 miligramas de chumbo diariamente.

Tamanha abundância do chumbo na Antiguidade greco-romana explica as primeiras descrições dos sintomas de sua intoxicação. Os gregos descobriram o risco do metal e descreveram sintomas de cólicas abdominais, crises de gota e anemia naqueles habitantes que o manipulavam com frequência. A intoxicação crônica levava a sintomas neurológicos e alteração de comportamento. Entre os trabalhadores de risco estavam os pintores que manuseavam tintas acrescidas com chumbo e eram potenciais vítimas. Surgiu o dito popular romano "louco como um pintor". Alguns filósofos acreditavam que o chumbo seria o metal precursor de todos os demais e, por isso, o associavam ao titã Saturno, ancestral dos deuses. Daí o envenenamento pelo chumbo causar a doença batizada como saturnismo.[266] Os intoxicados apresentavam comportamento cínico, macabro, sombrio e austero como o do titã.

O OURO NEGRO

O chumbo caminhou firme na humanidade nos séculos seguintes, enquanto o esquecido petróleo aguardava sua vez de reinar. O envenenamento pelo metal surgia de maneira esporádica no aguardo de sua história unir-se à do petróleo, que ainda não passava de um líquido preto e pegajoso aflorado nos solos do Oriente Médio. Na segunda metade do século XIX, porém, a colisão catastrófica do chumbo ao petróleo se aproximava. A industrialização precipitava maior produção dos metais pesados, inclusive do chumbo.[267] O avanço da indústria e da mineração desenterrou maior quantidade dos minérios e inundou o ambiente com metais tóxicos. E o homem encontra utilidade para o líquido negro, até então, desprezado.

Em 1859, o coronel Edwin Drake comandou a perfuração do primeiro poço petrolífero dos Estados Unidos. Descobriu petróleo na Pensilvânia.

A notícia se espalhou pelo país e, em um ano, vinte refinarias foram erguidas na região. O óleo captado seguia por oleodutos para ser despejado nos vagões de trem rumo às refinarias. Por incrível que pareça, o valoroso petróleo da época servia a uma única finalidade, bem diferente das dos dias atuais. O petróleo produzia seus diferentes gases dependendo do ponto de ebulição da fervura. O objetivo das refinarias era a produção de um único derivado: o querosene. Até então, a iluminação das cidades dependia das chamas da queima do óleo de baleia que fez a fortuna das embarcações da pesca no Atlântico Norte. A pesca predatória levou à escassez do mamífero e à obrigação do desvio dos baleeiros para o sul do oceano Atlântico. Outro tesouro foi descoberto nas ilhas que rodeavam o continente da Antártica e estavam atapetadas de focas. Homens munidos de armas rudimentares desembarcavam nas ilhas para a matança. Milhares de peles de focas entupiam os navios e geravam fortunas.[268] Vendia-se a pele pelos quatro cantos do planeta, enquanto o óleo extraído da sua gordura iluminava os lampiões humanos.

A pesca levara à quase extinção das baleias e focas e, assim, a descoberta do querosene foi muito comemorada. Três anos após o coronel Drake perfurar seu primeiro poço, a Pensilvânia produzia 3 milhões de barris de petróleo anualmente.[269] Em anos, a indústria avançaria para novos poços petrolíferos descobertos em Ohio e Indiana. Enquanto isso, um dos seus derivados, a gasolina, era desprezado como lixo. O valorizado querosene, porém, foi o gatilho do maior envenenamento da humanidade.

O sucesso do querosene ganhou o globo. A Rússia perfurou seus poços no mar Cáspio. A cidade de Baku passou a ser conhecida como "cidade negra" devido às fumaças emanadas das duzentas refinarias que surgiram nas redondezas.[270] O petróleo russo iluminava lamparinas e lampiões da Ásia. Em pouco tempo, a Indonésia descobriria petróleo para as refinarias holandesas.

Em 1863, uma das maiores refinarias de Cleveland, foi comprada por um grupo de sócios, e, entre estes, John D. Rockefeller.[271] O novo acionista fundaria a Standard Oil Company, que liquidaria todas as concorrentes para consolidar o maior império petrolífero norte-americano. Como? Abaixando seus preços, Rockefeller suportaria prejuízos por tempo suficiente no aguardo dos concorrentes menores quebrarem. Comprando todos os barris de carvalho disponíveis, estagnaria as refinarias rivais. Além disso, apropriou-se dos transportes ferroviários e manipulou as tarifas para que rivais menores não conseguissem arcar com os gastos.

Poços de petróleo na Pensilvânia em 1865. A descoberta causou descomunal valorização do preço das terras e migração maciça de forasteiros. Ao centro, o escritório de uma das companhias de exploração com perfurações e poços se disseminando.

Rockefeller lidava com simpáticas e favoráveis medidas econômicas ao fortalecimento do seu império, enquanto as reclamações e os projetos de lei contrários ao seu interesse eram engavetados. Como Rockefeller conseguia apoio dos legislativos? A resposta é simples: suborno, chantagem, apoio financeiro aos políticos, barganhas e compras de votos.[272]

UM VENENO OCULTO

Enquanto o petróleo emergia para dominar a vida diária da população, o chumbo permanecia ativo em surtos de intoxicação, mas nada comparado ao que ocorreria quando ambos se encontrassem. Na década de 1880, médicos confirmaram que o envenenamento pelo chumbo estava mais perto das crianças do que imaginavam. Nove membros de uma família norte-americana se intoxicaram após ingerirem o metal presente no cromato amarelo, substância empregada como corante por confeiteiros e padeiros.[273]

Não demoraram a aparecer críticas quanto ao possível perigo das tintas com chumbo nos brinquedos infantis.

Na primeira década do século XX, Rockefeller viu seu império petrolífero desmoronar e se fragmentar. Até então, exportava mais de 90% do querosene norte-americano e controlava 70% do mercado mundial de petróleo. Porém, vozes contrárias ao seu monopólio foram ouvidas e, finalmente, entraram em ação medidas embasadas pela antiga lei antitruste que desmontaram seu monopólio. A Standard Oil Company foi desmembrada.

Na mesma época, o chumbo recebeu seu primeiro golpe, que precipitaria seu paulatino abandono pelas indústrias. Na cidade de Brisbane, na Austrália, o médico J. Lockhart Gibson suspeitou que algo estranho ocorria no esparso aglomerado de colonos ingleses daquele minúsculo município cravado na costa leste da ilha. Nos últimos anos do século XIX, crianças doentes procuravam a clínica de Gibson com sintomas variados, que dificultaram um diagnóstico preciso. Com o aumento do número de doentes, os tipos de sintomas se somaram e, então, Gibson pôde concluir que estava diante de uma microepidemia infantil de intoxicação pelo chumbo. Análises de amostras urinárias confirmaram níveis elevados do metal. O surto não foi passageiro, mais crianças se apresentavam com vômitos, dor abdominal, falta de apetite, paralisias musculares, alterações do comportamento, convulsões, alucinações e inflamações nos nervos da visão.

Gibson não encontrava a fonte de intoxicação daquelas crianças. Algum alimento? Água? Além disso, havia algo mais intrigante: os casos de intoxicação ocorriam principalmente no verão. Por que no verão? Enquanto umas adoeciam, outras se mantinham saudáveis. Por que uma parte das crianças do município não apresentava sinais da intoxicação? Gibson não teve outra saída, além de ir a campo investigar.[274] Esquadrinhou o município e perambulou pelas diversas regiões em busca de alguma pista. Rastreou poços de água, seus reservatórios e tubulações. Nada de chumbo. Analisou alimentos, peixes, carnes e vegetais. Nenhum vestígio de chumbo. O próximo passo? Visitar o domicílio das crianças acometidas pela doença.

A maioria dos lares era construída de madeira, com cômodos bem arejados e adequadamente limpos. Uma varanda frontal, mobiliada, recebia os visitantes através de uma pequena escada de poucos degraus. O sistema de abastecimento de água e esgoto das casas não revelou a fonte de intoxicação, nem as cozinhas com seus alimentos acondicionados. Mesmo assim, Gibson encontrou uma forte pista: lascas de tinta descascadas no chão. As casas eram revestidas por pintura padrão do município. A tinta, sabidamente acrescida de chumbo, revestia paredes dos cômodos, batentes das janelas, móveis, grades, soleiras da porta, varandas, escadas, berços e pisos. Toda madeira recebia cobertura de tinta. Nos meses de verão, sob a forte irradiação solar, a película de tinta trincava e descascava, acomodando pequenos fragmentos no chão. As crianças brincavam em um chão domiciliar repleto de chumbo, principalmente as varandas. O metal estava na poeira das casas e nos fragmentos pequenos de tinta descascada. As mãos infantis levavam, sem perceber, os minúsculos fragmentos tóxicos à boca, e eles eram ingeridos.

As crianças são vulneráveis, pois absorvem 40% do chumbo ingerido; enquanto os adultos, apenas 10%. Além disso, apesar de boa parte do metal ser eliminada na urina, 30% se mantém retido no organismo infantil comparado a apenas 1% no dos adultos.[275] O chumbo impregna células vermelhas, rins, cérebro e ossos. Altas doses ingeridas causam sintomas que variam de leves e inofensivos a graves, com convulsão, coma e morte.

A conclusão de Gibson, publicada em uma revista médica de 1904, ganhou adeptos norte-americanos nos anos seguintes. Cólicas e dores abdominais sem causa aparente poderiam ser intoxicação pelo chumbo. Em 1913, comprovou-se o primeiro caso nos EUA: um menino de 5 anos internado em coma no Hospital Johns Hopkins. A criança melhorou sem se descobrir a causa até o momento em que funcionários do hospital presenciaram o garoto roer a tinta descascada do berço do hospital. A luz se acendeu na mente dos médicos, que partiram em vigilância ao domicílio do paciente. E, bingo, a tinta que revestia seu berço estava deteriorada com rachaduras e fragmentos repletos de chumbo.

Médicos norte-americanos e europeus uniram esforços para convencer os órgãos governamentais sobre o perigo da presença de chumbo nas tintas. Porém, enfrentaram dificuldades por não existir um método laboratorial que quantificasse os níveis sanguíneos do metal (surgiria apenas na década de 1940). Além disso, enfrentaram o poder dos executivos da indústria do chumbo, que não poupavam gastos para que seus cientistas particulares desaprovassem os trabalhos médicos encontrando falhas nos métodos, além de desenvolverem estudos viciados para convencer da segurança do chumbo. Mesmo assim, a decisão da batalha não poderia ser outra pelos fortes indícios médicos: a balança pendeu para a incriminação do metal. Pouco a pouco, cresceu o número de países que bania o emprego do chumbo nas tintas. Na década de 1920, já estava proibido nos seguintes países: França, Bélgica, Áustria, Tunísia, Grécia, Inglaterra, Suécia, Tchecoslováquia e Polônia.[276]

Curiosamente, ainda vemos vestígios do testemunho de Gibson. Apesar de suas descobertas completarem um século, somos surpreendidos com raros episódios como os que ocorreram em Paris na década de 1980, quando médicos diagnosticaram crianças intoxicadas com chumbo. Internaram garotos com sintomas leves da doença e até mesmo com convulsões e em coma. Os jovens, filhos de imigrantes pobres africanos habitavam moradias antigas e abandonadas. O tempo deteriorou as construções e sua antiga pintura ainda era à base de chumbo.[277] Prédios e casas antigas e abandonadas ainda podem esconder a armadilha nas tintas descascadas.

UM ENCONTRO PARA A CATÁSTROFE

A década de 1920 comemorou o fechamento dessa torneira pela qual vazava enorme quantidade tóxica de chumbo para as crianças. Porém, outra torneira se abria, com vazão muito maior e crítica do metal. Na mesma década em que as nações baniam o chumbo das tintas, a história do metal se fundia à do petróleo, que, agora, era extraído para aquisição da gasolina. Na contracorrente do conhecimento médico, cientistas inundariam a atmosfera pelo chumbo.

Em 1921, o engenheiro químico da General Motors (GM), Thomas Midgley Jr., se debruçava na bancada de seu laboratório, que acomodava os constituintes principais do motor de carro. Thomas analisava o funcionamento de pistões e cilindros para resolver o desafio que lhe fora incumbido pela direção da empresa: eliminar a combustão interna prematura da gasolina pela pressão do pistão. Esse problema prejudicava o funcionamento e o desempenho dos automóveis. A GM suplantaria no final da década de 1920 a empresa concorrente de Henry Ford.[278] Os novos modelos variados de automóveis da GM, com diferentes cores, cativavam os consumidores norte-americanos cansados do modelo padrão da Ford.

A GM lançara o primeiro Cadillac com partida elétrica dez anos antes, abolindo o uso da manivela. A indústria se modernizava, mas a velocidade e o desempenho dos automóveis ainda esbarrava no mesmo problema. A potência dos motores modernos dependia de maior compressão da mistura de ar e combustível em menores volumes dos cilindros para detonação com maior poder. Porém, a compressão gerava combustão espontânea e prematura que prejudicava o desempenho e danificava o motor. Aqui entrou Thomas para encontrar uma solução. Após diversas tentativas, Thomas resolveu a falha pela adição de pequenas parcelas de chumbo tetra-etila à gasolina. Sua descoberta melhorou o rendimento do motor. O novo combustível foi enaltecido na famosa corrida das 500 milhas de Indianápolis daquele ano: primeiro, segundo e terceiro colocados utilizaram a nova gasolina.

A GM, Dupont e Standard Oil Company se uniram para produzir a nova formulação de gasolina acrescida de chumbo. O prenúncio da futura tragédia surgiu na primeira fábrica inaugurada para sua produção. Os operários inalavam vapores de chumbo, contaminavam as mãos pelo metal e ingeriam alimentos contaminados no interior das fábricas. Mais de 80% dos trabalhadores da fábrica de Bayway apresentaram sintomas de contaminação ou morreram no primeiro mês de funcionamento.[279] Os funcionários tinham sintomas de alucinações, paralisias, psicoses, convulsões e morte. As empresas subestimavam os fatos ou alegavam causas alternativas, como manipulação inadequada e inadvertida dos tonéis tóxicos. Excesso de trabalho poderia ser o pano de fundo dos sintomas. Novamente uma luta ferrenha se iniciou entre os industriais e os críticos ao uso do metal.

Comitês médicos debatiam a segurança do emprego do chumbo, enquanto médicos contratados pelos industriais esboçavam pesquisas favoráveis à segurança de seu emprego. E no início foram os cientistas pagos pelas indústrias que venceram a batalha. Na década de 1930, 90% da gasolina norte-americana era aditivada com chumbo. O metal, emanado pelos escapamentos dos carros, inundava a atmosfera e se sedimentava em lagos, rios, mares e solo.[280, 281] O ar inalado pelas crianças urbanas continha chumbo, e suas partículas atmosféricas assentavam na água e nos alimentos ingeridos. As oratórias das indústrias e dos médicos iam de encontro, e não havia consenso. O chumbo atmosférico se elevava. Na década de 1950, foi formado um comitê para estudo do chumbo na atmosfera do planeta. Sua criação visava esclarecer o dilema. Apesar de a ciência provar os efeitos deletérios do metal nas células cerebrais das crianças,[282] a controvérsia permanecia.

O conhecimento da toxicidade do chumbo no organismo infantil avançaria nas décadas seguintes. No início do século XX, os trabalhos médicos mostraram que a intoxicação pelo chumbo precipitava distúrbio no funcionamento cerebral. Porém, acreditava-se que os doentes, uma vez recuperados, não teriam sequelas neurológicas. Essa conclusão equivocada ruiu na década de 1940, quando surgiram novos trabalhos que demonstraram o contrário: crianças que haviam sofrido envenenamento pelo metal no passado e sobreviveram apresentavam deficiência no aprendizado, redução do intelecto e alteração de comportamento. Portanto, os médicos concordavam que as crianças sobreviventes de envenenamento tinham chances de apresentar sequelas neurológicas no futuro. Mas e aquelas que ingerissem ou inalassem o metal sem sintomas de intoxicação? O contato crônico com o chumbo causaria distúrbios neurológicos? Essa resposta era fundamental para decidir se o chumbo da gasolina era prejudicial. Enquanto isso, toneladas de chumbo eram lançadas na atmosfera das cidades.

O metal inalado pelas crianças circulava pelo sangue em direção ao sistema nervoso. O chumbo bloqueava a função do cálcio nas células cerebrais. Impregnava as mitocôndrias celulares e prejudicava a produção energética cerebral. O número de crianças com déficit de atenção e aprendizado crescia nas principais cidades. O QI das crianças norte-americanas era comprometido. O chumbo alterava os níveis de neurotransmissores com consequente distúrbio de comportamento. Menores com hiperatividade ou problemas auditivos se misturavam nas escolas. Gestantes forneciam o metal, pelo cordão umbilical, ao feto já condenado a problemas neurológicos futuros. Tudo de maneira silenciosa e oculta. Os médicos tentavam descobrir esse efeito.

A CRIATIVA COMPROVAÇÃO

Estudos mostravam níveis elevados de chumbo no sangue de crianças das grandes cidades norte-americanas, mas seu significado ainda era pura especulação. A década de 1970 atingiu o nível máximo tolerável, 200 mil toneladas de chumbo lançadas pelos carros norte-americanos todos os anos. Trabalhos científicos tentavam relacionar níveis elevados de chumbo no sangue com menor aprendizado ou baixo QI. Porém, seus resultados eram conflitantes. Enquanto uns apontavam a relação outros não a confirmavam. O motivo? Primeiro porque testavam um número pequeno de crianças, o que dificultava as conclusões. O segundo problema, e mais importante, estava no fato de o chumbo ser eliminado pela urina, mas antes disso ficar acumulado no cérebro. Assim, se fosse dosado no sangue semanas após a ingestão do metal, seu nível sanguíneo estaria baixo apesar de elevado no tecido cerebral. Não se conseguia uma associação de causa e efeito. O estudo ideal seria relacionar níveis de chumbo no cérebro com o aprendizado das crianças. Mas como dosar o chumbo no tecido cerebral? Impossível obter amostra do cérebro para dosá-lo. Como prever o grau de acúmulo no cérebro? A resposta veio pelo médico pediatra norte-americano Herbert Needleman, que realizou um experimento fantástico pela criatividade encontrada para incriminar o chumbo da gasolina e pôr fim ao debate.

Professoras das escolas das cidades de Chelsea e Somerville, em Massachusetts, participaram do estudo realizado pela escola médica de Harvard. Entre os anos de 1975 e 1978, todas as crianças do primeiro e segundo anos foram orientadas a trazer às professoras seus dentes que caíssem na troca da primeira dentição. Essa era a estratégia de Needleman para determinar o grau de impregnação de chumbo nos tecidos: os níveis do metal no "dente de leite" refletiriam seus níveis no tecido cerebral. O chumbo se acumula em ossos, dentes e tecidos de maneira semelhante. Portanto, elevada concentração no dente significa sua presença em grandes quantidades também no cérebro.

Mais de 2 mil crianças entregaram seus dentes. Enquanto os minúsculos "dentes de leite" eram enviados aos laboratórios, as crianças eram submetidas a testes neurológicos e psicológicos. Vários testes eram aplicados para avaliar capacidade de atenção e concentração, coordenação visual, audição, coordenação motora, poder de compreensão, entre outros. Além disso, testes forneciam o número do QI.

As professoras também preenchiam um questionário fornecido pelos pesquisadores com perguntas referentes a cada criança com ênfase em grau de independência, hiperatividade, distração, impulsão, apatia, sonolência, aprendizado e difícil trato. Ninguém sabia o resultado das análises dentárias.

Em 1978, encerrou-se o trabalho. Needleman havia conseguido uma grande amostra de crianças para o estudo. Chegou a hora de interpretar os dados coletados. O resultado foi definitivo. Quanto maior a concentração de chumbo nos dentes, menor era o desempenho dos testes psicológicos e neurológicos, menor era o valor estimado no teste do QI e, finalmente, menor o desempenho no questionário respondido pelos professores.[283] A estatística empregada nos resultados não deixou dúvidas. Crianças que tinham elevadas concentrações de chumbo apresentavam distúrbios de comportamento, déficit de atenção e aprendizado, e baixos valores de QI. E, mais importante, tudo isso sem qualquer história prévia de intoxicação pelo chumbo. Tudo atribuído apenas à inalação do chumbo atmosférico ou à sua ingestão a partir do sedimento do solo. A gasolina acrescida pelo chumbo era um veneno e deveria ser banida. A proibição do chumbo na gasolina norte-americana coincidiu com o transcorrer do estudo de Needleman, porém seu resultado creditou a lei norte-americana para banir o metal dos combustíveis. Nos anos seguintes, a conduta foi seguida por outras nações e a humanidade se livrou da maior intoxicação de sua história.

ANO 1984

A LONGA PERSEGUIÇÃO AO COLESTEROL

UMA DESCOBERTA DESPREZADA

A cidade de São Petersburgo fervilhava no início do século XX. A então capital russa cumpria o papel de centro cultural. Novidades emergiam na literatura, no teatro, na pintura e na arquitetura, dentre outros entretenimentos ofertados à sua crescente população. Além disso, a cidade fundada pelo czar Pedro, o Grande, pouco mais de duzentos anos antes, também era o berço de pesquisas científicas. Um centro respeitável de formação médica era a Academia Médica Militar Imperial.

Os corredores e as salas daquele centro de estudo receberam, em 1903, o jovem nativo da cidade Nikolai Anitschkow, com apenas 18 anos de idade.[284] O garoto de olhar sério, óculos de aros redondos e cabelo curto espetado desfilava seu uniforme militar nas aulas práticas e teóricas. Nos primeiros meses, o aluno despertou a atenção dos professores pela dedicação e seriedade; seu comportamento indicava futuro promissor. A profecia foi concretizada em 1913, quando Anitschkow, com 28 anos e especializado em patologia, realizou o maior estudo de sua vida. Seu experimento salvaria a vida de milhares de pessoas, se não fosse por um pequeno detalhe: poucos médicos deram a devida importância.

Anitschkow queria comprovar se dieta pobre em proteínas retardava o envelhecimento. Isso mesmo, o início dos experimentos nada tinha a ver com o colesterol. Um trabalho realizado quatro anos antes, por um professor de sua instituição, comprovou que coelhos alimentados com dieta rica em proteínas desenvolviam lesões nas artérias, a conhecida aterosclerose, comum nos idosos. Nascia a teoria de que as proteínas eram tóxicas ao organismo e, portanto, sua ingestão crônica era responsável pelo endurecimento dos vasos. Se assim fosse, poderíamos prolongar a vida com dieta à base de gordura e ausência de proteínas? Anitschkow buscou essa resposta e, para sua surpresa, se deparou com outro problema. Seus coelhos alimentados com dieta rica em colesterol à base de gema de ovo desenvolviam aterosclerose nas artérias.[285] Anitschkow descartou a ideia dos malefícios das proteínas, mas foi obrigado a mergulhar em outro experimento direcionado, agora, para os perigos do colesterol.

Coelhos foram alimentados com colesterol dissolvido em óleo de girassol. O sangue colhido dos animais revelou elevados níveis da gordura. Os animais sacrificados foram dissecados e lá estavam, nas artérias, as cicatrizes da dieta. Anitschkow descreveu, em detalhes, a formação do infiltrado gorduroso na parede da artéria aorta dos roedores: as placas de ateroma. As lesões cicatrizavam e endureciam ao longo do tempo nos animais que recebiam a dieta. A intensidade do dano era proporcional à quantidade de colesterol ingerida. Anitschkow demonstrava, em 1913, que excesso de colesterol sanguíneo seria responsável pela aterosclerose e, consequentemente, pelas doenças arteriais que precipitavam infarto cardíaco e acidente vascular cerebral. Muitas mortes poderiam ser evitadas ao longo do século recém-nascido, mas Anitschkow não foi ouvido. Era a primeira das várias batalhas para incriminar o colesterol. Por que não se deu a devida atenção a um trabalho tão claro e óbvio?

Primeiro porque pesquisadores repetiram o experimento em ratos e cães. A escolha desses animais foi o grande erro e atraso na descoberta. Diferentemente dos coelhos, os novos animais transformavam o colesterol ingerido em ácidos biliares. Com isso, cães e ratos testados não elevaram os níveis de colesterol sanguíneo e, assim, não desenvolveram aterosclerose. Para azar da ciência, os achados microscópicos de Anitschkow não foram observados nos novos estudos. Portanto, sua conclusão foi posta em xeque.

Além disso, outros médicos criticaram as conclusões por motivos teóricos e aparentemente óbvios. Os coelhos, por serem herbívoros, não serviriam como modelo para doença humana e, talvez por isso, fossem tão sensíveis ao colesterol: os animais de Anitschkow apresentaram níveis estratosféricos de colesterol sanguíneo. Os críticos alegavam ser impossível, através da dieta, atingir esses níveis absurdamente elevados no corpo humano. O estudo não passava de uma aberração ocasionada pela dieta gordurosa fornecida a um animal herbívoro. Os céticos alegavam que a aterosclerose era a evolução natural e inevitável do corpo humano a caminho do envelhecimento. Idosos a tinham, enquanto os jovens aguardavam sua vez. Difícil acreditar que o colesterol ingerido a precipitava. Enquanto as moléculas de colesterol avançavam no sangue humano provocando infartos e acidentes vasculares cerebrais, poucos cientistas davam ouvidos ao estudo russo.

OS DIFERENTES TIPOS

Novas descobertas sobre o colesterol aconteceram na Segunda Guerra Mundial, quando pesquisadores tentaram separar as diferentes moléculas presentes no sangue humano. Os cientistas retiraram as células vermelhas do sangue para manipular apenas o plasma. Essa parte líquida sanguínea foi submetida a reações laboratoriais para tentar separar seus constituintes: água, vitaminas, gorduras, proteínas, carboidratos e fatores de coagulação. Para que tanto trabalho? Os pesquisadores queriam descobrir alguma substância plasmática que, em contato com ferimentos de guerra, acelerasse a cicatrização. Buscavam alguma proteína sanguínea, ainda desconhecida, com poder de reparação tecidual. Porém, encontraram algo diferente e intrigante.

Os lipídios, conhecidos como gordura sanguínea, eram separados em dois tipos diferentes de frações. Para surpresa dos pesquisadores, as gorduras caminhavam pelo sangue sob a forma de dois diferentes tipos de moléculas. Por acaso, descobriram as lipoproteínas. O que são? O próprio nome diz, moléculas constituídas de uma parte lipídica (gordura) e outra parte proteica. Isso porque as gorduras não se dissolvem no líquido: basta colocar gotas de óleo na água para que se aglutinem na superfície. O organismo humano, então, lança a estratégia de produzir proteínas especiais que se unem às gorduras para formar as lipoproteínas, capazes de se dissolver no sangue e transportar os lipídios.

Em 1951, os cientistas identificaram dois tipos distintos de lipoproteínas. Batizadas como frações alfa e beta. E, o mais intrigante, as mulheres jovens tinham excesso da fração alfa, enquanto os homens a tinham em baixos níveis. O raciocínio foi rápido: seria o motivo das mulheres terem menor frequência de infarto cardíaco do que os homens? Se a tese de Anitschkow estivesse certa, o colesterol causaria infarto e, nesse caso, a fração alfa estaria associada à proteção. Sem saber, identificaram o que hoje a população conhece como "colesterol bom" e "colesterol ruim".

O colesterol formado no fígado é transportado pelo sangue unido a proteínas específicas de baixo peso molecular que causam inflamação e infiltração nas paredes dos vasos arteriais. São as lipoproteínas conhecidas como VLDL e LDL. Essas moléculas são o conhecido "colesterol ruim", sendo o LDL o mais deletério ao corpo humano. Já as moléculas de colesterol que partem dos órgãos em direção ao fígado são unidas a outro tipo de proteína, de elevado peso molecular sem capacidade de inflamação e infiltração na parede dos vasos. São conhecidos como "colesterol bom" ou HDL.

Essa descoberta coube ao cientista norte-americano John W. Gofman. Após trabalhar com físicos norte-americanos e auxiliar nas pesquisas com urânio radioativo, Gofman mergulhou na hipótese de o colesterol ser deletério à saúde humana: simpatizava com a teoria de Anitschkow. Gofman lançou mão de uma tecnologia recém-descoberta: o aparelho de ultracentrifugação analítica. O instrumento promovia uma intensa velocidade de rotação dos frascos de sangue na centrifugação. Esse incremento, 40 mil rotações por minuto, separava muito melhor as moléculas do plasma sanguíneo. Além disso, Gofman adicionava substâncias ao plasma para modificar as densidades dos constituintes e, assim, isolá-los com maior eficácia. Graças a esse aparelho recém-fabricado na Escandinávia, isolou lipoproteínas de tamanhos e pesos diferentes. Descobriu as frações de LDL, VLDL e HDL. A ciência desvendava aquela gordura.

O colesterol causaria lesões nas paredes arteriais? Se sim, a lesão seria a mesma pelas diferentes lipoproteínas? Alguma protegia? Outra seria mais agressiva e danosa? A resposta seria possível apenas se Gofman conseguisse realizar o estudo em um número grande de humanos.

Através de contatos íntimos de Gofman, seu projeto chegou ao conhecimento da ativista política e filantropa da saúde Mary Lasker. Figura influente no meio político, ela conseguiu apoio financeiro do Instituto Nacional de Saúde, que injetou 280 mil dólares no projeto de Gofman.[286] Quatro centros de pesquisa coletaram sangue de quase 5 mil homens e os acompanharam por três anos. Os resultados tenderam a demonstrar que tanto o colesterol total como sua fração de baixo peso, o LDL, estavam elevados naqueles pacientes que evoluíram a infarto ou angina. O trabalho de Gofman acrescentou um tijolo no muro que se construía contra o excesso de colesterol. A década de 1950 avançava com mais indícios contra o colesterol, apesar de boa parte da comunidade médica ainda rejeitá-los.

UM ERRO CRASSO

Médicos relatavam doenças hereditárias e genéticas com elevadíssimos níveis de colesterol sanguíneo. Por esse motivo, defendiam a tese de o excesso de colesterol ser genético e, portanto, também as complicações cardíacas. Além disso, as elevações do colesterol pelos transtornos genéticos eram tão intensas que seria difícil acreditar que a população geral pudesse ter infarto com aumentos menos intensos e discretos. Aliás, qual seria o valor normal do colesterol? A resposta errada a essa pergunta acrescentou mais polêmica ao debate.

Desde a década de 1940, acreditou-se que o nível ideal de colesterol fosse abaixo de 280 mg/dL de sangue. Portanto, bem acima do limite que consideramos normal nos dias atuais: 200 mg/dL. Por que concluíram um valor tão elevado? Os médicos acreditavam que 95% da população apresentasse níveis normais de colesterol, enquanto no máximo 5%, níveis anormalmente elevados. Esse foi o erro. Análises laboratoriais em população humana recrutada mostrou que 95% dos indivíduos normais apresentavam valores menores ou iguais a 280 mg/dL. Portanto, esse seria o limite da normalidade.[287] Se considerarmos os valores normais atuais, 20% da população daquela década apresentavam níveis maiores do que 200mg/dL; o que significa que, sem desconfiar, tinham elevados riscos de doenças cardíacas.

Assim, muitos infartos ou angina ocorriam em homens com valores entre 200 e 280 mg/dL, elevados para nosso conhecimento atual, mas normal à época. Ficou difícil, então, convencer os médicos que o colesterol seria a causa de infarto, pois a doença ocorria em pacientes com colesterol "normal". A árdua tarefa da comprovação de seus perigos persistia.

Se o colesterol realmente precipitasse doença coronariana, então os povos com dieta rica em gordura teriam mais eventos cardíacos do que aqueles sem dieta gordurosa. Essa teoria nasceu pelas mãos de Ancel Keys, especialista em nutrição da Universidade de Minnesota. Keys e seu grupo entraram em contato com universidades de sete países para testar sua hipótese. A dieta dos diferentes povos foi comparada com os níveis de colesterol sanguíneo e a frequência de doenças cardíacas. Os extremos convenceram Keys. A população do leste finlandês, com dieta rica em gordura, apresentou uma média de colesterol sanguíneo elevada, com 7% dos homens acometidos por ataques cardíacos. Enquanto isso, a população japonesa, com dieta pobre em gorduras, apresentava níveis baixos de colesterol e complicações cardíacas em apenas 0,5% dos homens.

O achado de Keys poderia estar relacionado à condição genética da população japonesa, e não à dieta? Investigadores do Havaí mostraram que não. Os japoneses que abandonaram sua terra natal e migraram para as ilhas do Havaí ou para a cidade de São Francisco mostraram, com a dieta ocidental, níveis elevados de colesterol e maior frequência de infarto do que aqueles que permaneceram no Japão. O cerco ao colesterol maléfico se fechava. Enquanto isso, pesquisadores conduziam um novo estudo nos 28 mil habitantes da pequena cidade de Framingham, em Massachusetts. O acompanhamento clínico da população mostrava, no decorrer dos anos, que homens com colesterol elevado sofriam ataques cardíacos com mais frequência.

A década de 1950 pendia a balança incriminadora do colesterol e da dieta rica em gorduras. A Associação Americana de Cardiologia lançava sua tímida diretriz de 1957 que sugeria que a ingestão de gordura contribuiria com o surgimento de aterosclerose, especialmente o elevado consumo de gordura saturada.[288] A controvérsia do tema exigia estudos mais convincentes a respeito das dietas. Entrávamos na década de 1960.

Enquanto o debate persistia entre médicos norte-americanos e europeus, a oferta de colesterol e gorduras se elevava na mesa da população. As grandes fazendas tomavam o lugar das pequenas em solo norte-americano. Surgiam as grandes propriedades especializadas. Ao longo do século, o número de fazendas cairia em 63% e seu tamanho médio cresceria 67%.[289] A pequena propriedade harmoniosa escasseava. Na época do trabalho de Anitschkow, os pequenos fazendeiros criavam cavalos para arar o solo enquanto seu esterco fertilizava a terra. Uma área destinada à plantação de cevada e aveia alimentava os animais. Milho e trigo colhidos eram ensacados e enviados às cidades. Outra parte da propriedade acomodava aves, porcos e gado bovino para a produção de carne. Estes pastavam no mato e ingeriam capim, enquanto os grãos os alimentavam apenas no inverno. Os alimentos ofertavam quantidades ainda tímidas de gorduras e colesterol à população.

Os trabalhos de Gofman e Keys vieram na hora certa, pois as gorduras avançavam com mais intensidade às bocas humanas. Após a Segunda Guerra Mundial, o excedente de amônia e nitrato utilizados na produção de explosivos foi desviado para a síntese de fertilizantes.[290] Isso, aliado à chegada e à disseminação dos tratores, alavancou a produtividade das plantações. As fazendas se especializavam em um tipo de produto. Surgiam fazendas produtoras apenas de soja, milho, trigo, ou carne bovina, suína ou de aves.

As medidas políticas do governo protegiam pecuaristas e agricultores, estimulavam a produção agrícola, e a qualidade dos alimentos tornava-se pior, pois eles eram ricos em gordura. O gado abandonava o capim e o pasto para ser confinado para engorda e abate. A consequência disso é que a carne vermelha se tornou mais maléfica ao homem. Por quê?

Nossa dieta requer ácidos graxos essenciais por não termos a capacidade de produzi-los, e, ao mesmo tempo, essas gorduras são necessárias ao funcionamento das células humanas. Essas moléculas são formadas por cadeias longas de átomos de carbono unidos entre si, como um longo colar com as pérolas representando cada átomo de carbono. Além disso, vários átomos de hidrogênio se penduram nessa cadeia de carbono. Porém, nem todo átomo de carbono recebe a quantidade máxima possível de átomos de hidrogênio; dessa forma, são obrigados a realizar uma ligação atômica dupla com o átomo seguinte de carbono. Assim, quanto maior o número de átomos de hidrogênio ligados à molécula, menor a quantidade de ligações duplas entre os átomos de carbono. Isso define a gordura saturada: a molécula está saturada de átomos de hidrogênio. Hoje sabemos que a gordura saturada é deletéria ao nosso organismo e favorece o desenvolvimento de aterosclerose.

As gorduras insaturadas são forçadas a apresentar ligações duplas entre átomos de carbono. Caso essa ligação ocorra no terceiro átomo, estaremos diante da conhecida gordura ômega-3; caso ocorra no sexto átomo, do ômega-6. Portanto, além das gorduras saturadas, temos as insaturadas ômega-3 e ômega-6. Essas gorduras são utilizadas para a formação das membranas celulares, inclusive das células que circulam no sangue: plaquetas, glóbulos vermelhos e glóbulos brancos. Dieta rica em ômega-6 fará essa molécula predominar nas membranas das células em relação ao ômega-3. O problema é que essa desproporção – mais ômega-6 e menos ômega-3 – desencadeia a produção de substâncias que inflamam a parede dos vasos sanguíneos, com formação de aterosclerose. Como se não bastasse, também estimulam a coagulação, que favorece, nas lesões arteriais, a formação de coágulos e trombos causadores de infarto cardíaco e acidente vascular cerebral.

Enquanto Gofman e Keys alertavam para o perigo de alimentos gordurosos, as fazendas norte-americanas, em transformação, incrementavam uma dieta gordurosa deletéria ao homem. O ômega-3 predomina nos vegetais verdes, como folhas, capim e algas. O gado, a partir da década de 1950, passou a ser privado das pastagens em troca de rações à base de grãos, ricos em ômega-6 e pobres em ômega-3.[291] Assim, a carne bovina passou a ter cinco vezes menos ômega-3 que antes. O mesmo ocorria nas aves alimentadas com farelos de cereais e seus ovos. Caminhávamos para a dieta do século XXI. Enquanto nossos ancestrais se alimentavam de carne bovina com relação ômega-6/ômega-3 de 1:1, hoje recebemos uma proporção de 15 a 20:1. Além disso, a dieta do gado e seu confinamento para a engorda elevavam a concentração de gordura, principalmente as saturadas, deletérias ao coração.[292] Criávamos um gado de engorda para o abate, diferente dos animais selvagens e magros caçados pelos nossos antepassados.[293]

Como se não bastasse, a indústria alimentícia criou tecnologia para transformar as gorduras insaturadas em parcialmente saturadas. Com elevada pressão e temperatura, rompia as ligações duplas de carbono e preenchia as moléculas com átomos de hidrogênio. A vantagem? As gorduras insaturadas, óleos vegetais, são líquidas em temperatura ambiente, diferentemente das saturadas sólidas, como sebo, manteiga e banha. A nova tecnologia transformava óleo vegetal em gordura parcialmente saturada sólida na temperatura ambiente. Sua utilização foi difundida na indústria alimentícia de assados, frituras, alimentos processados, e margarina. O problema? Essa tecnologia mudava a conformação tridimensional da molécula e surgiu a conhecida gordura *trans*, deletéria ao coração.

A década de 1960 avançava, e o debate a respeito do malefício do colesterol prosseguia. Enquanto isso, a população recebia maior quantidade de carne vermelha, mais alimentos com gordura saturada e menor proporção de ômega-3 em relação ao ômega-6 e iniciava-se o contato com a gordura *trans*. Pior, os médicos acreditavam que níveis sanguíneos de colesterol entre 200 e 280 mg/dL eram normais. As batalhas continuavam entre os cientistas.

DIETAS EXPERIMENTAIS

No início do século XX, o médico holandês Langen já havia demonstrado que os nativos da Indonésia apresentavam níveis de colesterol baixo em comparação com os colonizadores holandeses das ilhas. A explicação? Os nativos se alimentavam à base de vegetais e arroz, enquanto os europeus, de carne, leite, ovos, manteiga e bacon. Para testar sua teoria, Langen colocou um grupo de nativos em regime de dieta europeia e, bingo, o nível sanguíneo de colesterol se elevou.

Posteriormente, norte-americanos descobriram que dieta rica em gordura insaturada abaixava os níveis do colesterol, ao passo que as saturadas os elevavam. Óleos vegetais reduziam o colesterol. As polêmicas se avolumaram no início da década de 1960. O colesterol elevado era responsável pelos infartos? Reduzi-lo na dieta preveniria os eventos cardíacos? Gorduras saturadas e insaturadas fariam alguma diferença na frequência dos ataques cardíacos? Qual a relação disso tudo com o HDL e o LDL?

A chave para responder parte dessas perguntas estava em um laboratório diferente dos habituais, criado por uma mente criativa em um hospital de veteranos de guerra em Los Angeles. Médicos daquela instituição se depararam com um terreno fértil para a pesquisa. Um número grande de veteranos saudáveis morava na instituição e se distribuía durante as refeições nos dois refeitórios. Por que não mudar as dietas ofertadas em cada refeitório e testar seus efeitos? O experimento se iniciou. Os internos que se alimentavam no refeitório A receberam a mesma dieta a que estavam acostumados. Já os do refeitório B passaram a receber alimentos com a mesma quantidade e proporção de gorduras, porém o óleo vegetal com gordura insaturada substituiu dois terços das gorduras animais. Cerca de oitocentos internos, a maioria idosa, foram acompanhados desde o final dos anos 1950. As amostras de sangue seriadas mostraram queda nos níveis de colesterol nos que se alimentaram no refeitório B. Esse grupo também sofreu poucos eventos de ataques cardíacos e AVC comparado ao que recebeu gordura animal. Mais tarde, estudo semelhante ocorreria na Finlândia.

O grupo finlandês lançou a mesma estratégia em pacientes internados em dois hospitais psiquiátricos. A cozinha de um dos hospitais alterou a rotina para fornecer alimentos ricos em gordura insaturada. A gordura do leite foi substituída por óleo de soja; e a manteiga, por gordura insaturada da margarina. Os níveis de colesterol dos pacientes, antes do início do estudo, já muito elevados, mostravam que as cozinhas descarregavam colesterol nas refeições. Quase 30 mil pacientes psiquiátricos foram acompanhados pelos médicos finlandeses. As amostras de sangue, colhidas ano a ano, confirmaram a queda dos níveis do colesterol naqueles que receberam a nova dieta. O número de casos com complicações cardíacas também reduziu. Os resultados desses novos trabalhos confirmavam um estudo prévio publicado em 1966, na vizinha Oslo, pelo médico Paul Leren.

A década de 1970 se iniciava com boa parte dos médicos já acreditando na importância de reduzir a ingestão de colesterol e gordura nas dietas. Um comitê formado por nutricionistas norte-americanos lançou novas diretrizes em 1977, com orientação para reduzir alimentos gordurosos a um terço da necessidade energética, reduzir as gorduras saturadas a 10% da necessidade energética diária e ingerir apenas 300 mg de colesterol por dia.

Mesmo assim, os céticos ainda cobravam um trabalho científico mais convincente sobre os malefícios do colesterol, com grande número de participantes e realizado por um órgão respeitável. Entraram em cena o Instituto Nacional de Doenças Cardíacas e Pulmonares dos Estados Unidos e o Instituto Nacional da Saúde. O esboço de um novo experimento surgiu na mesa dos diretores de saúde. E, dessa vez, se empregaria medicamentos redutores de colesterol. Médicos debateram o longo e demorado estudo que colocaria um ponto final na discórdia. O trabalho duraria 13 anos com custo total de 150 milhões de dólares.

O projeto arregimentou um número grande de pessoas com colesterol elevado. A campanha de divulgação do experimento recorreu a médicos, hospitais, clínicas e indústrias privadas para que captassem pacientes que apresentassem esse quadro. À época, foram selecionadas pessoas com níveis de colesterol acima de 265 mg/dL, que tinha passado a ser considerado o teto da normalidade. Após uma árdua tarefa de garimpo nos exames laboratoriais, quase 4 mil pessoas foram arregimentadas entre 1973 e 1976 em 12 centros de saúde que colaboraram com o trabalho.[294] Um mutirão de médicos, enfermeiras, profissionais de laboratório, nutricionistas, entre outros conduziram o ambicioso projeto nacional.

Os laboratórios já investiam na busca de drogas que reduzissem os níveis de colesterol sanguíneo. Apostavam na comprovação de seu malefício e em um futuro tratamento com medicamentos. O estudo optou pelo medicamento mais seguro e confiável à época: a colestiramina. Metade dos pacientes ingeriu doses diárias de colestiramina para reduzir os níveis de colesterol, enquanto a outra metade recebeu, sem saber, placebo desenvolvido pelo laboratório com a mesma aparência do medicamento, mas ineficaz. A colestiramina era ofertada em pó: dois envelopes diluídos em água três vezes ao dia. Durante pouco mais de sete anos, os quase 4 mil pacientes foram acompanhados regularmente com seus níveis de colesterol aferidos. Os pesquisadores rastreavam o surgimento de qualquer doença nos pacientes. As queixas de dor no peito eram perseguidas para catalogar o paciente como provável candidato à intercorrência cardíaca, assim como ao infarto.

A década de 1980 se iniciou com a abertura dos envelopes individuais que revelaram para qual grupo cada paciente havia sido sorteado: colestiramina ou placebo. Os dados recolhidos preencheram as tabelas para a realização dos cálculos estatísticos. O resultado final selou a conduta médica a partir de então em relação ao colesterol.

Os paciente que receberam colestiramina apresentaram redução dos níveis de colesterol em cerca de 13% dos valores inicias, com o "colesterol ruim", LDL, reduzindo em 20%. Essa queda justificou a redução em quase 20% do número de ataques cardíacos em comparação aos que ingeriram placebo. Mesmo assim, a taxa de redução do colesterol pela medicação deixou a desejar. Deveria haver algum motivo para uma queda muito mais discreta do que se esperava. Os pesquisadores o descobriram: a pouca aderência ao tratamento por parte dos participantes. Era muito trabalhoso ingerir dois envelopes do pó a cada oito horas. Assim, novos cálculos estatísticos foram empregados apenas nos pacientes que relataram a ingestão rigorosamente correta do medicamento. Um novo resultado: o colesterol reduziu em 35% dos níveis prévios ao estudo, e o número de doenças cardíacas caiu praticamente pela metade. O último *round* fora vencido.

O SURGIMENTO DE UMA DROGA

Os resultados do trabalho, apresentados em 1984, mudaram a orientação dietética dos países industrializados visando à redução dos níveis de colesterol. Agora, médicos recomendavam alimentos pobres em gordura e colesterol, e rechaçavam gorduras saturadas. As recomendações acresciam manter peso ideal, ingerir verduras, frutas e grãos. Em pouco tempo, acrescentariam a moderação na ingestão de sal e açúcar. A partir de então, uma sucessão de novos experimentos cujos resultados foram avaliados acabou por padronizar os valores normais até hoje empregados do colesterol total, HDL, VLDL e LDL.

As pesquisas de drogas para reduzir os níveis de colesterol haviam hibernado até os anos 1970. Em parte pelo fiasco do medicamento lançado pelo laboratório Merrel na década de 1960, o triparanol. Os diretores ignoraram o alerta de pesquisadores que notaram a formação de catarata nos animais testados com a nova droga. Muitos acreditam que até já tinham conhecimento dessa complicação e omitiram a informação para aprovação do medicamento pelo FDA. O preço foi caro, a Merrel arcou com um gasto de 50 milhões de dólares pelos processos judiciários que emergiram em 1963. O "caso triparanol" assustou e afastou as companhias farmacêuticas das pesquisas para novos medicamentos contra o colesterol até 1971, ano da descoberta da droga revolucionária no tratamento do colesterol.

Em Tóquio, o laboratório farmacêutico Sankyo empregava o doutor Akira Endo. Seu currículo indicava experiência profissional nos Estados Unidos. Profundo conhecedor do metabolismo do colesterol, Endo iniciou sua pesquisa em 1971. O jovem cientista não buscava desenvolver um medicamento para reduzir os níveis da gordura, mas, sim, um novo e potente antibiótico. As células bacterianas são ricas em gorduras e colesterol nas suas paredes e membranas. Endo buscava alguma substância química com poder de bloquear a síntese de colesterol pelas bactérias e, com isso, destruí-las. Ou seja, queria um novo antibiótico com efeito bactericida por inibir a síntese de colesterol bacteriano. Onde conseguir tal substância? Nos fungos. Endo sabia da possibilidade dos bolores produzirem tais moléculas antibacterianas. Queria repetir a descoberta de Fleming quarenta anos atrás.

Dessa forma, buscou o que suspeitava e se deparou com uma nova descoberta que utilizamos até os dias atuais.

Após mais de 6 mil caldos coletados de culturas de diversos tipos de fungos, Endo se deparou com o do fungo *Penicillium citrinium*.[295] O caldo extraído de sua cultura continha uma substância que inibia a produção do colesterol. Porém, a eficácia dessa substância era tamanha, que Endo redirecionou a busca de um novo antibiótico para a elaboração de uma droga anticolesterol. A apresentação de seu estudo em um simpósio norte-americano despertou o interesse de pesquisadores da Universidade do Texas, que solicitaram amostras do fungo para confirmação dos resultados e novos testes. Em 1978, pesquisas em Tóquio e Dallas confirmaram o potencial da nova substância redutora do colesterol sanguíneo: nascia a estatina. Enquanto isso, o gigantesco estudo norte-americano que visava confirmar o malefício do colesterol fornecia envelopes de colestiramina à metade dos quase 4 mil participantes.

Em 1980, Endo apresentou seu estudo em humanos. Sua estatina havia reduzido em 27% os níveis de colesterol. Um medicamento seguro e eficaz emergia, enquanto eram aguardados os resultados de 1984. O núcleo da molécula descoberta por Endo serviu de modelo para novas drogas de estatinas contra o colesterol. Sua eficácia fez essa classe de medicamento seguir firme no receituário dos cardiologistas.

ANO 1996

A CHEGADA DE UM COQUETEL

O NASCIMENTO VIRAL

Congo Belga, 1900. A cidade Leopoldville, maior da região e batizada em homenagem ao rei belga Leopoldo II, recebia embarcações repletas de látex extraído do interior da floresta. Funcionários belgas redirecionavam a preciosa goma ao litoral para exportação. A fortuna do rei Leopoldo II se multiplicava à custa da extração da borracha, enquanto aos nativos restava obediência e resignação aos castigos e às torturas impostos pelas tropas de Bruxelas.

A rotina da cidade incluía desembarque de armas e munições para o Exército belga em troca do embarque de látex e marfim para a Europa. Funcionários alfandegários registravam toda carga proveniente do rio Congo. Em meio às atrocidades empreendidas pela Bélgica aos congoleses, um vírus mutante dos chimpanzés atingia e já circulava na população urbana. Provavelmente vieram de chimpanzés selvagens de Camarões, Gabão, Ruanda, Burundi ou do próprio Congo Belga.[296] O vírus emergiu nessa faixa subsaariana. Como teria transposto a espécie do macaco ao homem? A simples caça justifica seu salto à humanidade. Chimpanzés capturados e ensanguentados expunham o vírus aos cortes e traumas das mãos dos caçadores que, ao destrincharem os primatas abatidos, se infectavam. Carnes ensanguentadas se enfileiravam nas mesas dos mercados locais para nova manipulação humana. O vírus, uma vez mutante e capacitado a infectar o homem, atingiu a população. Nascia o vírus da futura síndrome de imunodeficiência adquirida, aids, que permaneceria oculto por décadas.

O vírus, uma vez no homem, passou a ser transmitido pela relação sexual. Eliminado nos líquidos e secreções genitais, penetrava nas mucosas e se disseminava. Leopoldville recebia viajantes dos países vizinhos por ser a maior cidade da região e, portanto, o maior centro comercial. O crescimento da cidade, nas primeiras décadas do século XX, proporcionou maior disseminação viral. A urbanização, com consequente prostituição, alavancou a disseminação do vírus em humanos. Relações sexuais promíscuas o espalharam. A intensa prostituição distribuía sífilis, gonorreia e herpes a olhos vistos, enquanto o vírus da aids apanhava carona ainda camuflado. Aliás, as reinantes doenças sexualmente transmissíveis auxiliavam a infecção pelo vírus da aids, eliminado e absorvido em maior intensidade pelos ferimentos dos cancros e herpes. O vírus, na carona dos viajantes, avançava pelas cidades subsaarianas de maneira oculta. As mortes pela aids se camuflavam, eram erroneamente atribuídas a desnutrição, diarreias, tuberculose e malária.

Na década de 1960, o domínio viral já atingia diversas nações africanas com auxílio das guerras de independência seguidas pelas guerras civis. Uma vez consolidado seu reinado africano, chegava a hora de transpor o Atlântico para conquistar o Novo Mundo. Viajantes contaminados podem até tê-lo exportado, de maneira ainda tímida, em embarcações e aviões. O transporte terrestre também pode tê-lo levado aos continentes vizinhos. Porém, nada comparado à sua oficial invasão norte-americana. A *blitz* viral na América ocorreu graças à independência do Congo.

A CONEXÃO ATLÂNTICA

A intolerância do povo congolês ao regime colonial chegou ao limite. Em junho de 1960, as ordens administrativas e políticas do Congo deixaram de vir de Bruxelas: o Congo se tornou independente. No futuro próximo, algumas marcas do domínio belga seriam apagadas, e, com isso, a cidade Leopoldville seria rebatizada de Kinshasa.

Bastaram duas semanas de independência para eclodir a guerra civil que perduraria por cinco anos. Logo no início, o primeiro ministro Patrice Lumumba enfrentou duas rebeliões instigadas pelos belgas, enquanto o exército colonial permanecia em solo africano sobre o pretexto de proteção aos europeus. Lumumba respondeu com apelo às Nações Unidas, que enviaram tropas de paz. Os Estados Unidos e a União Soviética se debruçavam sobre o potencial do país independente: a velha disputa por adeptos comunistas ou capitalistas.

A guerra civil, após cinco anos, terminou com a ascensão de Mobutu ao poder, em 1965. O novo presidente assumiu uma nação em frangalhos e completo colapso. A população arrasada carecia de saúde, escolas e emprego. A fome reinava em diversas áreas do país. Mobutu iniciou com mãos de ferro sua ditadura recheada de torturas, corrupção, nepotismo, perseguições e assassinatos.[297]

Durante a guerra civil, as Nações Unidas responderam ao caos enviando força de paz, médicos, enfermeiras, alimentos e medicamentos ao povo sofrido e abandonado. Contrataram também professores para reerguerem o falido sistema educacional. E, com isso, sem saber, podem ter preparado o terreno para a transposição do vírus da aids à América. Tropas de força de paz e elite intelectual voluntária do Haiti chegaram para auxiliar a desordem e melhorar a educação no Congo. Por que haitianos? Seriam mais aceitos pela população negra, afinal eram negros, educados e falavam francês. Esses voluntários chegaram às centenas a partir de 1960.[298] Muitos eram solteiros, enquanto outros deixavam a família no Haiti ou a traziam temporariamente.

A hipótese é que parte desses haitianos se contaminou pelo vírus da aids durante a estada africana. Relações sexuais teriam infectado educadores haitianos e militares. As viagens de regresso ao Haiti, definitivas ou em férias, levaram o vírus ao país caribenho. Lógico que também não podemos descartar a introdução viral por qualquer viajante haitiano ao Congo. Os estudos que esmiúçam o material genético viral e sua evolução datam a entrada do vírus da aids no Haiti ao redor do ano de 1966.[299]

UMA EPIDEMIA SILENCIOSA

O *playground* norte-americano em Cuba se encerrou com o sucesso da Revolução Cubana, comandada por Fidel Castro, em 1959. A máfia dos Estados Unidos ficou órfã do seu império financeiro: perdeu cassinos, restaurantes luxuosos, hotéis, bares, casas de *show* e o comando da prostituição.[300] Os dólares norte-americanos desapareceram da ilha. As férias tropicais dos norte-americanos endinheirados cessaram. Suas embarcações e aviões interromperam a rota cubana. A balsa marítima que partia da Flórida para Havana foi inativada. A embarcação tinha capacidade para pouco mais de 100 automóveis para aqueles turistas que preferiam transpor seus veículos ao paraíso tropical. Empresas norte-americanas fecharam as portas no território cubano. Ao governo dos Estados Unidos só restava se conformar com a perda das relações, principalmente após a fracassada tentativa de invasão na baía dos Porcos.

Ao mesmo tempo que as relações com Cuba se encerraram, outra porta se abriu na ilha vizinha. Enquanto os camaradas de Fidel planejavam a investida final contra as tropas de Fulgencio Batista em 1957, outro futuro aliado do Tio Sam assumia a presidência haitiana. O humilde e generoso médico do interior François Duvalier ganhou as eleições presidenciais. Apelidado carinhosamente como Papa Doc, papai doutor, Duvalier se transformou. Retirou seu verniz generoso e indefeso para inaugurar sua ditadura. O Haiti caía nas mãos de ferro da repressão. Papa Doc criou uma guarda especial para perseguir os críticos de seu governo. Sua polícia de elite garantia a ordem à custa do terror imposto à população. Os opositores eram presos, torturados e assassinados, enquanto os mais "sortudos" iam para o exílio. O ditador controlava a mídia e o Exército, além de encabeçar o único partido político.

O governo de Papa Doc teve um grande aliado. Os Estados Unidos aprovavam sua filosofia capitalista contrária a qualquer forma de comunismo. O apoio logo se intensificaria, quando o enclave comunista se estabelecesse em Cuba. A ajuda econômica norte-americana chegou em 1959, com o envio de 7 milhões de dólares, a quantia se elevou para 11 milhões em 1960.[301]

O Haiti e os Estados Unidos estreitaram suas relações diplomáticas e comerciais. A ilha recebia um número maior de turistas norte-americanos. Empresários chegaram a Porto Príncipe. Porém, a miséria avançava na nação dominada por corrupção e má administração da ditadura de Papa Doc. Isso contribuiu, em parte, para voluntários intelectuais partirem ao Congo no projeto de ajuda das Nações Unidas. Muitos fugiam da repressão em busca de melhores salários. Agora, no regresso, acompanhados de militares de força de paz, traziam o vírus da aids. É o que o apontam trabalhos científicos que refizeram o caminho da doença. O vírus penetrou entre os haitianos de maneira oculta e silenciosa. Saltou de pessoa a pessoa pelas relações sexuais em uma nação com elevados índices de prostituição. Novamente, a urbanização de Porto Príncipe, aliada à miséria e à prostituição alavancadas pela ditadura, auxiliou a disseminação viral. A epidemia dominava o Haiti ainda de maneira desconhecida.

O inevitável se concretizou em meados da década de 1960. O vírus se espalhou entre a população, atingindo em cheio os profissionais do sexo. A doença acometia homens e mulheres. Uma das hipóteses de a doença alcançar os grupos homossexuais norte-americanos está justamente no turismo sexual, como veremos mais para frente.

A EXTINÇÃO DE UMA DOENÇA QUE JAMAIS EXISTIU

Um jovem de 24 anos se encontrava internado no início da década de 1970. O doente era uma cobaia do experimento do doutor Robert Galbraith Heath, fundador do renomado Conselho do Departamento de Psiquiatria e Neurologia da Universidade Tulane de Nova Orleans. O paciente, por motivo sigiloso designado B19, sofria de depressão com tendência suicida. Porém, estava internado para se curar de outra doença, a homossexualidade. Isso mesmo, homossexualidade era considerada doença psiquiátrica. A reconhecida Associação de Psiquiatria Americana a catalogava como desordem mental; enquanto a Organização Mundial de Saúde, como doença.[302]

O paciente B19 teve o azar de nascer em um período em que a Medicina resolveu estudar, interpretar e eventualmente tratar a homossexualidade. Se tivesse nascido na Grécia antiga, seria reconhecido como um simples pederasta: idoso (*erastes*) com paixão pelo jovem (*paidikâ*).[303] Fato comum e relativamente aceito à época. Os jovens apaixonados por idosos sábios se vangloriavam da escolha do ancião e se sentiam diferentes dos demais. Afinal, cativar um idoso sábio e experiente significava algo a mais, um diferencial motivo de orgulho e, em alguns casos, um caminho para a ascensão social. No mesmo período, a aceitação homossexual feminina repercutia na obra literária da poetisa Safo que, por nascer na ilha de Lesbos, motivou a origem das palavras lesbianismo e lésbicas. Caso o paciente B19 vivesse na Idade Média, porém, teria uma vida oposta ao *glamour* da Antiguidade. Seria perseguido pelas diretrizes da Igreja. O rótulo de herege e pecador o enviaria à fogueira. Na época, a homossexualidade era reconhecida por sodomia em referência às cidades pecadoras de Sodoma e Gomorra, onde homens também ofereciam seus corpos à prática pecaminosa.

A ciência do século XX já analisaria B19 como doente, e não mais como pecador. Médicos tentavam desenvolver métodos para o diagnóstico da homossexualidade através de questionários capciosos que denunciassem a presença do distúrbio pelas respostas. Ações antropométricas tentavam estabelecer medidas que denunciassem a doença. Aliado a isso, outros pesquisadores tentavam um meio de cura. Por sorte, vozes contrárias desmontavam o conceito de doença. A Medicina se dividia em opiniões opostas: seria uma doença mental ou simples opção sexual?

Os defensores dos homossexuais elaboravam experimentos para rejeitar a ideia patológica. Psicanalistas distribuíam questionários a homossexuais e heterossexuais. Depois, apresentavam os resultados a médicos especializados e pediam para que, pelas respostas, apontassem os doentes e os sãos. Dificilmente conseguiam diferenciá-los, o que comprovava a normalidade dos homossexuais. Outros estudos questionavam milhares de pessoas com perguntas relacionadas à sexualidade e, para surpresa, encontravam alta incidência de tendências homossexuais, o que refletia um provável comportamento aceitável. Como uma doença mental estaria tão presente na população? A polêmica se acentuava.

Em meio à discussão, o paciente B19 foi capturado pelo doutor Heath, defensor ferrenho da homossexualidade como doença e, portanto, uma patologia a ser tratada. Haveria cura para tal moléstia? Essa era a resposta que o experimento em B19 tentava comprovar no início da década de 1970. Nove eletrodos foram implantados no interior do cérebro de B19 através de procedimento cirúrgico arriscado e delicado. Recuperado, com a cabeça raspada, o paciente expunha nove fios emergidos de diferentes regiões de seu crânio. A seguir, Heath estimulou os eletrodos com inofensivos choques elétricos, um a um, para encontrar aquele localizado no centro do prazer. A euforia que dominou o semblante depressivo de B19 denunciou o eletrodo posicionado na área prazerosa após receber o impulso elétrico. Uma vez livre para se autoestimular, B19 não parou de acionar os impulsos daquele eletrodo: o prazer resultante o fez acioná-los inúmeras vezes por hora.[304] Agora, chegara o momento de se tentar a cura da homossexualidade. Como?

O paciente B19, na sala do laboratório, assistia a sessões de filmes pornográficos entre homens e mulheres. Sua opção sexual impossibilitou qualquer esboço de prazer. Porém, os médicos começaram a acionar o eletrodo implantado no seu centro de prazer durante as exibições de relações heterossexuais. Surpreendentemente, B19 passou a se excitar com as imagens e, até mesmo, chegou a se masturbar diante das cenas de relações heterossexuais. A conclusão dos pesquisadores não poderia ser outra: estavam a um passo de encontrar a cura. O clímax do estudo foi alcançado quando B19 manteve relações sexuais com uma prostituta recrutada ao laboratório. Esse exemplo demonstra como alguns cientistas se esforçaram, durante boa parte do século XX, na busca do diagnóstico e tratamento dos homossexuais.

Por fim, as vozes contrárias ao rótulo de doença venceram, e a homossexualidade foi catalogada como simples opção sexual e social. Heath tentava a cura de B19 no final da batalha. Em 1971, a Associação Psiquiátrica Americana retirou a doença homossexual de seu prestigiado Manual Diagnóstico e Estatístico. A partir de então, a energia da batalha se voltava contra o preconceito. Apesar disso, os homossexuais masculinos não imaginavam, na época, que a guerra por um espaço livre enfrentaria outro inimigo: o vírus da aids imigrado do Haiti.

O VÍRUS SE DISSEMINA

Entre os norte-americanos que visitavam o Haiti todos os anos nas décadas de 1960 e 1970, um grupo especial se destacava: os homossexuais masculinos. A ilha paradisíaca se transformou em alvo do turismo desses homens. Revistas especializadas anunciavam hotéis e bares direcionados aos *gays*, enquanto pacotes de viagens eram fechados por jovens homossexuais. Provavelmente, se infectaram pelo vírus nas viagens ao Haiti. Essa é uma das teorias do motivo de a doença ter predominado, no início, nos *gays* norte-americanos.

Assim, o vírus da aids atingiu essa parcela de turistas *gays*. Daí em diante, o avanço viral foi fácil. No retorno, os homossexuais infectados desembarcaram o vírus da aids em solo norte-americano e o transmitiram a outros gays. Sorrateiramente, o invasor enviado do Haiti se disseminava entre homossexuais norte-americanos. Em 1978, três anos antes da descoberta da aids, estima-se que um em cada vinte homossexuais de São Francisco portava o vírus da aids: após seis anos, o vírus estaria presente em cerca de dois terços.[305] Na costa leste a situação era semelhante: em Nova York havia um homossexual portador do vírus em cada quinze, pouco antes da descoberta da aids.[306]

A ponta do *iceberg* emergiu no verão de 1981. O vírus já disseminado se revelou naquele ano. Médicos norte-americanos se depararam com uma doença até então desconhecida. Homossexuais de ambas as costas dos Estados Unidos eram atendidos com infecções oportunistas, aquelas que só se manifestam em pessoas sem sistema de defesa imunológica. Os exames revelaram algo misterioso: todos apresentavam números de células de defesa insuficientes. Enquanto isso, outros eram diagnosticados com uma espécie rara de câncer cutâneo, o sarcoma de Kaposi. O tumor, até então raro e restrito na pele, acometia os órgãos internos desses doentes. Não havia a menor dúvida de se tratar de uma nova doença predominante em homossexuais, e, com isso, o alerta foi dado pelo governo norte-americano. O mundo estava diante de uma nova doença transmissível, a aids.

Os homossexuais não foram a única ponte da introdução do vírus na América do Norte. Em dois anos, se descobriu que a doença também acometia uma parcela de imigrantes haitianos, usuários de drogas injetáveis e hemofílicos: a transmissão do provável vírus ocorria por relação sexual, compartilhamento de agulhas contaminadas e transfusão com sangue contaminado. O vírus se unia à superfície das células de linfócitos T para invadi-las. O reconhecimento se dava por receptores na superfície celular, chamados CD4, daí as células serem conhecidas como linfócitos CD4. Através desses receptores, o vírus adentrava na célula e a destruía durante sua replicação, ocasionando a redução do número desses linfócitos CD4, maestros da imunidade. A diminuição gerava o caos à defesa orgânica. O soropositivo perdia a célula regente da defesa, que reconhecia um microrganismo invasor e coordenava toda a resposta imunológica para combatê-lo. Orquestrava a liberação de uma série de substâncias que, como sinais de rádio, recrutavam células de defesa com funções diversas ao sítio infeccioso. A resposta coordenada e sincronizada era devastada pelo vírus da aids.

Dedos incriminatórios e preconceituosos apontaram para os responsáveis daquele mal: os homossexuais. O surgimento da aids reproduzia a história da chegada da sífilis à Europa, no final do século XV. Duas histórias separadas por quinhentos anos, mas com enredo idêntico, apenas mudando os protagonistas. As marcas sifilíticas na pele denunciavam o pecado de relações sexuais em prostíbulos, locais de disseminação da doença logo após sua chegada pelas embarcações retornadas da América recém-descoberta. Os sifilíticos se escondiam da mesma forma que os soropositivos, uma vez que o diagnóstico de aids os rotulava como pecadores homossexuais. A sífilis, também, emergiu repleta de preconceito. Assim, os napolitanos a chamavam de "doença espanhola", os espanhóis a rebatizavam como "doença francesa", e os franceses, por sua vez, a devolviam como "doença napolitana". Assim, ao ser identificada inicialmente entre os homossexuais masculinos, a aids recebeu o apelido de "peste *gay*". Religiosos tentaram explicar a sífilis como castigo divino pelas relações sexuais promíscuas; enquanto, no caso da aids, o castigo decorria do pecado homossexual. Até o início do século XX, ser diagnosticado com sífilis significava sentença de morte, pois a penicilina ainda não havia sido descoberta.[307] O mesmo ocorria com o diagnóstico da aids no início da epidemia.

O preconceito atingiu o Haiti. Papa Doc morreu em 1971, sem saber da existência do vírus em seu domínio. O bastão de seu reinado ditatorial foi passado ao seu filho Jean Claude Duvalier, de apenas 19 anos de idade, e rapidamente conhecido como Baby Doc. O terror haitiano se perpetuava na geração Duvalier seguinte. O pânico gerado pela aids em terras haitianas fez o turismo despencar. Apenas 10 mil turistas chegaram à ilha em 1981 e 1982, número pequeno se comparado aos 75 mil do ano anterior.[308] A resposta de Baby Doc foi imediata. A polícia invadiu estabelecimentos comerciais destinados aos homossexuais com agressões e expulsões dos administradores estrangeiros. Bares e clubes *gays* foram fechados à base da truculência policial. Os homossexuais haitianos foram caçados e enviados à prisão. Lá cumpririam seis meses de pena para, depois, serem reencaminhados aos locais de reabilitação. Baby Doc limpava a ilha da homossexualidade masculina em resposta à aids.

A corrida para a descoberta do provável vírus se iniciou em ambos os lados do Atlântico. Em 1984, Luc Montagnier, do Instituto Pasteur, conseguiu identificar o vírus no tecido ganglionar de um doente. O vírus da aids havia sido descoberto. No mesmo ano, se descobriu que o vírus reconhecia o receptor CD4 dos linfócitos T. Em 1985, a ciência conseguiu criar um teste sorológico para o diagnóstico, nascia a sorologia para a aids. Os bancos de sangue o utilizavam nas bolsas de sangue. Enquanto isso, o número de casos da doença crescia pela América. Apesar dos médicos diagnosticarem cada vez mais portadores do vírus da aids, esbarravam no mesmo problema: a ausência de tratamento. Apenas acompanhavam a queda progressiva da imunidade dos doentes, no aguardo de alguma infecção oportunista ou tumor. Todos ansiavam pelo surgimento de uma droga que contivesse o avanço viral. E isso veio de maneira surpreendente, inesperada, e em tempo recorde.

A PRIMEIRA DROGA EFICAZ

A busca pela ilusória cura estava a todo vapor nos primeiros anos após a descoberta da aids. Todas as drogas já conhecidas, e que pudessem inibir a replicação viral, eram testadas em diferentes centros de pesquisa. Drogas direcionadas ao tratamento de tumores também entravam nos testes; afinal, todas as tentativas eram válidas contra a doença que avançava a olhos vistos. Assim, o Instituto Nacional do Câncer dos Estados Unidos vasculhou, nas prateleiras, todas as possíveis drogas que pudessem inibir a replicação viral. E lá estava um frasco com o rótulo BW A509U.

A droga, sintetizada em 1964, visava combater células tumorais e cancros. Porém, não mostrou benefícios em experimentos com ratos de laboratório, além de desencadear fortes efeitos colaterais. Agora, a droga esquecida nas prateleiras por duas décadas era retestada.

Os pesquisadores adicionaram o vírus da aids em culturas de células suscetíveis. A análise do líquido recolhido das cubas de vidro confirmou a replicação viral: continha 10 bilhões de vírus em cada mililitro. O vírus se multiplicava no interior das células de laboratórios. Agora, chegava a vez de testar os efeitos da BW A509U. Primeiro a droga foi adicionada por quatro horas ao líquido que banhava as células ainda sem a presença do vírus. Depois, pesquisadores acresceram o vírus da aids. Cada célula recebeu cerca de mil vírus durante uma hora e meia. Como se não bastasse, os pesquisadores mantiveram as células expostas à droga, administrando-a de maneira contínua. Nos dias subsequentes, os cientistas acompanharam os efeitos virais. Foram dias de apreensão. No oitavo dia, confirmaram a suspeita: a droga, em altas concentrações, inibia a replicação viral.[309] A ciência estava diante de um enorme candidato terapêutico. Nascia o AZT. Bastava, agora, testá-lo em humanos.

A urgência acelerou os testes humanos. Doze centros médicos norte-americanos forneceram pacientes diagnosticados com aids ao experimento. O teste exigia apenas pacientes doentes, com defesas baixas ou infecção oportunista tratada. Entre fevereiro e junho de 1986, foram recrutados 282 soropositivos para o teste. Enquanto metade recebeu doses elevadas de AZT, a outra recebeu placebo. O AZT era ingerido sistematicamente: um comprimido a cada 4 horas. O objetivo era comparar os grupos para comprovar a melhora clínica e laboratorial naqueles que haviam ingerido AZT. Após seis meses de acompanhamento, chegou o momento de analisar os dados sob o prisma da estatística. O resultado não deixou dúvidas: o grupo que recebeu AZT evoluiu com menor frequência de infecções oportunistas, menor número de mortes e melhora clínica. A droga era eficaz contra a aids. Em 1987, em tempo recorde, o governo norte-americano aprovou a introdução do AZT no mercado.[310]

O AZT ganhou as manchetes dos jornais. A droga milagrosa despejava todas as esperanças de tratamento. Médicos do mundo a receitavam aos doentes. Em poucas semanas, colhiam-se os resultados: o número de linfócitos CD4 se elevava. Os pacientes engordavam e relatavam melhoras. A ciência parecia vencer a aids. Porém, ainda não se sabia, mas o AZT não ajudava no combate viral, apenas protelava a piora e a morte do paciente. Isso só seria descoberto no início da década de 1990, quando a doença já atingia a cifra de 14 milhões de infectados no mundo.[311]

OS CINCO ANOS REVOLUCIONÁRIOS

A molécula do AZT bombardeava o exército viral, continha seu avanço e despejava esperança aos soropositivos, que se proliferavam no final da década de 1980. Pelo menos era nisso que todos acreditavam. A estratégia da droga saltou aos olhos dos pesquisadores, conforme avançaram no entendimento da doença. O mecanismo de ação do AZT parecia não deixar dúvidas quanto ao seu eterno sucesso. Qual mecanismo?

O vírus desliza pelo sangue em busca das células alvos. Pequenas moléculas em sua superfície funcionam como ganchos programados para reconhecer determinados receptores celulares. Em certo momento, encontram os receptores dos linfócitos CD4. Ocorre a união. Reações moleculares fundem ambas as membranas, viral e celular, para abrir uma espécie de escotilha por onde desliza o material genético viral. Fim do primeiro passo: seu RNA é introduzido na célula. O espião invasor terá outra missão. Invadir o núcleo da célula humana e acoplar seu material genético ao DNA humano. Agora, o genoma viral introduzido no núcleo contém toda informação necessária à fabricação de novos vírus. Basta aguardar que o próprio maquinário celular humano faça cópias virais e produza suas estruturas para cuspir milhares de novos vírus. Tudo isso ao preço da destruição dos linfócitos CD4 e consequente comprometimento do sistema imunológico.

Lógico que esse resumo da dinâmica viral é entremeado com diversas reações complexas. E uma delas surge nas primeiras etapas da invasão viral. O vírus não poderia inserir seu material genético no DNA humano por um pequeno detalhe: é um RNA viral. Seu genoma constituído de RNA impossibilita seu acoplamento ao DNA humano, pois são incompatíveis. Porém, a evolução favoreceu o vírus da aids com uma estratégia perfeita. O vírus lança mão de uma enzima chamada transcriptase reversa. Essa enzima, no citoplasma da célula humana invadida, percorre a fita de RNA viral e a copia utilizando, dessa vez, bases nitrogenadas peculiares às fitas de DNA. A enzima replica o RNA viral em versões de DNA. Como um pedreiro que percorre uma fileira horizontal de tijolos e constrói outra ao lado, tijolo a tijolo. O novo genoma viral, agora na versão DNA, penetra no núcleo dos linfócitos CD4. Aqui entra o AZT.

Em determinado momento, a molécula de AZT, que mimetiza uma base nitrogenada, é capturada pela transcriptase reversa. O AZT, uma vez assentado na fileira, interrompe a cópia. Finda a replicação do genoma viral. A estratégia é tão perfeita, que não demoraram em surgir novas drogas com o mesmo alvo de bloqueio na primeira metade da década de 1990. Pesquisadores também criariam moléculas capazes de aderir à transcriptase reversa para inutilizá-la. Todos os esforços se dirigiam contra essa fundamental enzima na invasão viral.

A euforia com o AZT começou a claudicar no início dos anos 1990. Os pacientes apresentavam melhora transitória para, em seguida, retornar à queda progressiva das células de defesa. A droga mostrava eficácia efêmera. Na mesma época, surgiu um exame revolucionário. A ciência desenvolveu um método de se quantificar as partículas virais no sangue. Dessa forma, descobriu-se que o AZT reduzia a quantidade viral, mas não a eliminava. Os vírus residuais voltavam a se proliferar para, novamente, atingir milhares de cópias a invadir e destruir as células de defesa. A doença só seria controlada se fosse eliminada completamente a população viral sanguínea.[312] Mas a ciência descobriu algo inusitado em relação ao promissor AZT.

O tratamento da aids deveria se assemelhar ao da tuberculose. Havia facções virais resistentes ao AZT, portanto uma parcela viral não liquidada pela droga retomava o comando. A solução? Associar drogas. Assim, aquelas partículas virais resistentes ao AZT seriam eliminadas por outra droga associada. Mas disso não se tinha certeza à época. Eram necessários experimentos para comprovação. Uma nova batalha se iniciou em 1992.

Os pesquisadores testariam o beneficio do AZT isolado comparado à sua associação com duas novas drogas direcionadas contra a transcriptase reversa. Universidades norte-americanas, centros médicos e hospitais responderam ao apelo da pesquisa e forneceram pacientes ao estudo. Pacientes sem manifestações clínicas da doença, mas com o número de célula de defesa comprometido entraram na pesquisa. A contagem das células de defesa apontava para uma fase crítica da doença. Em breve, todos desenvolveriam alguma infecção oportunista, caso não iniciassem o tratamento. O estudo se iniciou.

Os pacientes receberam as medicações sem que se soubesse em qual grupo estavam. Alguns receberam apenas AZT; outro grupo recebeu AZT associado a uma nova droga descoberta, o DDI; e um terceiro grupo recebeu AZT e DDC. Um quarto grupo ainda receberia apenas o DDI. Todos os 2.467 pacientes passaram a ser acompanhados com a expectativa de que apresentassem queda acentuada das células de defesa, surgimento de sintomas da doença ou óbito para interromper o experimento.[313] O acompanhamento durou dois anos em média.

Os envelopes lacrados foram abertos para avaliar o tratamento a que foi submetido cada paciente. A queda acentuada das células de defesa ocorria apenas no grupo que recebeu AZT isoladamente. A conclusão: a associação de drogas trazia melhores resultados. Soropositivos tratados apenas com AZT caminhavam para redução de suas defesas, doença e morte. Não havia mais dúvidas, o tratamento da aids deveria ser realizado com mais de uma droga. Na mesma época em que o trabalho era publicado, os laboratórios lançavam no mercado a mais nova novidade no tratamento da aids até então, as drogas inibidoras de protease. Uma descoberta providencial em um momento em que se comprovou a necessidade de fornecer três drogas para o tratamento da doença. O que eram os inibidores de protease?

Após a invasão do núcleo celular humano, o genoma viral é utilizado para fabricação de novos vírus aptos a deixar a célula em busca de novas. No final da etapa, entra em ação outra enzima que promove os detalhes finais na formação da geração viral: a protease. Todas as proteínas e enzimas de que o vírus lança mão na invasão de novas células são formadas no interior de uma longa e única cadeia de moléculas. A protease, como uma tesoura, entra em ação no citoplasma celular para cortá-la nos pedaços certos das enzimas correspondentes. Por isso, a ciência desenvolveu os inibidores de protease, que se unem à enzima e a bloqueiam. A tesoura viral não consegue fragmentar a enorme cadeia.

Em 1996, lançou-se mão das combinações de drogas no tratamento da aids. Tinha-se à disposição drogas que se uniam à transcriptase reversa para bloqueá-la, drogas que se ofertavam como bases nitrogenadas à transcriptase, enganando-a, e drogas que inibiam a protease. Nasciam as combinações do famoso coquetel antiviral que, aliado aos exames de quantificação viral sanguínea, fecharia a torneira de óbitos pela doença. A evolução da aids tomava outro rumo. Um arsenal de novas drogas surgiu nos últimos anos, mas a essência do tratamento continua a mesma até os dias atuais: fornecimento de associação de drogas somado ao monitoramento da quantidade viral no sangue com objetivo de não deixar qualquer vestígio viral sanguíneo.

A padronização do tratamento ocorreu na hora certa, pois o vírus, desde a década de 1990, havia se alastrado por todos os continentes e deixado os grupos específicos iniciais: homossexuais masculinos, usuários de drogas injetáveis, hemofílicos e imigrantes haitianos. O vírus se alastrava também entre a população que não pertencia a um desses ditos, inicialmente, "grupos de risco".

SÉCULO XXI

O GARIMPO DOS GENES

Jornais e emissoras de rádio e televisão anunciaram, em 2003, a conclusão do audacioso projeto Genoma Humano, após árduos 13 anos de trabalho. Uma nova era da Medicina se iniciou com o sucesso da empreitada. Havia tempos as pesquisas tinham se voltado ao DNA, e, a partir de então, a ciência aperfeiçoou o diagnóstico e o entendimento de muitas enfermidades. Novas drogas surgiram e tantas outras estão por vir pelo esmiuçar do genoma do homem. Exames sanguíneos poderão prever as chances de o paciente adoecer por patologias neurológicas, diferentes tipos de cânceres, infarto agudo do miocárdio e outras comorbidades. Os médicos lançarão mão da genética para escolher o medicamento ideal. A mesma doença em pacientes diferentes será tratada com medicamentos guiados pelo tipo do genoma do enfermo. A hipertensão será normalizada de acordo com o genoma do paciente que definirá qual medicamento mais eficaz a ser empregado. Muitos desses exemplos já estão vigentes; outros, à beira de emergir pelas avançadas pesquisas. Esse último capítulo descreverá algumas das recentes descobertas da Medicina voltadas ao interior do núcleo celular. Os genes serão desvendados.

AS PÁGINAS DA VIDA NO NÚCLEO CELULAR

Toda a receita do funcionamento orgânico se encontra nas nossas células. Protegidos pela membrana isolante no núcleo celular, estão os 23 tipos de cromossomos humanos. Como temos dois de cada tipo – um proveniente da mãe e outro do pai –, 46 cromossomos engalfinhados ocupam o pequeno espaço nuclear. Cada cromossomo contém o famoso DNA, ácido desoxirribonucleico, que armazena as receitas para produção das proteínas fundamentais ao corpo humano. Ligações moleculares complexas dão ao DNA um aspecto semelhante a uma comprida escada torcida em espiral. Cada degrau dessa metafórica escada é formado pela união de duas das quatro bases nitrogenadas: guanina (G), adenina (A), timina (T) e citosina (C). A molécula de adenina se une apenas à timina; enquanto a guanina, apenas à citosina. Cada receita proteica se encontra nas diferentes sequências dessas bases nitrogenadas. Tomemos como exemplo a produção da insulina. As células pancreáticas estocam moléculas de insulina a todo instante para lançá-las ao sangue após cada refeição. Para isso, o DNA é acionado para fornecer a receita da insulina. Começa a estratégica linha de produção.

A porção cromossômica com a informação da insulina se desenovela para retificar o DNA. Uma enzima rompe ao meio a fita de DNA, separa as ligações adenina-timina e guanina-citosina. Os degraus da escada da vida são rompidos em duas metades. Outra sequência de enzimas e proteínas entra em ação. Busca a receita da insulina impressa na sequência certa das bases nitrogenadas. Por exemplo, digamos que seja uma longa sequência iniciada por ACCGTTACGAT e assim por diante (geralmente são cadeias longas). Toda combinação de bases nitrogenadas que cumpre alguma função específica, como esse exemplo para produção de insulina, recebe o nome de gene. Agora, a insulina será fabricada. Porém, a sequência desse gene precisa deixar o núcleo rumo ao citoplasma; porque o núcleo apenas fornece a receita, enquanto os operários se encontram no citoplasma. Mas há um problema, a molécula de DNA não ultrapassa as portas nucleares. A solução? Copiar a sequência para uma molécula transportadora. Uma a uma, as bases são copiadas em outra sequência. Em pouco tempo, desprende-se da molécula do DNA uma nova fita com as mesmas informações, o RNA mensageiro (RNAm), com trânsito livre pela célula.

Cumprida a missão, as fitas de DNA separadas voltam a se reunir à custa de novas proteínas programadas para essa tarefa. O cromossomo novamente se enovela naquela porção. Tudo isso sob a vigilância de outras proteínas que checam e corrigem eventuais erros nas cópias das bases nitrogenadas. A cadeia de produção exige diversos operários moleculares. Enquanto isso, o RNAm deixa o núcleo em direção à linha de montagem da insulina. O deslizamento da molécula o leva ao encontro dos ribossomos citoplasmáticos. Essas organelas interpretarão a receita. O ribossomo lê a fita de RNAm de maneira contínua e, a cada sequência de três bases nitrogenadas, incorpora o tipo de aminoácido correspondente. Por exemplo, ao se deparar com as bases AGC, acopla o aminoácido serina à molécula proteica em formação. A tríade seguinte, CUG, corresponde a outro aminoácido, a leucina. E assim por diante. Um a um, os aminoácidos são conectados de acordo com a leitura, e, ao final, desprende-se a longa molécula de insulina formada pela união correta de diversos aminoácidos.

Esse enredo genético é a base da vida. O DNA controla a formação, o crescimento e a diferenciação dos órgãos fetais. Dita quais células serão neurônios, músculos, ossos, pele, e assim por diante. Organiza quais tecidos se desenvolverão no ventre materno, enquanto outros aguardarão a vez de formação. Tudo de maneira planejada e rigorosamente cronometrada pela batuta do nosso DNA. O comando continua no crescimento e desenvolvimento do recém-nascido, na infância e na adolescência.

Nossos genes produzem proteínas e enzimas a todo instante. Uma refeição desencadeia um exército de enzimas digestivas, substâncias para motricidade do estômago e do intestino, para produção de muco e líquidos. Outras proteínas fundamentais às tarefas diárias banham o cérebro para as conexões neuronais. Os músculos são impregnados por outras, responsáveis pela contração. Proteínas sentinelas percorrem nossos tecidos em busca de pequenas inflamações, lesões, células anômalas ou erros no DNA para reparos. Diversos hormônios despejados no sangue controlam o funcionamento harmonioso das glândulas. Outros atuam continuamente na manutenção de células sanguíneas, ossos, paredes dos vasos sanguíneos, pele, mucosas e órgãos. Todas produzidas pela receita do DNA de cada célula.

O esboço do projeto Genoma Humano nasceu no final da década de 1980. A ciência mapearia a sequência das 3 bilhões de bases nitrogenadas dos 46 cromossomos humanos. Teríamos, dessa forma, um banco de dados para consultar e, assim, desvendar a causa de inúmeras doenças, o mecanismo das patologias e, consequentemente, haveria mais opções para pesquisas de novos medicamentos. Há muito tempo sabemos que pequenas mutações geram proteínas deficientes causadoras de doenças. Agora podemos descobrir genes defeituosos em outras como hipertensão, diabetes, doença de Parkinson etc.

Um exemplo de mutação já conhecida acontece na doença fibrose cística, ou mucoviscidose. As crianças doentes apresentam genes mutantes no cromossomo 7 que acarretam produção deficiente das proteínas que comandam as secreções pulmonares e intestinais. Conclusão: os doentes produzem muco de 30 a 60 vezes mais espesso que o normal. Por ser pegajoso, esse muco permanece grudado nos brônquios, favorecendo infecções repetidas. Já no pâncreas, a secreção espessa e viscosa obstrui os ductos pancreáticos e impede o trânsito das enzimas digestivas ao intestino. Dessa forma, os doentes não digerem os alimentos, ocasionando emagrecimento e retardo no crescimento. A doença já dava pistas nos tempos medievais quando, ao beijar as crianças, se sentia um gosto salgado na pele. Isso ocorria porque a fibrose cística também gera secreções glandulares cutâneas com elevadas concentrações de sódio e cloro, o NaCl, ou sal. Por isso, um dos melhores exames para se diagnosticar a doença é a dosagem de cloro no suor.

A fibrose cística não é uma doença rara. Uma em cada 2.500 crianças apresenta a doença na Europa e na América do Norte.[314] Muitos pesquisadores acreditam que essa elevada frequência seja uma recente seleção natural originada quando as doenças infecciosas intestinais eram responsáveis pela alta mortalidade infantil.[315, 316] Por que seleção natural? Os portadores do gene defeituoso da fibrose cística seriam mais resistentes à desidratação por diarreias frequentes, pois não secretam grandes quantidades líquidas. Apesar de teoria sedutora, aguardamos futuros estudos do genoma dos portadores.

Outra doença relacionada às mutações aparece no conhecido teste do pezinho realizado nos recém-nascidos: a fenilcetonúria. As mutações do cromossomo 12 impedem a produção normal da proteína que destrói a molécula fenilalanina de diferentes tipos de alimentos. Caso a doença não seja diagnosticada, o recém-nascido cresce assintomático, enquanto toda a fenilalanina absorvida na dieta é acumulada no seu organismo. O cérebro é a principal vítima desse depósito. Surgem os primeiros sintomas: dificuldade de caminhar e alterações posturais. A criança manifesta apatia ou irritação. Mas o pior emerge sorrateiramente: o retardo mental. O acúmulo da fenilalanina, tóxica ao cérebro, causa sequelas irreversíveis nas funções cognitivas. Daí a importância do exame logo após o nascimento para detectá-la. Basta suspender todo alimento que contenha a fenilalanina da dieta infantil para garantir o desenvolvimento normal dos doentes. Por exemplo, carnes, leite e derivados, ovos, peixes, grãos e chocolate. O paciente recebe dieta rigorosa de alimentos proibidos, tolerados e liberados. Além disso, a indústria alimentícia insere nas embalagens a presença de fenilalanina.

Quantas outras doenças podem ter relação com genes? Poderemos, através de simples exame sanguíneo, determinar se adoeceremos no futuro por diabetes, doença cardíaca, hipertensão ou câncer? Quantos medicamentos serão desenvolvidos quando se determinar os genes específicos de certas doenças? Nosso genoma poderá ditar qual o melhor medicamento para cada doença? As respostas dependem dos resultados das pesquisas do genoma.

A DESCOBERTA DA PRIMEIRA MUTAÇÃO REVOLUCIONÁRIA

O sonho do Projeto Genoma Humano ganhou força em 1988, quando o Congresso norte-americano aprovou a liberação de fundos ao Instituto

Nacional da Saúde e ao Departamento de Energia, ambos envolvidos com a pesquisa. O projeto se iniciou oficialmente em outubro de 1990. A tarefa seria árdua: compilar todas as 3 bilhões de bases nitrogenadas dos 46 cromossomos humanos. Para terminar no prazo previsto de 15 anos, a um custo de 200 milhões de dólares ao ano[317], os responsáveis solicitaram auxílio a laboratórios estrangeiros. Assim, cientistas da Inglaterra, da França, da Alemanha, do Japão, da China e do Canadá se debruçaram nas bancadas para sequenciar as bases dos cromossomos solicitados.[318] A ciência internacional se unia em um único e fundamental objetivo. O transcorrer da década de 1990 trouxe boas notícias ao projeto. Aperfeiçoamento tecnológico e modernas máquinas passaram a sequenciar segmentos de DNA com maior velocidade, o projeto terminaria antes do prazo de 2005. Enquanto isso, um *site* aberto à comunidade científica abastecia as bases nitrogenadas recém-identificadas a cada 24 horas. Os resultados fornecidos *on-line* liberavam as informações para pesquisadores iniciarem novos estudos científicos.

Enquanto o Projeto Genoma Humano saía do papel, um grupo de cientistas da Escola de Saúde Pública da Universidade do Califórnia expunha os resultados de sua mais recente pesquisa. Tornou-se o pontapé inicial das pesquisas do século XXI alavancadas pelo término do Projeto Genoma Humano. O alvo da pesquisa: câncer de mama.

Havia décadas os tumores mamários atormentavam mulheres norte-americanas. O pânico tomava conta das jovens que notassem o surgimento de caroços palpáveis nas mamas. A notícia ruim era que epidemiologistas não detectavam qualquer fator ambiental que favorecesse o surgimento tumoral. Isso implicava a falta de ação preventiva ao tumor, diferente, por exemplo, do câncer de pulmão, que já se orientava a suspensão do consumo do tabaco. Apesar de o câncer de mama surgir em qualquer idade, havia uma peculiaridade: a história familiar. Mulheres com histórico da doença em mães, tias ou irmãs eram mais sujeitas a desenvolver a patologia. Ginecologistas já conheciam algum fator hereditário na doença. Foi isso que o grupo da Califórnia quis estudar. Os cientistas reuniram famílias com histórico de câncer de mama em parentes próximos na tentativa de buscar alguma alteração genética comum. Talvez encontrassem alguma mutação para o início da doença.

Com métodos ainda rudimentares para a identificação de genes mutantes, os pesquisadores reuniram 23 famílias com histórico do tumor.[319] Os voluntários surgiram nos Estados Unidos, em Porto Rico, no Canadá, na Colômbia e na Inglaterra. Os adeptos da pesquisa forneceram amostras de sangue para as análises, somando um total de 329 participantes. Logo de início, parecia evidente a presença de algum fator hereditário, pois uma grande parcela dos casos ocorriam em mulheres muito jovens. Além disso, havia relatos do câncer em homens das famílias, o que é uma raridade na população geral. Como se não bastasse, muitas mulheres apresentavam o tumor em ambas as mamas, outra raridade, exceto nos tumores com histórico familiar. A presença da doença nessas famílias parecia estar ligada a algum fator genético: mulheres de 40 anos de idade tinham 37% de risco de desenvolver o câncer. Uma enormidade se comparado à ocorrência de 0,4% na população geral.

A análise do sangue dos familiares mostrou mutações no cromossomo 17. Lá estava o tão perseguido gene mutante responsável pelo surgimento do câncer de mama familiar. Em dois anos, os cientistas focaram essa região específica e finalmente nasceu o famoso gene BRCA1[320] (depois identificariam outro, tipo 2). Pela primeira vez, a ciência podia analisar o sangue de jovens saudáveis na busca da mutação. Em pouco tempo, também relacionaram a mutação com a predisposição ao câncer de ovário.[321] Desde então o gene foi alvo de inúmeras pesquisas refinadas. Hoje, sabemos que o gene BRCA produz uma proteína responsável por rastrear e reparar qualquer dano no DNA celular; portanto é um protetor, por suprimir o surgimento tumoral. Mulheres com a presença da mutação perdem essa função proteica e se tornam vulneráveis. Mais da metade das portadoras da mutação desenvolverão o câncer de mama ao longo da vida, enquanto a taxa na população sem a mutação é 12%.[322] Jovens com histórico familiar da doença podem realizar o exame para, constatada a presença da mutação, programar vigilância rigorosa, com mamografias frequentes, autoexames intensos, ultrassonografias de rotina entre outros exames. Em alguns casos, os médicos discutem condutas conjuntas mais radicais, como da atriz hollywoodiana Angelina Jolie, que decidiu pela retirada cirúrgica de ambas as mamas após constatar a presença da mutação. Angelina temia ter o mesmo destino de sua mãe, que lutou contra a doença por quase uma década e faleceu aos 56 anos de idade.[323]

A finalização do Projeto Genoma, em 2003, abriu as portas à busca de desconhecidos genes defeituosos. Agora tínhamos a sequência das 3 bilhões de bases do nosso DNA mapeada. Os cientistas iniciaram a corrida por tais genes em pacientes com diversas doenças. Uma vez encontrado, comparavam a frequência das mutações com pessoas saudáveis. Caso o gene mutante estivesse estatisticamente mais frequente nos doentes, seria indício de sua participação na causa da patologia. As portas foram abertas para a busca.

A CORRIDA NA ANTECIPAÇÃO DOS TUMORES

Animados com a descoberta do BRCA, pesquisadores buscam novos genes mutantes que favorecem o surgimento de outros tipos tumorais. Há anos sabemos da necessidade do exame de colonoscopia para rastrear e surpreender precocemente o aparecimento de câncer do cólon, o câncer intestinal. O tumor cresce de maneira silenciosa e, muitas vezes, sem sintomas. Os sintomas como diarreia, constipação, sangramento nas fezes ou cólicas abdominais podem aparecer quando o tumor já estiver avançado. Daí a colonoscopia ser utilizada como *check-up*. O exame é realizado por um longo aparelho flexível introduzido pelo ânus que percorre o intestino grosso e envia imagens da mucosa ao médico, semelhante à endoscopia digestiva alta que visualiza esôfago, estômago e duodeno. Assim, qualquer lesão intestinal suspeita é submetida à biopsia por uma pinça acoplada ao aparelho. Quanto mais precoce o diagnóstico, maiores as chances de cura pela cirurgia. Daí o interesse na busca de genes mutantes também relacionados a esse tipo tumoral.

Cientistas conseguiram identificar, a exemplo do BRCA, genes produtores de proteínas que reparam os defeitos das células intestinais. Mutação nesses genes também eleva o risco de se desenvolver o câncer de cólon. A mutação do gene, batizado como MLH, pode ser detectada em amostras de sangue. O portador da mutação poderá ser orientado a exames rotineiros de colonoscopia. Até o momento, a ciência ainda comprova e investiga outras causas para o tumor. O conhecimento do câncer intestinal ainda engatinha nas pesquisas médicas, mas o conhecimento da participação do gene MLH já é uma primeira grande batalha vencida, ao passo que outros genes ainda estão em investigação.[324]

Enquanto as mulheres se preocupam com a mama, aos homens cabe a próstata. Ultrassonografia aliada a exame sanguíneo rastreia o surgimento do câncer prostático. Sempre associado ao antigo toque prostático, muitas vezes preconceituosamente rejeitado por pacientes. Na maioria dos homens, o exame é indicado a partir dos 50 anos. Esse órgão é um dos poucos tecidos orgânicos que sofre constante crescimento. Suas células, com o envelhecer, correm risco de transformação tumoral. Os pesquisadores também garimpam genes mutantes associados ao tumor prostático. Pacientes jovens com tumor relatam, com frequência, história de casos semelhantes na família, o que sugere fator hereditário. Nesse sentido, a ciência já identificou mutação no cromossomo 8 associada à doença. Até o momento, é uma das poucas regiões descobertas, e, mesmo assim, os estudos apontam predisposição à doença apenas em norte-americanos afrodescendentes.[325] Ainda estamos no início do paradeiro do marcador ideal para a próstata.

Enquanto as bancadas de laboratórios buscam mutações que alertem ao risco de tumores, outros pesquisadores esmiúçam o DNA das células tumorais para tratamentos estratégicos no combate aos tumores. O avanço é constante. No passado, pacientes com câncer de mama enfrentavam a árdua batalha pela vida com três aliados: cirurgia, quimioterapia e radioterapia. Hoje, a jornada é bem mais amena. As cirurgias, em muitos casos, bem menos mutiladoras. As drogas quimioterápicas, menos tóxicas e mais toleráveis. Como se não bastasse, o conhecimento genético do tumor proporcionou avanços terapêuticos. Pesquisadores descobriram um gene mutante no cromossomo 17 em cerca de um quinto dos tumores mamários. A mutação produz, de maneira exagerada, uma proteína conhecida pela sigla Her. Ela se aloja na superfície da célula tumoral e desencadeia uma série de reações químicas que aceleram a multiplicação tumoral. Portanto, os tumores que apresentam o Her positivo tendem a ser mais agressivos e de difícil controle quimioterápico. A ciência contra-atacou.

Mastologistas e oncologistas realizam testes nas biópsias dos tumores mamários para detectar a presença da proteína Her na superfície celular. Em caso positivo, constata-se a presença do gene mutante. A estratégica terapêutica é, então, alterada. Já dispomos de alguns medicamentos que surgiram na esteira dessa descoberta. Novas drogas surgidas no início do século XXI têm como alvo a proteína Her. São anticorpos direcionados à molécula que a inativam.

A BUSCA DOS GENES RUMO À TERCEIRA IDADE

Em 25 de novembro de 1901, a senhora de 51 anos, Auguste Deter, deu entrada na Clínica Psiquiátrica de Frankfurt, antigo Asilo Municipal para Insanos e Epiléticos. Seu marido chegara ao limite tolerável com a doença da esposa. Operário da ferrovia da cidade, não conseguia mais administrar a rotina diária entre trabalho, cuidados com o filho e, ao mesmo tempo, a dispendiosa atenção à saúde da mulher, que mostrava franca debilidade. Deter foi internada.

O jovem assistente que admitiu a paciente acionou um dos médicos responsáveis pela instituição. O psiquiatra e neuropatologista chefe, de 37 anos, iniciou o exame. A primeira pergunta foi indagar seu nome. A resposta firme: Auguste. Porém, ao perguntar seu sobrenome, a resposta foi desanimadora: Auguste. A mesma resposta ecoou na sala. As respostas desconexas persistiram. Qual o nome de seu marido? Resposta: Auguste. O médico insistiu: “Eu perguntei o nome do seu marido”. A paciente insistia ser casada com Auguste. O experiente psiquiatra formado havia 13 anos percebeu um caso peculiar e raro. Aquela doença intrigou o pesquisador que, anos antes, havia instituído mudanças radicais naquela instituição psiquiátrica: proibiu amarrarem e amordaçarem pacientes agitados e instituiu necropsias de rotina nos pacientes falecidos para destrinchar alterações cerebrais ao microscópio.[326] Tentava topografar regiões cerebrais afetadas que precipitassem as diferentes doenças. Acostumado a diversas patologias cerebrais, percebia estar diante de uma nova doença. Deter não preenchia critérios clínicos para a reinante demência relacionada à infecção sifilítica frequentemente encontrada nos cérebros das necropsias daquela época. O desafio do diagnóstico de Auguste Deter estava nas mãos daquele psiquiatra e neuropatologista. Seu nome? Alois Alzheimer.

O marido da paciente relatou que Deter iniciou os sintomas com pequenas falhas de memória apenas oito meses antes. O quadro se acentuou para enganos nas receitas de cozinha. A doença progrediu, e Deter, então, vagava pela casa sem objetivo aparente. Com o passar dos meses adquiriu postura apática e dificuldade para exercer as mínimas atividades, como realizar contas com dinheiro. Alucinações e delírios se somaram à constelação de problemas. Deter começou a relatar que as pessoas comentavam a seu respeito e a perseguiam. Sua memória se deteriorou, e Deter esquecia até o local em que deixara seus pertences. Seu esposo procurou o hospital quando Deter começou a bater na porta dos vizinhos sem motivos.

Nos anos de internação, seu quadro se deteriorou mês a mês. Deter, apática, perdeu as feições da expressão facial. Emagreceu e tomou atitudes completamente inadequadas. Urinava e defecava nas roupas. Seu grau de inatividade era tamanho que passou a desenvolver escaras pelo corpo em decorrência das horas que permanecia deitada ou na mesma posição. Faleceu por pneumonia após cinco anos de internação, já desfigurada pela doença. Alzheimer já havia deixado Frankfurt para se estabelecer como professor da Universidade de Munique. Ao saber da morte de Deter, solicitou o envio de amostras cerebrais da necropsia. Alzheimer intuía algo novo naquela paciente. O tecido cerebral foi tingido com diferentes tipos de corantes para Alzheimer vasculhar qualquer alteração ao microscópio. Esperava alguma lesão que justificasse aquela estranha demência em uma paciente tão jovem. A busca foi conclusiva. Encontrou degeneração cerebral por lesões no córtex. Estruturas filamentosas se enovelavam no tecido cerebral com consequente rareamento dos neurônios. Aglomerados de material amorfo, placas amiloides, se depositavam no cérebro. Ali estavam as causas da nova doença. O cérebro se desintegrava.

Nos anos seguintes, a doença ganhou um nome, doença de Alzheimer. Sua raridade, no entanto, fez com que fosse negligenciada nas pesquisas.

Sua descoberta ocorreu em um período cuja expectativa de vida estava bem abaixo que a dos dias atuais. Em 1900, a população abastada dos países desenvolvidos vivia, em média, até os 50 anos.[327] Muitos, portanto, morriam antes de atingir a faixa etária de risco para desenvolver o Alzheimer. A situação se alterou, porém, no transcorrer do século XX, quando as condições de saúde melhoraram. Hoje, a expectativa de vida alcança os 80 anos, e a idade estendida aumentou a incidência da antiga doença no novo batalhão de idosos. O Alzheimer ganhou importância, passou a ser conhecido também pela população leiga e, com isso, estimulou as pesquisas. Os microscópios eletrônicos da década de 1960 já haviam aperfeiçoado a análise cerebral dos portadores da doença: depósitos anormais de proteínas amiloides e emaranhados de fibras proteicas. Ambos degeneravam as células neurais. As pesquisas se voltaram às causas. Testes realizados nos consultórios através de questionários foram refinados para diagnosticar a doença. Novos medicamentos surgiram para retardar sua progressão. Apesar disso, muitos idosos temem ouvir seu nome. Sabem que pertencem a um grupo de risco do Alzheimer, pois de 6% a 8% da população apresenta risco de adoecer até os 85 anos.[328] Muitas dessas pessoas da dita terceira idade gostariam de saber se correm risco de desenvolver o Alzheimer, bem como ouvir notícias que informassem a descoberta de novos medicamentos. A boa notícia é que isso é possível com o atual avanço da ciência genômica.

Os maléficos depósitos amiloides surgem pela quebra de uma proteína precursora. Portanto, um dos principais problemas está na produção dessa dita proteína fundamental, e as pesquisas já apontaram um gene específico responsável pela sua produção. E mais, mutações nesse gene localizado no cromossomo 21 ocasionam um excesso de sua produção. Uma parcela dos pacientes apresenta tal mutação. Apesar disso, a causa não é tão simples assim. Outro gene mutante descoberto no cromossomo 14 também participa na causa do Alzheimer. Como? Produz uma enzima que se choca com a proteína precursora para quebrá-la. É a localização dessa ruptura, porém, que causa a maior parcela dos tais fragmentos tóxicos amiloides.

Esse gene mutante mostra que a ciência nos traz relatos incríveis. A presença dessa mutação esteve envolvida na causa da doença da paciente mais famosa, a própria Auguste Deter. Isso mesmo, pesquisadores alemães encontraram as lâminas da biópsia cerebral da paciente de Alois Alzheimer em uma prateleira empoeirada. Amostras cerebrais da primeira paciente ficaram acomodadas por mais de um século no aguardo dos avanços na área da genética ocorridos no século XXI. Os cientistas submeteram essas amostras à analise do DNA. O resultado foi animador, lá estava a mutação do gene do cromossomo 14 visível na amostra da paciente do próprio Alois Alzheimer.[329] As descobertas ainda são tímidas diante da complexidade da doença, visto que nem todos os pacientes apresentam essas mutações. Por outro lado, outros genes estão na mira de novas pesquisas que avançam a passos largos.[330] O esclarecimento da genética da doença precipitará a busca de novas drogas. Em um futuro não tão distante, idosos poderão realizar exames sanguíneos de *check-up* na busca da presença de mutações que alertem a possibilidade do surgimento do Alzheimer. Nesse momento, talvez estejam disponíveis novas drogas direcionadas às proteínas produzidas pelo comando desses genes.

O GARIMPO DOS GENES DO TEMIDO TREMOR

Uma construção imponente pela arquitetura do século XVII repousava na margem esquerda do Sena, na Paris da segunda metade do século XIX. O edifício construído em 1634 para armazenar salitre na produção de pólvora foi, em poucos anos, transformado em uma ala feminina do Hospital Geral de Paris. Batizado como Hospital Salpêtrière (do francês *salpêtre*, salitre), o local absorvia as indesejáveis da cidade: vagabundas, doentes, indigentes e criminosas. Sua localização fora dos muros era ideal para empurrar a massa humana repugnante aos olhos dos transeuntes da Île de la Cité, coração de Paris. A nova ala chegou a abrigar 4 mil hóspedes em 1679, período em que já chegavam idosas abandonadas, aleijadas e doentes mentais. A Revolução Francesa trouxe poucos benefícios àquela instituição com discretas melhorias nos cuidados aos internos. Medidas tímidas para corrigir o caos da massa despejada e abandonada no hospital. Porém, essa história mudaria na segunda metade do século XIX.

André Brouillet, 1887.

A plateia assiste à demonstração de sintomas e sinais de uma paciente portadora de histeria no hospital Salpêtrieré em palestra de Jean-Martin Charcot.

Em 1862, o psiquiatra e neuroanatomista Jean-Martin Charcot, considerado por muitos como pai da neurologia, chegou ao Hospital Salpêtrière e se deparou com uma miríade de desgraças. Epiléticas, doentes mentais, insanas, paralíticas e sifilíticas se alternavam nos corredores. Pacientes consumidas e dependentes largadas nos leitos à mercê da sorte. Charcot catalogou uma a uma as doentes internadas. Estimulado pelos avanços científicos, comandou o início de pesquisas na instituição. Uma pequena cozinha inutilizada se transformou em seu laboratório.[331] A sala recebeu microscópios, jarros de vidro e produtos químicos para os trabalhos científicos. Os médicos passaram a realizar necropsias em todas as pacientes falecidas para enviar os cérebros ao laboratório. Charcot começou a relacionar os sintomas aos achados no microscópio. Em poucos anos, o hospital forneceu dados reveladores para o esclarecimento da causa de diversas doenças. Bastava destrinchar as lesões cerebrais ao microscópio. Salpêtrière passou de um depósito de doentes a um dos maiores centros de pesquisa neurológica do mundo. Cômodos foram transformados em salas de aula repletas de médicos para ouvir as palestras de Charcot. Pacientes trazidas ao auditório eram apresentadas com exemplos práticos de seus sintomas e métodos de exames nas aulas.

Uma das doenças estudadas por Charcot fora descrita em 1817 pelo médico James Parkinson, membro do renomado Colégio Real de Cirurgia de Londres. Parkinson descreveu os sintomas da patologia em poucos casos, incluindo a observação de transeuntes idosos das ruas londrinas. A patologia se caracterizava por tremores involuntários nas mãos acompanhados de discreta fraqueza e falta de coordenação motora. O paciente adquiria postura viciada, com o tronco inclinado à frente e, ao andar, empreendia passos curtos e rápidos. Charcot detalhou esses sintomas e acrescentou outros para diagnosticar a doença. Acrescentou sinais mais fidedignos ao diagnóstico correto. Sua descrição, clássica, incluía detalhes do tremor, da dificuldade da escrita, com linhas tortas e trêmulas, da discreta rigidez muscular, do distúrbio no equilíbrio que justificava o andar característico e da falta de expressão facial com movimentos musculares lentos. Mas um único paciente esclareceria algo a mais.

Salpêtrière permaneceu como referência mundial de centro de pesquisas. No ano da morte de Charcot, em 1893, seus discípulos relataram intrigantes sintomas de Parkinson em um paciente de 38 anos admitido por tuberculose pulmonar. Surpreendentemente, a manifestação do Parkinson, se instalara em apenas uma metade do corpo.[332] A única explicação: a doença acometia apenas um lado do cérebro, enquanto poupava o outro. O paciente foi acompanhado sem nunca desenvolver o Parkinson no lado são. Porém, a tuberculose não tinha cura, e o inevitável ocorreu. Seus pulmões foram tomados pela bactéria, e ele apresentou piora clínica dos sintomas respiratórios. Em menos de um ano morreu. Como em outros casos, o cérebro retirado daquele paciente foi ao laboratório. Todos ansiavam o exame necroscópico desse intrigante caso. O microscópio revelou invasão das bactérias da tuberculose no sistema nervoso central. Uma pequena região cerebral revelou ser a mais danificada pela proliferação bacteriana: a conhecida substância negra, cujo nome veio pelo seu excesso de pigmento. O mistério do seu Parkinson em uma das metades do corpo estava ali. Os cientistas, agora, descobriam fortes indícios da região específica que, danificada, causava a doença de Parkinson.

O século XX testemunhou grandes avanços em relação à doença. A substância negra foi confirmada como região alvo do Parkinson. Pesquisadores descobriram substâncias químicas envolvidas nas conexões neuronais. Cada descoberta possibilitava novos avanços no conhecimento e no tratamento da patologia. Surgiram medicamentos promissores para o tratamento do Parkinson que controlam os sintomas e retardam seu avanço. Os métodos de diagnósticos foram aperfeiçoados. Com o início do século XXI, a genética continua a trazer avanços. As recentes descobertas fornecerão exames de *check-up* que avaliem o risco do idoso vir a desenvolver a doença. Nessa esteira surgirão drogas muito mais eficientes e, talvez, a cura. Tudo graças à genética.

O Parkinson é a segunda doença degenerativa e incapacitante mais frequente nos idosos, depois do Alzheimer. Os danos da doença se iniciam e progridem de maneira insidiosa e silenciosa. Os sintomas só surgem e levam o doente a procurar o médico quando mais de 50% dos seus neurônios estão destruídos. Nesse momento, a concentração cerebral da principal substância química, a dopamina, que comanda as conexões neuronais, está reduzida em mais de 80% em relação aos níveis normais. Por isso, a descoberta de genes mutantes envolvidos na doença seria um grande avanço para exames preventivos de *check-up*.

Pesquisadores descobriram genes mutantes que comandam exagerada produção de uma proteína que se acumula na substância negra.[333] Seu excesso degenera a região e, lentamente, destrói os neurônios. Famílias com relatos frequentes do Parkinson em seus antepassados apresentam as mutações. A descoberta de tal proteína abriu as portas para pesquisas de medicamentos direcionados, talvez, à sua destruição. A busca de genes que controlem a

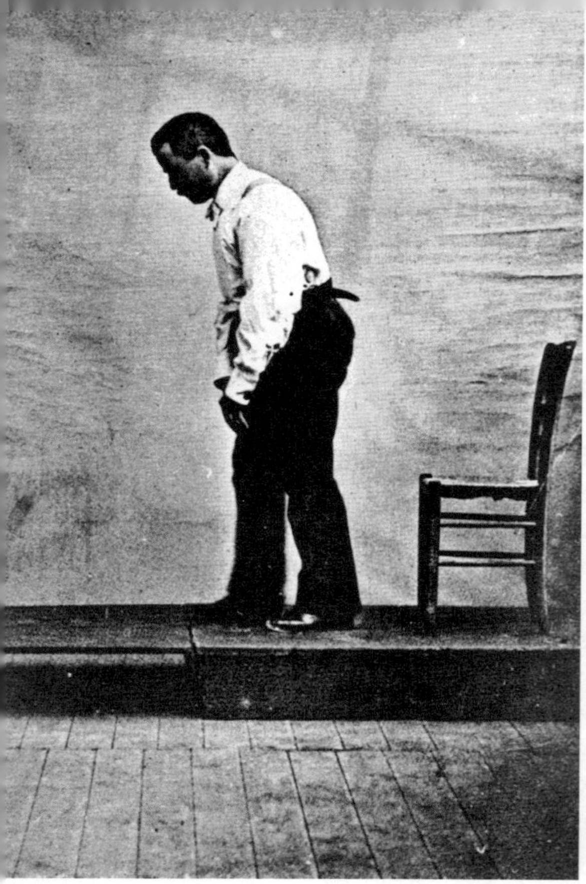

Fotografia do final do século XIX para demonstrar o andar e a postura de um paciente com a doença de Parkinson.

sua eliminação do sistema nervoso também poderá trazer luz a novos medicamentos. O século XXI traz fortes esperanças ao caminho de uma terceira idade segura e proveitosa. A descoberta de genes responsáveis pela doença pode mudar radicalmente o tratamento. Isso aconteceu, por exemplo, com outra patologia no século XX. É o que se verá a seguir.

A DESCOBERTA DE UM GENE DIVIDE ÁGUAS

No início da década de 1950, pesquisadores buscavam as causas dos tumores. As suspeitas estavam nos cromossomos. Suas mutações poderiam transformar células normais em cancerosas, programadas para reprodução acelerada e descontrolada. Cientistas iniciaram o rastreamento dos cromossomos de células malignas. Começaram por uma forma de leucemia agressiva, a leucemia mieloide aguda. Compararam os cromossomos das células malignas com os das células normais. Dimensionaram seus tamanhos e larguras. Compilaram suas posições no interior nuclear. Lâminas e mais lâminas levadas aos microscópios trouxeram as conclusões: nada de diferente, nenhuma descoberta. Persuadidos com a plausível teoria, os pesquisadores não desanimaram e partiram para outro tipo leucêmico. Dessa vez a leucemia mieloide crônica (LMC).

As primeiras análises trouxeram esperanças. As lâminas mostraram um cromossomo diferente nas células malignas de dois pacientes portadores de LMC. Animados, os pesquisadores buscaram novos doentes. Cinco outros leucêmicos forneceram sangue e lá estava novamente o cromossomo estranho em todos. Não havia mais dúvidas. A presença daquele cromossomo anômalo ocasionava a LMC. Seu batismo ocorreu na cidade da pesquisa, havia sido encontrado o "cromossomo Filadélfia". A classe médica recebeu a descoberta com empolgação e credibilidade. O cromossomo Filadélfia ganhou as manchetes das revistas científicas. Porém, havia um equívoco.

As inovações técnicas da década seguinte melhoraram a identificação dos cromossomos. Novas substâncias químicas e técnicas aperfeiçoadas conseguiram melhor impregnação de corantes e visualização dos enovelados de DNA. Os cromossomos eram expostos de maneira mais clara aos microscópios. Conclusão: cientistas de Chicago detectaram um erro nas pesquisas sobre o cromossomo Filadélfia. Perceberam não se tratar de um novo cromossomo, mas sim do próprio cromossomo 22, porém pouco mais curto do que o normal. Essa espécie de amputação cromossômica levou à confusão. Não demorou para que achassem a região suprimida de um cromossomo 22. Nos mesmos doentes, um dos cromossomos 9 era um pouco mais longo que o habitual. A dimensão da região em excesso no 9 era a mesma que faltava no 22. O equívoco estava resolvido. Um fragmento de DNA fora permutado do cromossomo 22 para o 9. Mesmo assim, o cromossomo 22 mais curto continuou a ser chamado de cromossomo Filadélfia. Apesar do engano, a alteração ainda ocasionava o surgimento da LMC.

A região rompida e emendada deveria conter genes responsáveis por aquela permuta cromossômica, e, consequentemente, pela causa da LMC. Cientistas se debruçaram na busca de genes. A resposta chegou na década de 1980, com a descoberta de dois genes responsáveis pela mutação. Agora sim, os cientistas focaram no alvo daquela leucemia, e sequenciaram as bases nitrogenadas dos genes. A tarefa foi árdua pelos métodos ainda rudimentares da década de 1990. A função dos genes mutantes emergiu nos laboratórios. Descobriu-se que codificavam as informações para a produção de uma proteína anormal: a tirosina quinase. Qual seu papel?

A tirosina quinase, encontrada em nosso organismo, é responsável, quando ativada, por comandar a divisão celular. Os genes mutantes produziam uma proteína anômala responsável pelo gatilho inicial da proliferação celular desorganizada e contínua da LMC. Finalmente, a ciência, após quarenta anos da descoberta do cromossomo Filadélfia, chegava às entranhas do DNA. A causa da LMC estava esclarecida. A partir de então, essas proteínas antes negligenciadas pelos cientistas passaram a liderar as pesquisas sobre a LMC. As indústrias farmacêuticas poderiam criar um novo medicamento que as inibisse. A nova batalha se iniciou.

A tirosina quinase normal e a patológica tinham diferenças estruturais. O arranjo de seus átomos fornecia configurações diferentes. Os cientistas começaram a buscar a descoberta de moléculas que se encaixassem nas reentranças específicas da proteína anômala. A tarefa estava em encontrar uma substância que inativasse a proteína da LMC, mas, ao mesmo tempo, poupasse as demais tirosinas quinases normais do organismo. Finalmente, no final da década de 1990, veio a tão sonhada substância para os testes, recebeu a denominação ST1571.

Os primeiros experimentos revelaram que a nova droga seria um divisor de águas no tratamento da LMC. Trinta e um pacientes com células leucêmicas no sangue entraram no estudo. O grupo, sem nenhuma opção de cura ou controle da doença, recebeu com esperanças a droga. Na época, a única tentativa de cura da LMC estava na realização do então extremamente letal transplante de medula óssea. As amostras de sangue revelaram o poder da nova droga. Todos os pacientes entraram em remissão, as células neoplásicas desapareceram do sangue. A droga bloqueou completamente a proteína anômala produzida pelo gene defeituoso. Novos doentes e os mesmos resultados: o medicamento liquidava com as células tumorais. Em pouco tempo, foi aprovada e mudou completamente a evolução da LMC. Ganhou um nome comercial, Gleevec, e hoje controla a doença. Esse é o melhor exemplo de como o encontro de um gene responsável por uma doença precipita o desenvolvimento de novas medicações eficientes. A busca dos genes que permitem antever o surgimento de doenças pode também auxiliar no encontro de medicamentos para tratamento e até cura dos males.

OS GENES DA CARDIOLOGIA

As comemorações do Ano-Novo de 1900 reverberaram pelo mundo. As grandes cidades prepararam festas e queimas de fogos à altura da nova era. O novo século prometia descobertas ainda maiores. Os avanços científicos pareciam não ter freio. Apesar disso, famílias norte-americanas ainda se preocupavam com antigas doenças infecciosas que, a cada ano, matavam quase 1% da população.[334] Águas e alimentos contaminados traziam infecções devastadoras pela febre tifoide e por bactérias diarreicas. A tuberculose se disseminava nas cidades atulhadas de operários e acometia ricos e pobres. As crianças ficavam a mercê das epidemias de sarampo, varíola, coqueluche, difteria e escarlatina. As descobertas das vacinas engatinhavam, enquanto os antibióticos ainda se ocultavam na natureza. O tratamento dos abastecimentos de água ainda saía do papel, e a adição de cloro à água estava ainda em discussão. Diante disso, a liderança da mortalidade estava nas mãos das pneumonias, diarreias e tuberculose. Ataques cardíacos vinham na quarta posição. Mas não por muito tempo.

As infecções foram combatidas no século XX. Novas drogas e vacinas empurraram a mortalidade infantil para níveis bem mais baixos. Medidas preventivas controlaram as epidemias. Enquanto isso, as dietas gordurosas aliadas ao sedentarismo alavancaram os ataques cardíacos. No início do século XXI, as doenças do coração passaram a ser a principal causa de morte. Hoje, quase um terço das mortes norte-americanas decorre de problemas cardíacos, seguido pelos cânceres. Novas técnicas para evidenciar lesões coronarianas permitiram diagnósticos precisos de risco ao infarto agudo miocárdico. Aliado a isso, novos tratamentos medicamentosos também tentam contornar o problema. Cateterismos salvam vidas com novas técnicas. Mesmo assim, os ataques cardíacos continuam a atormentar a vida urbana. A descoberta de genes que possam prever o risco ajudaria na implementação de medidas preventivas mais enérgicas, como exames com maior frequência e, até mesmo, medicações precoces. Os genes também auxiliariam na descoberta de novos medicamentos. A boa notícia: a genética não abandonou as pesquisas cardíacas.

O coração bate a todo instante pela contração de sua musculatura. O órgão ejeta sangue oxigenado para todas as células humanas. A tarefa é realizada por 60 a 100 contrações a cada minuto, mais de 100 mil ao dia. Tanto trabalho requer ótimo funcionamento do órgão, e, para isso, suas células também necessitam receber oxigênio e açúcar. As artérias coronárias suprem os músculos cardíacos de energia. Para isso, uma pequena parte do sangue cardíaco ejetado é desviada às duas artérias coronárias estrategicamente posicionadas na saída do órgão. Essas tubulações arteriais conduzem o sangue oxigenado por ramificações arteriais progressivamente menores que terminam por englobar todo coração. Aqui entram os infartos agudos do miocárdio.

Como azulejos rachados, pequenas lesões no revestimento interno dessas artérias permitem a entrada de moléculas de gordura no sangue. E mais, será maior a penetração gordurosa quanto maior a concentração de colesterol e triglicérides no sangue. Essa infiltração gordurosa na parede das coronárias espessa a parede de azulejos do revestimento interno das coronárias. Quanto maior o depósito de gordura, maior será a obstrução do fluxo sanguíneo, que pode atingir o extremo da quase oclusão total da passagem sanguínea. A falta de sangue ocasiona a dor por isquemia. Outro transtorno acontece quando as placas de gordura crescem e rompem o revestimento interno da coronária (aquela parede de azulejos), expondo a massa lipídica ao contato direto com o sangue. Imediatamente, plaquetas sanguíneas se unem à massa lipídica e estimulam a coagulação que obstrui o vaso. O paciente sofre infarto. Esse revestimento interno da artéria se racha também por condições genéticas ou mesmo por substâncias tóxicas como tabaco e cocaína. Por isso, jovens que consomem essas substâncias podem ter um infarto. Atualmente pesquisadores tentam encontrar genes mutantes que possam estar por trás das lesões ou do acúmulo de gordura. Rastreiam genes responsáveis pelo infarto agudo do miocárdio.

Vários genes já foram apontados como predisponentes ao infarto. Alguns comandam a produção exagerada de gorduras sanguíneas que infiltram as paredes coronarianas. Outros favorecem lesões coronárias com consequente penetração gordurosa. O cromossomo 9 é o principal implicado por conter mutações favoráveis ao infarto.[335] Diversos outros genes comandam atividades que, defeituosas, são deletérias às coronárias, como elevação da pressão arterial, atividade antioxidante e controle de colesterol e triglicérides.[336] Até o momento, uma miscelânea de genes surge como candidatos ao risco de infarto. Trabalhos futuros irão garimpá-los para a descoberta dos reais papéis de cada qual ou, até mesmo, se a associação de dois ou mais genes está por trás da doença.

Enquanto se buscam genes responsáveis pelo infarto, outros avanços no estudo do DNA melhoram o tratamento das lesões. Pacientes coronarianos, muitas vezes, são submetidos à implantação de *stent* nas artérias através da realização do cateterismo. Localizada a lesão gordurosa que obstrui parcialmente o interior das coronárias é necessário abrir o estreitamento para a passagem de sangue. Aqui entra o tratamento revolucionário. O *stent* consiste em uma malha de fibras de metal em formato de um curto tubo. O médico introduz o *stent* fechado na altura da obstrução para então abri-lo. A malha metálica se expande e comprime a placa gordurosa, deixando o sangue fluir no interior da tubulação metálica. Apesar da eficácia da técnica, há um grande problema. O novo conduíte metálico, estranho ao organismo, estimula a adesão de plaquetas e a formação de coágulos que obstruem o fluxo e destroem todo o trabalho. A solução? Todo paciente recebe uma receita com medicamento diário que bloqueia a adesão de plaquetas.

No início da nova técnica os resultados foram animadores. As lesões desobstruídas solucionavam o problema, enquanto a nova droga, o clopidogrel, evitava coágulos. Porém, alguns pacientes não tinham a mesma sorte. Apesar da excelente eficácia da droga, evoluíam com infarto por coágulos. As pesquisas evidenciaram a raiz do problema. A ineficácia do clopidogrel naqueles pacientes não estava na molécula da droga, mas sim no DNA dos pacientes. Como? A substância se une às plaquetas e evita que sejam ativadas e se agreguem. Esse é o mecanismo de sua ação. Porém, o clopidogrel ingerido precisa ser ativado para cumprir esse papel. Quem o ativa? Nossas próprias enzimas orgânicas. Os pesquisadores descobriram que certas pessoas apresentam genes produtores de enzimas alteradas que ativam muito pouco o clopidogrel e, portanto, o remédio não atua como deveria.[337] A descoberta precipitou o surgimento de exames sanguíneos na busca desses mutantes para se substituir a medicação.

Esse é um dos melhores exemplos de como o estudo genético auxilia na escolha do medicamento ideal ao paciente. Mas não é o único. Alguns pacientes fazem uso de anticoagulantes para evitar a formação de trombos perigosos venosos ou arteriais. O medicamento é perigoso e necessita de um ajuste fino para se encontrar a dose ideal para cada pessoa. A baixa dosagem pode ser ineficaz e proporcionar a formação de coágulos. Altas doses bloqueiam demais a coagulação e expõem os doentes a sangramentos fatais. A dose ideal varia de pessoa a pessoa. Uns são bem anticoagulados com apenas meio comprimido,outros necessitam de quase dois comprimidos ao dia. Atualmente já se descobriu um gene responsável pela produção de enzimas que eliminam determinados anticoagulantes. Genes mutantes não produzem níveis suficientes da enzima, e, portanto, os anticoagulantes se acumulam no corpo com risco de sangramento. Esses pacientes precisam ingerir doses menores. Por outro lado, outros genes tornam o organismo resistente à droga e essas pessoas precisam de doses diárias maiores. Esses genes já podem ser investigados por exames de sangue antes do início da administração de anticoagulantes no organismo.

Os exemplos se avolumam. Muitos medicamentos induzem reações alérgicas cutâneas com vermelhidão e placas pruriginosas. No tratamento de doenças crônicas, essas alergias atormentam a vida do médico, que precisa suspender a medicação e substituí-la por medicamentos nem sempre tão eficazes. Além disso, o doente recebe antialérgicos, convive com dias de transtorno e, pior, aguarda a melhora e a não progressão para alergias de maior gravidade. Recentes estudos têm demonstrado que determinados genes estão por trás de muitas dessas reações. Um dos exemplos é encontrado na medicação abacavir, empregada no tratamento da aids. Antes de sua administração, pode-se testar a presença de um gene responsável pela alergia. Caso o paciente seja portador desse tipo genético, evita-se a droga e indica-se outro esquema terapêutico.

A droga tamoxifeno revolucionou o controle do câncer de mama. As mulheres cujos tumores apresentam receptores estrogênicos são candidatas ao uso do remédio. Recentemente, a genética também demonstrou que determinadas pessoas apresentam genes que comandam uma transformação lenta da molécula da droga ingerida. O problema? A droga precisa ser metabolizada para ter o máximo de efeito. Portanto, essas metabolizadoras lentas não atingem níveis terapêuticos adequados. Hoje, passou-se a buscar esses genes nas candidatas a receber o tamoxifeno.

Como vimos, o século XXI se iniciou pela busca frenética dos genes responsáveis pelas doenças. Temos um modelo de normalidade para comparação: o genoma humano completo. Exames para rastrear o risco de determinadas doenças podem melhorar a vida de pessoas vulneráveis. Podem alertar para realização com maior frequência de exames de *check-up*. O encontro de genes mutantes poderá direcionar pesquisas para a descoberta de novas drogas. A escolha do medicamento ideal para determinado paciente poderá ser realizada de acordo com o perfil genético do próprio doente ou, no caso de cânceres, pelo padrão de DNA das células tumorais. Iniciamos uma nova fase, a Medicina personalizada. Talvez os médicos tratem "aquela" doença "daquele" paciente, e não mais a doença do paciente. Somente o futuro dirá se o século XXI será conhecido como o século da genética. Por enquanto, estamos garimpando os genes.

NOTAS

INTRODUÇÃO

[1] Cutler J. Cleveland. *Concise encyclopedia of the history of energy*. San Diego, USA, Elsevier, 2009.

[2] Ken Beauchamp. *History of telegraphic*. London: Institute of Engineering and Technology, 2001.

[3] Pamela Kyle Crossley; Lynn H. Lees; John W. Servos. *Global society*: the world since 1900. Boston, USA, Wadsworth Cengage Learning, 2013.

[4] Leonard Ray Teel. *The public press, 1900-1945*: the history of American journalism. Westport, USA, Greenwood Publishing Group, 2006.

[5] Joel E. Cohen. "Human population: the next half century". *Science*, 302: 1172-1175, 2003.

[6] B. Guyer et al. "Annual summary of vital statistics: trends in the health of americans during the 20th century". Illinois, USA, *Pediatrics*, 106(6): 1307-1317, 2000.

[7] J. F. Fries. "Aging, natural death, and the compression of morbidity". *N. Eng. J. Med*, 303: 130-135, 1980.

CAPÍTULO "ANO 1901 • DORMINDO COM O INIMIGO"

[8] George C. Kohn. *Encyclopedia of Plague and Pestilence*. Nova York, Facts On File, Inc., 1995.

[9] Owen, R. L.; W. Reed et al. *The prevention of yellow fever*. Washington Govt. Print Off., Yellow fever: a compilation of various publications, 1911.

[10] Socrates Litsios. *Plague Legends*. Science and Humanities Press, 2001, Chesterfield (MO), USA.

[11] Gerald Horne. *O sul mais distante*: os Estados Unidos, o Brasil e o tráfico de escravos africanos. São Paulo, Companhia das Letras, 2010.

[12] Matthew Parker. *Febre do Panamá*. Rio de Janeiro, Record, 2012.

[13] John Charles Chasteen. América Latina: uma história de sangue e fogo. Rio de Janeiro, Campus, 2001.

[14] Charles A. Gauld. *Farquhar*: o último titã. São Paulo, Editora de Cultura, 2006.

[15] F. Bastos; M. Krasilchik. "Pesquisas sobre a febre amarela (1881-1903): uma reflexão visando contribuir para o ensino de ciências". *Ciência & Educação*. 10(3): 417-442, 2004.

[16] W. Reed et al. The etiology of yellow fever – a preliminary note. Military Medicine, 166 (suppl. 1): 29-37, 2001.

[17] W. Reed. "Recent researches concerning the etiology, propagation, and prevention of yellow fever, by the United States Army Comission". *Journ of Hyg*, 2(2): 101-119, 1902.

CAPÍTULO "ANO 1905 • O LÁTEX ENSANGUENTADO"

[18] J. Wesley Alexander. "The contributions of infection control to a century of surgical progress". *Ann. Surg.*, 201(4): 423-428, 1985.

[19] D. J. Funk et al. "Sepsis and septic shock: a history". *Crit. Care Clin.*, 25: 83-101, 2009.

[20] Patrice Debré. *Pasteur*. São Paulo: Scritta, 1995.

[21] M. Schwartz. *Journal of Applied Microbiology*, 91: 597-601, 2001.

[22] O. J. A. Gilmore. "150 years after: a tribute to Joseph Lister". *Annals of the Royal College of Surgeons of England.* 59: 199-204, 1977.
[23] J. G. Bonnih; W. R. LeFanu. "Joseph Lister (1827-1912)". *The Journal of Bone and Joint Surgery*, 49B (1): 4-18, 1967.
[24] D. J. Funket al. "Sepsis and septic shock: a history". *Crit Care Clin*, 25: 83-101, 2009.
[25] O. M. Lidwell, "Special Article – Joseph Lister and infection from the air". *Epidem. Inf.* 99: 569-578, 1987.
[26] J. L. Cameron. William Stewart Halsted. *Annals of surgery*, 225(5): 445-458, 1997.
[27] S. Robert Lathan. "Caroline Hampton Halsted: the first to use rubber gloves in the operating room. *Proc (Bayl Univ. Med. Cent.)*, 23(4): 389-392, 2010.
[28] Ira M. Rutkow. "The surgeon's glove". *Arch. Surg.*, 134: 223, 1999.
[29] S. Robert Lathan. "Dr. Halsted at Hopkins and a High Hampton". *Proc (Bayl Univ. Med. Cent.)*, 23(1): 33-37, 2010.
[30] Adam Hochschild. *O fantasma do rei Leopoldo.* São Paulo, Companhia das Letras, 1999.
[31] Joe Jackson. *The thief at the end of the world.* Londres, Penguin Books, 2009.
[32] S. Robert Lathan. "Rubber gloves redux". *Proc (Bayl Univ. Med. Cent.)*, 24(4): 324, 2011.

CAPÍTULO "ANO 1910 • OS GENES DEIXAM A CAIXA DE PANDORA"

[33] S. J. Gould. *A falsa medida do homem.* São Paulo, Martins Fontes, 1991.
[34] James Bradley. *O cruzeiro imperial.* São Paulo, Larousse do Brasil, 2010.
[35] D. Micklos; E. Carlson. "Engineering american society: the lesson of eugenics". *Nature Reviews*, 1: 153-158, 2000.
[36] L. A. P. Martins; A. P. O. M. Brito. "As concepções iniciais de Thomas Morgan acerca da evolução e hereditariedade". *Filosofia e História da Biologia*, 1: 175-189, 2006.
[37] L. A. P. Martins. "Thomas Morgan e a teoria cromossômica: de crítico a defensor". *Epistene*, 3(6): 100-126, 1998.
[38] M. G. Kenny. "Toward a racial abyss: eugenics, wickliffe draper, and the origins of the Pioneer fund". *Journal of History of the Behavioral Sciences*, 38(3): 259-283, 2002.
[39] P. Quinn. "Race cleansing in America". *American Heritage*, 54(1): 35-43, 2003.
[40] L. A. P. Martins. "The dissemination of the chromosome theory of Mendelian heredity by Morgan and his collaborators around 1915: a case study on the distortion of science by scientists". *Filosofia e História da Biologia*, 5(2): 327-367, 2010.
[41] E. Black. *A guerra contra os fracos.* São Paulo, A Girafa, 2003.

CAPÍTULO "ANO 1912 • O PREFÁCIO DOS TRANSPLANTES"

[42] R. Cusimano et al. "The genius of Alexis Carrel". *Can. Med. Assoc. J.*,131: 1142-1150, 1984.
[43] J. H. Comroe. "Who was Alexis Who?". *Cardiovascular Diseases, Bulletin of the Texas Heart Institute*, 6(3): 251-270, 1979.
[44] Alexis Carrel. "On the permanent life of tissues outside of the organism". *J. Exp. Med*, 15(5): 516-528, 1912.
[45] J. A. Witkowski. "Alexis Carrel and the mysticism of tissue culture". *Medical History*, 23: 279-296, 1979.
[46] Erwin F. Hirsch. "The Treatment of Infected Wounds," Alexis Carrel's Contribution to the Care of Wounded Soldiers During World War I. J. Trauma, 64: S209-S210, 2008.
[47] C. J. Dente; D. V. Feliciano. "Alexis Carrel (1873-1944)". *Arch Surg*, 140: 609-610, 2005.
[48] R. J. Bing. "Lindbergh and the biological sciences". *Texas Heart Institute Journal*, 14(3): 231-238, 1987.
[49] T. I. Malinin. "Remembering Alexis Carrel and Charles A. Lindbergh". *Texas Heart Institute Journal*, 23(1): 28-35, 1996.
[50] David M. Friedman. *The immortalists.* Nova York, USA, Harpes Collins Publishers, 2007.
[51] R. M. Sade. "Transplantation at 100 years: Alexis Carrel, Pioneer surgeon". Ann. *Thorac. Surg.*, 80: 2415-2418, 2005.

CAPÍTULO "ANO 1919 • O FIM DOS OSSOS FRACOS"

[52] W. O. Henderson. *A revolução industrial.* São Paulo: Verbo/Editora da Universidade de São Paulo, 1979.
[53] William J. Bernstein. *Uma mudança extraordinária*: como o comércio revolucionou o mundo. Rio de Janeiro, Elsevier, 2009.

[54] Friedrich Engels. *A situação da classe trabalhadora na Inglaterra*. São Paulo, Boitempo, 2008.
[55] Barbara Freese. *Coal*: a human history. Cambridge, USA, Basic Books, 2003.
[56] Michael F. Holick. "Vitamin D: a millenium perspective". *Journal Cellular Biochemistry*, 88: 296-307, 2003.
[57] Walter Gratzer. *Terrors of the table*. Oxford: Oxford University Press, 2005.
[58] Kenneth Carpenter. "Harriette Chick and problem of rickets". *The Journal of Nutrition*, 138: 827-32, 2008.
[59] Gerd Hardach. *The First World War*, 1914-1918. Berkeley/Los Angeles, USA, University of California Press, 1981.
[60] Maureen Healy. *Vienna and the fall of the Habsburg empire*. Cambridge, UK, Cambridge University Press, 2004.
[61] L. Rosenfeld. "Vitamine – vitamin. The early years of Discovery". *Clinical Chemistry*, 43(4): 680-685, 1997.
[62] J. M. Silva. "Breve história do raquitismo e da descoberta da vitamina D". *Acta Reum. Port.*, 32: 205-229, 2007.
[63] K. Rajakumar. "Vitamin D, cod-liver oil, sunlight, and rickets: a historical perspective". *Pediatrics*, 112(2): 132-5, 2003.
[64] K. Rajakumar et al. "Solar ultraviolet radiation and vitamin D". *American Journal Public Health*, 97(10): 1746-1752, 2007.
[65] M. T. Weick. "A history of rickets in the United States". *The American Journal of Clinical Nutrition*, 20(11): 1234-1241, 1967.

CAPÍTULO "ANO 1921 • INTRIGAS E BRIGAS NA DESCOBERTA DA INSULINA"

[66] Michael Blanding. *The Coke Machine*: the dirty truth behind the world's favorite soft drink. Nova York: Avery, 2011.
[67] F. G. Young. "Claude Bernand and the discovery of glycogen: a century of retrospect". *British Medical Journal*: 1431-1437, 22-6-1957.
[68] Diana W. Guthrie; Richard A. Guthrie. *Manajement of diabetes mellitus*. Nova York, Springer Publishing Company, 2009.
[69] Elizabeth Lane Furdell. *Fatal thirst*: diabetes in Britain until insulin. Boston, Brill, 2009.
[70] Edwin A. M. Gale. "The rise of childhood type 1 diabetes in the 20th century". *Diabetes*, 51 (December): 3353-3361, 2002.
[71] V. Jorgens. "Oskar Minkowski (1858-1931). An outstanding master of diabetes research". *Hormones*, 5(4): 310-311, 2006.
[72] L. Rosenfeld. Insulin: "Discovery and controversy". *Clinical Chemistry*, 48(12): 2270-2288, 2002.

CAPÍTULO "ANO 1927 • UM INIMIGO INVISÍVEL SE TORNA ALIADO"

[73] Alexi Assmus. Early history of X rays. Bean Line, 25(2):10-24, 1995a
[74] F. C. Francisco et al. "Radiologia: 110 anos de história". *Rev. Imagem*, 27(4): 281-86, 2005.
[75] B. Vujosevic; B. Bokorov. "Radiotherapy: past and present". Arch. Oncol., 18(4): 140-2, 2010.
[76] John Hudson Tiner. *100 cientistas que mudaram a história do mundo*. Rio de Janeiro, Ediouro, 2004.
[77] Richard Fortey. *earth: an intimate history*. Nova York: Alfred A. Knopf, 2004.
[78] Barbara Goldsmith. *Gênio obsessivo*. São Paulo, Companhia das Letras, 2006.
[79] Jonathan Tennenbaum. *Energia nuclear*: uma tecnologia feminina. Rio de Janeiro, Movimento de Solidariedade Ibero-americana (MSIa), 2000.
[80] P. D. Smith. *Os homens do fim do mundo*. São Paulo, Companhia das Letras, 2008.
[81] A. Richards. "Recent studies on the biological effects of radioactivity". *Science*, 3 setembro: 287-299, 1915.
[82] P. P. Connell; S. Hellman. "Advances in radiotherapy and implications for the next century: a historical perspective". *Cancer Res.*, 69(2): 383-392, 2009.
[83] Hugh Aldersey-Williams. *Periodic tales*. Nova York, HarperCollins. 2011.
[84] Maria Rentetzi. "Trafficking materials in tin boxes, glass bottles, and lead cases: radium in early twentieth century science, medicine, and commerce". *Max Planck Institute for the history of Science – Precarious Matters – The history of dangerous and endangered substances in the* 19th *and* 20th *centuries*, pp. 99-111, 2008.
[85] R. E. Rowland. "Radium in humans: a review of U.S". Studies. *Argonne National Laboratory*, setembro, 1994.
[86] H. F. Bishop. "The present situation in the radium industry". *Science*, 42(1473): 341-345, 1923.
[87] R. S. Lima et al. "O despertar da radioatividade ao alvorecer do século XX". *Química Nova Escola*, 33(2), maio de 2011.
[88] J. Bernier et al. "Radiation oncology: a century of achievements". *Nature Reviews*, 4: 737-747, 2004.
[89] J. Newell Stannard. "Radioactivity and health: a history". *Pacific Northwest Laboratory*, outubro, 1988.

CAPÍTULO "ANO 1935 • CHEGAM OS ANTIBIÓTICOS"

[90] T. H. Jukes; E. L. R. Stokstad. "Sulfonamides and folic acid antagonists: a historical review". *Nutr.*, 117: 1335-1341, 1987.

[91] Adam Tooze. *The wages of destruction*. London, UK; Nova York, USA, Penguin Books, 2007.

[92] Royston M. Roberts. *Descobertas acidentais em ciências*. Campinas, Editora Papirus, 1995.

[93] R. P. Rubin. "A brief history of great discovery in pharmacology: in celebration of the centennial anniversary of the foundingof the American Society of Pharmacology and experimental therapeutics". *Pharmacological Reviews*, 59(4): 289-359, 2007.

[94] H. O. Calvery; T. G. Klumpp. "The toxicity for human beings of diethylene glycol with sulfanilamide". *Southern Medical Journal*, 32(11): 1105-1109, 1939.

[95] Carol Ballentine. "Taste of raspberries, taste of death the 1937 elixir sulfanilamide incident". *FDA Consumer Magazine*, junho, 1981.

[96] John Cornwell. *Os cientistas de Hitler*: ciência, guerra e o pacto com o demônio. Rio de Janeiro, Imago, 2003.

[97] Ronald Hare. "New light on the history of penicillin". *Medical History*, 26: 1-24, 1982.

[98] Wolfgang K. Joklik. "The story of penicillin: the view from Oxford in the early 1950s". *The FASEB Journal*, 10: 525-528, 1996.

[99] W. K. Joklik. "The story of Penicillin: the view from Oxford in the early 1950s". *The FASEB Journal*, 10: 525-528, 1996.

[100] C. K. Murray et al. "History of infections associated with combat-related injuries". *The Journal of Trauma*, 64 (3): S221-S231, 2008.

[101] Bernard Dixon. "Sulfa's true significance". *Microbe*, 1(11): 500-501, 2006.

[102] I. Fraser. "Penicillin: early trials in war casualties". *British Medical Journal*, 289: 1723-1726, 1984.

[103] Carlos de Nápoli. *A fórmula da eterna juventude e outros experimentos nazistas*. Rio de Janeiro, Civilização Brasileira, 2012.

[104] Susan M. Reverby. "Sífilis por 'exposição normal' e inoculação: um médico da equipe do estudo Tuskegee na Guatemala, 1946-1948". *Rev. Latinoam. Psicopat. Fund.*, São Paulo, 15(2): 323-349, 2012.

[105] Parte do relatório *Ethically Impossible* preparado pela Comissão Presidencial para o Estudo de Temas da Bioética a pedido do presidente Barack Obama para investigação dos estudos das doenças sexualmente transmissíveis realizados na Guatemala de 1946 a 1948. Trad. Mônica Teixeira. "Os experimentos da Guatemala". *Rev. Latinoam. Psicopat. Fund.*, São Paulo, 14(4): 699-710, 2011.

CAPÍTULO "ANO 1947 • DA LARANJA À TUBERCULOSE"

[106] Geneviève Bouchon. *Vasco da Gama*: biografia. Rio de Janeiro, Record, 1998.

[107] G. Sutton. "Putrid gums and 'dead men's cloaths': James Lind aboard the Salisbury". *J. R. Soc. Med.*, 96: 605-608, 2003.

[108] R. E. Hughes. James Lind and the cure of scurvy: an experimental approach. Med. Hist., 19(4):342-351, 1975.

[109] R. Collier. Legumes, lemons and streptomycin: a short history of the clinical trial. *CMAJ*, 180(1): 23-24, 2009.

[110] D. Salsburg. *Uma senhora toma chá*. Rio de Janeiro: Jorge Zahar, 2009.

[111] Howard Markel. *When germs travel*. Nova York, Vintage Books, 2005.

[112] Jacques le Goff. *As doenças têm história*. Lisboa, Terramar, 1985.

[113] J. L. F Antunes. et al. "A tuberculose através do século: ícones canônicos e signos do combate à enfermidade". *Ciências & Saúde Coletica*, 5(2): 367-379, 2000.

[114] Alfred Jay Bollet. *Plagues & Poxes*. Nova York: Demos, 2004.

[115] J. D. H. Poter: K. B. W. J. McAdam,. *Tuberculosis*: back to the future. Chichester, England, John Wiley & Sons LTD., 1994.

[116] Jeanette Farrel. *Invisible enemies*. Nova York, Farrar Straus Giroux, 1998.

[117] Zhang, Ying. "The magic bullets and tuberculosis". *Annu. Rev. Pharmacol. Toxicol*, 45: 529-64, 2005.

[118] S. A. Waksman. "Streptomycin: background, isolation, properties, and utilization". *Int. Rec. Med. Gen. Pract. Clin.*, 166(7): 267-80, 1953.

[119] G. Marshal et al. "Streptomycin treatment of pulmonary tuberculosis". *British Medical Journal*, 2(4582): 769-782, 1948.

CAPÍTULO "ANO 1952 • A MALDITA FUMAÇA"

120 B. Nemery et al. "The Meuse valley fog of 1930: an air pollution disaster". *The Lancet*, 357: 704-708, 2001.
121 J. G. Townsend "Investigation of the smog incident in Donora, Pa., and Vicinity". *American Journal of Public Health*, 40: 183-189, 1950.
122 W. H. Helfand et al. "Donora, Pennsylvania: an environmental disaster of the 20th century". *American Journal of Public Health*, 91(4): 553, 2001.
123 "Committee on Public Health. Air Pollution and Health". *Bull. N. Y. Acad. Med.* 42(7): 588-599, 1966.
124 J. A. Scott. "Fog and deaths in London, december 1952". *Public Health Reports*, 68(5): 474-479, 1953.
125 D. L. Davis, et al. "A look back at the London smog of 1952 and the half century since". *Environmental Health Perspectives*, 110(12): A734, 2002.
126 A. Hunt. et al. "Toxicologic and epidemiologic clues from the characterization of the 1952 London smog fine particulate matter in archival autopsy lung tissues". *Env. Health Perspec.*, 111(9): 1209-1214, 2003.
127 Alan Taylor. *American colonies*: the settling of North America. Nova York, USA Penguin Books, 2001.
128 A. M. Brandt. *The cigarette century*. Nova York, USA Basic Books, 2007.
129 R. Doll; A. B. Hill. "The mortality of doctors in relation to their smoking habits". *British Medical Journal*, 328: 1529-33, 2004.

CAPÍTULO "ANO 1952 • UM GREGO SALVA AS MULHERES"

130 Siddhartha Mukherjee. *The emperor of all maladies*. Nova York, Scribner, 2010.
131 A. Spriggs. "History of cytodiagnosis". *Journal of Clinical Pathology*, 30: 1091-1102, 1977.
132 M. Foster Olive. *Drugs*: LSD, the straight facts. Nova York, Chelsea House, 2008.
133 Suzanne Levert. *Drugs*: the facts about LSD and other hallucinogens. 2006. Nova York, USA, Marshal Cavendish Corporation, 2006
134 Erika Dyck. "Flashback: psychiatric experimentation with LSD in historical perspective". *Canadian Journal of Psychiatry*, 50(7): 381-388, 2005.
135 Tim Weiner. *Legado de cinzas*: uma história da CIA. Rio de Janeiro, Record, 2008.
136 Niall Fergunson. *Colosso*: ascensão e queda do império americano. São Paulo, Planeta do Brasil, 2011.
137 Alfred W. McCoy. "Science in Dachau's shadow: Hebb, Beecher, and the development of CIA psychological torture and Montreal medical ethics". *Journal of the History of the Behavioral Sciences*, 43(4): 401-417, 2007.
138 Douglas Linder. The witchcraft trials in Salem: a commentary. Social Science Research Network, 2007. Disponível em: <http://papers.ssrn.com/sol3/papers.cfm?abstract_id=1021256>.
139 S. M. Nava-Whitehead; Joan-Beth Gow. Salem's secrets: a case study on hypothesis testing and data analysis. Disponível em: <http://www.ocvts.org/classroomconnect/classrooms/csantasieri/documents/salem_secrets.pdf>.
140 Linnda R. Caporael. "Ergotism: The satan loosed in Salem?". *Science*: 192 (2 de abril de 1976).
141 William J. Meggs. "Epidemics of mold poisoning past and present". *Toxicology and Industrial Health*, 25 (9-10): 571-576, 2009.
142 F. William Engdahl. French government queries USA re 1950's secret LSD experiment. Disponível em: <http://www.theoneclickgroup.co.uk/documents/ME-CFS_docs/3French%20Government%20Official%20 Query%20to%20US%20Gov%20%201950(2).pdf>. Acesso em: 9 fev. 2010.
143 S. Syrjanen; K. Syrjanen. "The history of papillomavirus research". *Cent. Eur. J. Public Health*, 16: S7-S41, 2008.
144 T. J. Barrett; J. D. Silbar; J. McGinley. Genital warts: a venereal disease. *JAMA* 154: 333-334, 1954

CAPÍTULO "ANO 1960 • A CHEGADA DA PÍLULA ANTICONCEPCIONAL"

145 Marc Dhont. "History of oral contraception". *The European Journal of Contraception and Reproductive Health Care*, 15(S2): S12-S18, 2010.
146 Jared Diamond. *Collapse*: how societies choose to fail or succeed. USA, Viking Peguin, 2005.
147 Jean Dorst. *Antes que a natureza morra*. São Paulo, Edgard Blücher, 1973.
148 Alfred W. Crosby. *Ecological imperialism*: the biological expansion of Europe, 900-1900. Cambridge, Nova York, Melbourne, Madrid, Cambridge University Press, 1986.
149 D. Pimentel et al. "Economic and environmental threats of alien plant, animal, and microbe invasions". *Agriculture, Ecosystems and Environment*, 84: 1-20, 2001.

[150] Norman R. Adams. "Detection of the effects of phytoestrogens on sheep and cattle". *J. Anim. Sci.*, 73: 1509-1515, 1995.
[151] David E. Samuel. "A review of the effects of plant estrogenic substances on animal reproduction". *The Ohio Journal of Science*, 67(5): 308, 1967.
[152] Susan James; Charis Kepron. "Of lemons, yams and crocodile drugs: a brief history of birth control". *University of Toronto Medical Journal*, 79(1): 156-158, 2001.
[153] Beth Widmaier Capo. "Textual contraception: birth control and modern American fiction". *The Ohio State University Press*, 2007.
[154] W. E. Ward; L. U. Thompson. Dietary estrogens of plant and fungal origin: occurrence and exposure. The Handbook of Environmental Chemistry, vol. 3L, chapter 6, 101-128, 2001.
[155] Mandy Redig. "Yams of fortune: the (uncontrolled) birth of oral contraceptives". *Journal of Young Investigators*, 6(7), 2003.
[156] Gerald S. "Cohen. Mexico's pill Pioneer". *Perspectives in Health Magazine*, 7(1), 2002.
[157] Bonnie G. Smith. *Oxford Encyclopedia of Women in World History*. Oxford: Oxford University Press, 2008.
[158] Carl Djerassi. "Biotech History: Mexico, the father of the pill and the race for cortisone". *Biotechnol. J.*, 3: 449-451, 2008.
[159] Ronald O. Valdiserri. "Cum Hastis Sic Clypeatis: the turbulent history of the condom". *Bull. N. Y. Acad. Med.*, 64(3): 237-245, 1988.
[160] Clifford R. Kay. "The happiness pill?". *Journal of the Royal College of General Practitioners*, 30: 8-19, 1980.
[161] John A. McCracken. "Reflections on the 50th anniversary of the birth control pill". *Biology of Reproduction*, 83: 684-686, 2010.
[162] Lori Reed; Paula Saukko. "Governing the female body: gender, health, and networks of power". *State University of New York Press*, 2010.
[163] Elaine Tyler May. *America and the pill: a history of promisse, peril, and liberation*. N. York: Basic Books, 2010.
[164] Íris Lopez. Matters of choice: Puerto Rican women's struggle for reproductive freedom, 2008. New Jersey, USA, Rutgers University Press, 2008.
[165] Suzanne White Junod; Lara Marks. "Women's Trial: the approval of the first oral contraceptive pill in the United States and Great Britain". *Journal of History of Medicine*, 57: 117-160, 2002.

CAPÍTULO "ANO 1962 • A PRIMEIRA VITÓRIA CONTRA O CÂNCER"

[166] Jules Hirsch. "An anniversary for cancer chemotherapy". *JAMA*, 296(12): 1518-1520, 2006.
[167] Guy B. Faguet. *The war on cancer*. Holanda, Springer, 2005.
[168] J. A. Schiff. "Pioneers in chemoterapy". *Yale Alumni Magazine*, 74(5) may/june, 2011.
[169] Rose J. Papac. "Medical Review: Origins of cancer therapy". *Yale Journal of Biology and Medicine*, 74: 391-398, 2001.
[170] Michael J. Nojeim. *Gandhi and King*: the Power of nonviolent resistance. Westport, USA, Praeger Publishers, Library of Congress, 2004.
[171] Alex Von Tunzelmann. *Indian Summer*: The secret history of the end of an empire. Nova York, Henry Holt And Company, 2007.
[172] Nuno Grancho. "Bombaim, do século XIX ao século XXI". Colóquio internacional "Portugal entre Desassossegos e desafios", 17 fevereiro de 2011.
[173] Elizabeth M. E. Poskitt. "Historical Review: early history of iron deficiency". *British Journal of Haematology*. 122: 554-562, 2003.
[174] Morton A. Meyers. *Happy Accidents*: Serendipity in modern medical breakthroughs. Nova York, Arcade Publishing, 2007.
[175] A. V. Hoffbrand; D. G. Weir. "Historical Review: The history of folic acid". *British Journal of Haematology*, 113: 579-589, 2001.
[176] Siddhartha Mukherjee. *O imperador de todos os males*. São Paulo, Companhia das Letras, 2012.
[177] B. A. Chabner; T. G. Roberts Jr. "Chemotherapy and war on cancer". *Nature Reviews*, 5: 65-72, 2005.
[178] S. Farber et al. "Temporary remissions in acute leukemia in children produced by folic acid antagonist". *New England J. Medicine*, 238 (23): 787-793, 1948.
[179] R. B. Scott. "Cancer chemotherapy – the first twenty-five years". *British Medical Journal*, 4: 259-265, 1970.

CAPÍTULO "ANO 1967 • A IMPENSÁVEL SUBSTITUIÇÃO DE UM ÓRGÃO VITAL"

[180] Elliot C. Cutler. "The origins of thoracic surgery". *N. Eng. J. Med.*, 208(24): 1233-43, 1933.
[181] Paulo R. Prates. "Pequena história da cirurgia cardíaca: e tudo aconteceu diante de nossos olhos". *Ver. Bras. Cir. Cardiovasc.*, 14(3): 177-84, 1999.
[182] Donald McRae. *Cada segundo conta.* Rio de Janeiro, Record, 2009.
[183] John H. Gibbon. "The first 20 years of the heart-lung machine". *Tex. Heart Inst. J.*, 24(1): 1-8, 1997.
[184] D. M. Braile; M. F. Godoy. "História da cirurgia cardíaca no mundo". *Ver. Bras. Cir. Cardiovasc.*, 27(1): 125-34, 2012.
[185] Robert E. Gross. "Open-heart surgery for repairo f congenital defects". *N. Eng. J. Med.*, 260(21): 1047-57, 1959.
[186] Dominique Lapierre. *Um arco-íris na noite.* São Paulo, Planeta do Brasil, 2010.
[187] M. S. Barnard. "Heart transplantation: anexperimental review and preliminary research". *S. A. Medical Journal*, 30 dez. 1967: 1260-1262, 1967.
[188] Daniel J. DiBardino. "The history and development of cardiac transplantation". *Tex. Heart Inst. J.*, 26: 198-205, 1999.

CAPÍTULO "ANO 1969 • A LONGA BUSCA PELA TRANSFUSÃO SEGURA"

[189] A. N. Kaadan; M. Angrini. "Who Discovery Hemophilia?" *JISHIM*, 8-9: 46-50, 2009-2010.
[190] S. Burns. "A history of blood transfusion". *AMWA JOURNAL*, 8(4): 132-136, 1993.
[191] A. N. Kaadan. "Blood transfusion in History". *JISHIM*, 8-9: 62-66, 2009-2010.
[192] M. Eibl; W. R. Mayr; G. J. Thorbecke. "Epitope Recognition since Landsteiner's discovery". *Springer*, 2001.
[193] P. L. F. Giangrande. "The history of blood transfusion". *British Journal of Haematology*, 110: 758-767, 2000.
[194] A. D. Farr. "Blood group serology – The first four decades (1900-1939)". *Medical History*, 23: 215-226, 1979.
[195] C. B. Batisteti et al. "O sistema de grupo sanguíneo Rh". *Filosofia e História da Biologia*, 2: 85-101, 2007.
[196] G. L. Gitnick. "Australia antigen and the revolution in hepatology". *California Medicine – The Western Journal of Medicine*, 116(4): 28-34, 1972.
[197] B. S. Blumberg. Australia antigen and the biology of hepatitis B. Science, 197(4298):17-25, 1977.
[198] H. J. Alter; H. G. Klein,. "The hazards of blood transfusion in historical perspective". *BLOOD*, 112(7): 2617-2625, 2008.
[199] J. C. F. Fonseca. "Histórico das hepatites virais". *Rev. Soc. Br. Med. Trop.*, 43(3): 322-330, 2010.

CAPÍTULO "ANO 1971 • A VISÃO DO INTERIOR HUMANO"

[200] Brian Robert Shmaefsky. *Biotechnology 101.* Westport, USA, Greenwood Publishing Group, 2006.
[201] Dee Stuart. Bats: mysterious flyers of the night. Minneapolis, Lerner Publishing Group, 1994.
[202] David P. Jordan. *Transforming Paris: The life and labors of Baron Haussmann.* The Free Press – Simon & Schuster Inc.: Nova York: 1995.
[203] Patrice Higonnet. *Paris*: capital of the world. Cambridge, USA, Harvard University Press, 2002.
[204] Michael A. Ainslie. *Principles of sonar performance modeling.* UK, Springer-Praxis Books, 2010.
[205] John Welshman. *The last night of a small town Titanic.* Oxford, Oxford University Press, 2012.
[206] Gabrielle Walker. *Oceano de ar*: por que o vento sopra e outros mistérios da atmosfera. São Paulo: Ideia & Ação, 2009.
[207] H. Raghuram; G. Marimuthu. "Donald Redfield Griffin". *Resonance*, February: 20-32, 2005.
[208] B. B. Goldberg et al. "Early history of diagnostic ultrasound: the role of American radiologists". *AJR*, 160: 189-194, 1993.
[209] J. H. Holmes et al. "The ultrasonic visualization of soft tissue structures in the human body". *Trans. Am. Clin. Climatol. Assoc.*, 66: 208-225, 1955.
[210] I. Donald et al. "Use of ultrasonics in diagnosis of abdominal swellings". *British Medical Journal*, 9: 1154-1155, 1963.
[211] R. V. Tiggelen; E. Pouders. "Ultrasound and computed tomography: spin-offs of the world wars". *JBR-BTR*, 86: 235-241, 2003.
[212] G. N. Hounsfield. "Computerized transverse axial scanning (tomography): Part I. Description of system". *British Journal of Radiology*, 46: 1016-1022, 1973.
[213] B. J. Copeland et al. *Colossus*: the secrets of Bletchley Park's codebreaking computers. Oxford: Oxford University Press, 2006.
[214] Edwin D. Reilly. *Milestones*: in computer science and information technology. Westport, USA, Greenwood Press, 2003.

[215] Eric G. Swedin; David L. Ferro. *Computers*: the life story of a technology. Baltimore, USA, The Johns Hopkins University Press, 2007.
[216] G. Michael Schneider; Judith L. Gersting. Invitation to computer science. Boston, USA, Cengage Learning, 2010
[217] John W. Rittinghouse; James F. Ransome. *Cloud computing*. CRC Press, Taylor Francis Group, Boca Raton, FL, 2010.
[218] Jiang Hsieh. *Computed tomography*. USA, Society of Photo-optical Instrumentation Engineers, 2003.
[219] G. N. Hounsfield. "Computed medical imaging". *Nobel Lecture*, 8 december, 1979.
[220] G. W. Friedland; B. D. Thurber. The birth of CT. *AJR*: 167: 1365-1370, 1996.

CAPÍTULO "ANO 1977 • O TRIUNFO DAS VACINAS"

[221] J. F. Hammarsten et al. Who discovery smallpox vaccination? Edward Jenner or Benjamin Jesty? Trans Am Clin Climatol Assoc, 90: 44-55, 1979.
[222] A. M. Stern; H. Markel. "The history of vaccines and immunization: familiar patterns, new challenges". *Health Affairs*, 24(3): 611-621, 2005.
[223] D. A. Henderson. "Edward Jenner's vaccine". *Public Health Reports*, 112: 116-121, 1997.
[224] C. P. Gross; K. A. Sepkowitz. "The myth of the medical breakthrough: smallpox, vaccination, and Jenner reconsidered". *Int. J. Infect. Dis.*, 3: 54-60, 1998.
[225] Rom Harré. *Great Scientific experiments*. Nova York: Dover Publications, Inc., 2002.
[226] J. Simon. "Emil Behring's medical culture: from disinfection to serotherapy". *Medical History*, 51: 201-218, 2007.
[227] F. Winau; R. Winau. "Emil Behring and serum therapy". *Microbes and infection*, 4: 185-188, 2002.
[228] A. S. MacNalty. "Emil Von Behring". *British Medical Journal*, 20 march: 668-670, 1954.
[229] Harrison,W.T. Advantages of toxoid in diphtheria prophylaxis. American Journal of Public Health,
[230] L. Kositza. "Diphtheria immunization". *California and Western Medicine*, 39(5): 322-327, 1933.
[231] A. M. Woodruff; E. W. Goodpasture. "The susceptibility of the chorio-allantoic membrane of chick embryos to infection with the fowl-pox virus". *American Journal of Pathology*, 7: 209-222, 1931.
[232] J. G. Frierson. "The yellow fever vaccine: a history". *Yale Journal of Biology and Medicine*, 83: 77-85, 2010.
[233] E. Norrby. "Yellow fever and Max Theiler: the only Nobel Prize for a vírus vaccine". *JEM*, 204(12): 2779-2784, 2007.
[234] N. Rogers. "Dirt and diseases: polio before FDR". New Jersey, USA, Rutgers University Press, 1992.
[235] N. Rogers. "Race and the politics of polio". *American Journal of Public Health*, 97 (5): 784-795, 2007.
[236] D. A. Henderson. "Principles and lessons from the smallpox eradication programme". *Bulletin of World Health Organization*, 65(4): 535-46, 1987.
[237] E. A. Belongia et al. "Smallpox vaccine: the good, the bad, and the ugly". *Clinical Medicine & Research*, 1(2): 87-92, 2003.

CAPÍTULO "ANO 1978 • A CONSTRUÇÃO DO BEBÊ DE PROVETA"

[238] Dava Sobel. *Os planetas*. São Paulo, Companhia das Letras, 2006.
[239] John Lynch; Michael Mosley. *Uma história da ciência*. Rio de Janeiro, Zahar, 2011.
[240] J. R. Porter. "Antony van Leeuwenhoek: Tercentenary of his discovery of bacteria". *Bacteriological Reviews*, 40(2): 260-269, 1976.
[241] R. H. Foote. "The history of artificial insemination: selected notes and notables". *J. Anim. Sci.*, 80: 1-10, 2002.
[242] Junius P. Rodriguez. *The historical encyclopedia of world slavery*. Santa Barbara, ABC-CLIO, 1997.
[243] Rickie Solinger. *Pregnancy and Power*. Nova York, Nova York University Press, 2005.
[244] Jane S. Smith. *The garden of invention*. Nova York, USA, Penguin Books, 2009.
[245] A. A. Diamandopoulos,; C. P. Goudas. "Human and ape: the legend, the history and the DNA". *Hippokratia*, 11(2): 92-94, 2007.
[246] Susan Bachrach. "In the name of public health – nazi racial hygiene". *NEJM*, 351(5): 417-420, 2004.
[247] John Harris; Soren Holm. "The future of human reproduction". Oxford: Oxford University Press, 2004.
[248] George Victor. *Hitler*: the pathology of evil. Virginia: Brassey's, 1998.
[249] Jean-Deniss G. G. Lepage. *Hitler youth 1922-1945*. Jefferson, North Carolina, USA/London, UK, McFarland & Company, 2009.
[250] H. A. Lardy; P. H. Philips. "The effect of certain inhibitors and activators on sperm metabolism". *J. Biol. Chem.*, 138: 195-202, 1941.

[251] R. H. F. "Hunter. "Ernest John Christopher Polge. 16 august 1926-17 august 2006". *Biogr. Mems. Fell. R. Soc.*, 54: 275-296, 2008.
[252] B. D. Bavister. "Early history of in vitro fertilization". *Reproduction*, 124: 181-196, 2002.
[253] J. M. Bedford. "Significance of the need for sperm capacitation before fertilization in Eutherian mammals". *Biology of Reproduction*, 28: 108-120, 983.
[254] Allen Wilcox. "Fertility and Pregnancy an epidemiologic perspective". Oxford: Oxford University Press, 2010.
[255] E. C. Feinberg et al. "The evolution of in vitro fertilization: integrationof pharmacology, technology, and clinical care". *The Journal of Pharmacology and Experimental Therapeutics*, 313(3): 935-942, 2005.
[256] J. Cohen et al. "The early days of IVF outside the UK". *Human Reproduction Update*, 11(5): 439-459, 2005.
[257] J. Rock; M. F. Menkin. "In vitro fertilization and cleavage of human ovarian eggs". *Science*, 100(2588): 105-107, 1944.
[258] "Patrick Steptoe Interviewed by Margaret McCaffery. A second Darwin – or Frankenstein". *Can. Fam. Physician*, vol. 25, 1979.
[259] M. D. Moura et al. "Reprodução assistida. Um pouco de história". *Rev. SBPH*, 12(2): 23-42, 2009.
[260] R. G. Edwards P. C. Steptoe. "Control of human ovulation, fertilization and implantation". *Proc. Roy. Soc. Med.*, 67: 932-937, 1974.
[261] P. C. Steptoe; R. G. Edwards. "Laparoscopic recovery of preovulatory human oocytes after priming of ovaries with gonadotrophins". *The Lancet*, 295(7649): 683-689, 1970.
[262] R. G. Edwards. "Test-tube babies, 1981". *Nature*, 293: 253-256, 1981.
[263] G. B. Kolata. "How in vitro fertilization is done". *Science*, 201(4357): 698, 1978.

CAPÍTULO "ANO 1979 • O FIM DA MAIOR INTOXICAÇÃO MUNDIAL"

[264] W. Shotyk et al. "History of atmospheric lead deposition since 12,370 yr BP from a peat bog, Jura Mountains, Switzerland". *Science*, 281: 1635-43, 1994.
[265] Nayan Chanda. *Sem fronteiras*. Rio de Janeiro, Record, 2011.
[266] Jack Lewis. "Lead poisoning: a historical perspective". *Environmental Protection Agency Journal*, May-1985.
[267] Lars Järup. "Hazards of heavy metal contamination". *British Medical Bulletin*, 68: 167-182, 2003.
[268] Alan Gurney. *Abaixo da convergência*: expedições à Antártica. São Paulo: Companhia das Letras, 2001.
[269] Sonia Shah. *A história do petróleo*. Porto Alegre, L&PM, 2007.
[270] Tom Reiss. *O orientalista*. Rio de Janeiro, Record, 2007.
[271] Charles R. Morris. *Os magnatas*. Porto Alegre, L&PM, 2006.
[272] Antonia Juhasz. *A tirania do petróleo*: a mais poderosa indústria do mundo e o que pode ser feito para detê-la. São Paulo, Ediouro, 2009.
[273] D. Rosner et al. J. "Lockhart Gibson and the discovery of the impact of lead pigments on children`s health: a review of a century of knowledge". *Public Health Reports*, 120: 296-301, 2005.
[274] A. J. Turner. "On lead poisoning in childhood". *The British Medical Journal*, April 10: 895-897, 1909.
[275] Arnold Rosin. "The long-term consequences of exposure to lead". *IMAJ*, 11: 689-694, 2009.
[276] G. Markowitz; D. Rosner. "'Carter to the chindren': the role of the lead industry in public health tragedy, 1900-1955". *American Journal of Public Health*, 90(1): 36-46, 2000.
[277] D. Fassin; A. J. Naudé. "Plumbism reinvented : childhood lead poisoning in France, 1985-1990". *American Journal of Public Health*, 94(11): 1854-1863, 2004.
[278] Anthony J. Mayo; Nitin Nohria. *O século da inovação e sua crise*. Rio de Janeiro, Elsevier, 2008.
[279] Jaime Lincoln Kitman. The secret history of lead. The Nation Magazine, March 20, 2000.
[280] J. G. Farmer et al. "A comparison of the historical lead pollution records in peat and freshwater lake sediments from central Scotland". *Water, Air & Soil Pollution Journal*, 100(3): 253-270, 1997.
[281] D. N. Edgington; J. A. Robbins. "Records of lead deposition in lake Michigan sediments since 1800". *Environmental Science & Technology*, 10(3): 266-274, 1976.
[282] Thomas W. Clarkson. "Metal toxicity in the central nervous system". *Environmental Health Perspectives*, 75: 59-64, 1987.
[283] H. L. Needleman et al. "Deficits in psychologic and classroom performance of children with elevated dentinelead levels". *N. Eng. J. Med.*, 300(13): 689-695, 1979.

CAPÍTULO "ANO 1984 • A LONGA PERSEGUIÇÃO AO COLESTEROL"

[284] Igor E. Konstantinov et al. "Nikolai N. Anichkov and His Theory of Atherosclerosis". *Tex Heart Inst. J.* 33: 417-23, 2006.
[285] Meyer Friedman; Gerald W. Friedland. *As dez maiores descobertas da Medicina.* São Paulo, Companhia das Letras, 2000.
[286] Daniel Steinberg. "An interpretive history of the cholesterol controversy, part I". *Journal of Lipid Research*, 45: 1583-1593, 2004.
[287] Daniel Steinberg. "An interpretive history of the cholesterol controversy, part II". *Journal of Lipid Research*, 46: 179-190, 2005.
[288] David Kritchevsky. "History of recommendations to the public about dietary fat". *J. Nutr.* 128: 449S-452S, 1998.
[289] C. Dimitri et al. "The 20th century transformation of U.S. agriculture and farm policy". *United States Departament of Agriculture, USDA, Economic Information Bulletin number 3*, junho 2005.
[290] Michael Pollan. *O dilema do onívoro.* Rio de Janeiro: Intrínseca, 2007.
[291] James H. O'Keefe; Loren Cordain. "Cardiovascular disease resulting from a diet and lifestyle at odds with our Paleolithic genome: how to became a 21st century hunter-gatherer". *Mayo Clin. Proc.*,79: 101-108, 2004.
[292] A, Drewnowski; B. M. Popkin. "The nutrition transition: new trends in the global diet". *Nutrition Reviews*, 55(2): 31-43, 1997.
[293] Glynn I. Isaac; Jeanne M. Sept. Long-term history of human diet. Capítulo 4, "The eating disorders" de Barton J. Blinder e Barry F. Chaitin. PMA Pub. Corp., 1988.
[294] Daniel Steinberg. "An interpretive history of the cholesterol controversy, part IV". *Journal of Lipid Research*, 47: 1-14, 2006.
[295] Daniel Steinberg. "An interpretive history of the cholesterol controversy, part V". *Journal of Lipid Research*, 47: 1339-1351, 2006.

CAPÍTULO "ANO 1996 • A CHEGADA DE UM COQUETEL"

[296] P. M. Sharp; B. H. Hahn. "Origins of HIV and AIDS pandemic". *Cold Spring Harb Perspect Med*, 2011.
[297] C. H. Didier Gondola. *The history of Congo.* Westport, USA, Greenwood Press, 2002.
[298] Jacques Pepin. "The origin of AIDS". Cambridge, UK, Cambridge University Press, 2011.
[299] M. T. P. Gilbert et al. "The emergence of HIV/AIDS in the Americas and beyond". PNAS, 104(47): 18566-70, 2007.
[300] T. J. English. *Noturno em Havana*: como a máfia conquistou Cuba e a perdeu para a Revolução. São Paulo: Seomam, 2011.
[301] Alyssa Goldstein Sepinwall. *Haitian history.* Nova York, Routledge, 2013.
[302] E. Nunes; K. P. Ramos. "Homossexualidade humana: estudos na área da Biologia e da Psicologia". *Intellectus*, 5 (jul./dez.), 2008.
[303] Peter V. Jones. *O mundo de Atenas.* São Paulo, Martins Fontes, 1997.
[304] David Linden. *A origem do prazer.* Rio de Janeiro, Elsevier, 2011.
[305] H. W. Jaffe et al. "The acquired immunodeficiency syndrome in a cohort of homosexual men: a six year follow-up study". *Ann. Intern. Med.*, 103(2): 210-214, 1985.
[306] C. E. Stevens et al. Human T-Cell lymphotropic vírus type III infection in a cohort of homosexual men in New York City. JAMA, 255(16): 2167-2172, 1986.
[307] Sérgio Carrara. *Tributo a Vênus*: a luta contra a sífilis no Brasil, da passagem do século aos anos 60. Rio de Janeiro, Fiocruz, 1996.
[308] Shawn Smallman. *The AIDS pandemic in latine american.* Chapel Hill, USA, University of Caroline North Press, 2007.
[309] H. Mitsuya et al." 3'-azido-3'-deoxythymidine (BW A509U): na antiviral agent that inhibits the infectivity and cytopathic effect of human T-lymphotropic virus type III/lymphadenopathy-associated vírus in vitro". PNAS, 82: 7096-7100, 1985.
[310] S. Broder; A. S. Fauci. "Progress in drug therapies for HIV infection". *Public Health Reports*, 103(3): 224-229, 1988.
[311] Wagner C. Greene. "A history of AIDS: looking back to see ahead". *Eur. J. Immunol.*, 37: S94-102, 2007.
[312] M. Piatak et. al. "High levels of HIV-1 in plasma during all stages of infection determined by competitive PCR". *Science*, 259: 1749-1754, 1993.
[313] S. M. Hammer et al. "A trial comparing nucleoside monotherapy with combination therapy in HIV infected adults with CD4 cell counts from 200 to 500 per cubic millimeter". *N. Eng. J. Med.*, 335(15): 1081-1090, 1996.

CAPÍTULO "SÉCULO XXI • O GARIMPO DOS GENES"

[314] Eberhard Passarge. *Genética*: texto e atlas. Porto Alegre: Artmed, 2004. Tradução de Maria regina Borges-Osório; Wanyce Miriam Robinson.

[315] Miguel A. Alfonso-Sanchez et al. "An evolutionary approach to the high frequency of the Delta F508 CFTR mutation in European populations. Medical Hiphoteses", 74(6): 989-992, 2010.

[316] Randolph M. Nesse. "Ten questions for evolutionary studies of disease vulnerability". *Evolutionary Applications*, 4(2): 264-277, 2011.

[317] Francis S. Collins; Michael Morgan; Aristides Patrinos. "The Human Genome Project: lessons from large-scale biology". *Science*, 300 (11 de abril): 286-290, 2003.

[318] Francis S. Collins; Victor A. McKusick. "Implications of the Human Genome Project for medical science". *JAMA*, 285(5): 540-544, 2001.

[319] J. M. Hall et al. "Linkage of early-onset familial breast cancer to chromosome 17q21". *Science*, 250 (21 de dezembro): 1684-1689, 1990.

[320] J. M. Hall et al. "Closing in on a breast cancer on chromosome 17q. Am". *J. Hum. Genet.*, 50: 1235-1242, 1992.

[321] Y. Miki et al. A strong candidate for the breast and ovarian cancer susceptibility gene BRCA1. Science, 266 (7 de outubro): 66-71, 1994.

[322] N. Howlader; A. M. Noone; M. Krapcho et al. (eds.). *2013- SEER Cancer Statistics Review, 1975-2010*. Bethesda: National Cancer Institute. Retrieved June 24, 2013.

[323] Angelina Jolie. "My medical choice". *The New York Times*, 14 de maio de 2013.

[324] A. Walther et al. "Genetic prognostic and predictive markers in colorectal cancer". *Nature Reviews, Cancer*, 9 (july): 489-499, 2009.

[325] C. N. Rotimi; L. B. Jorde. "Ancestry and disease in the age of genome medicine". *New Eng. J. Med.*, 363: 1551-8, 2010.

[326] José Manuel Martinez Lage. "100 years of Alzheimer disease". *Journal of Alzheimer Disease*. 9: 15-26, 2006.

[327] "Global Health and Aging". World Health Organization: National Institute of Aging, National Institute of Health, U.S. Department of Health and Human Services, publication no. 11-7737, October 2011.

[328] Lynn M. Bekris et al. "Genetics of Alzheimer Disease". *J. Geriatr. Psychiatry Neurol.*, 23(4): 213-227, 2010.

[329] Ulrich Muller; Pia Winter. "A presenilin 1 mutation in the first case of Alzheimer's disease". *The Lancet Neurology*, 12(2): 129-130, 2013.

[330] C. R. Jack Jr. et al. "Hypothetical model of dynamic biomarkers of the Alzheimer's pathological cascade". *Lancet Neurology*, 9(1): 119, 2010.

[331] Stanley Finger. *Minds behind the brain*: a history of the pioneers and their discoveries. Oxford, Oxford University Press, 2000.

[332] Martin Parent; André Parent. "Substantia Nigra and Parkinson's disease: a brief history oh their long and intimate relationship". *The Can. J. Neurol. Science*, 37: 313-319, 2010.

[333] K. Wirdfeldt et al. "Epidemiology and etiology of Parkinson's disease: a review of the evidence". *European Journal of Epidemiology*, 26 (suppl. 1): 1-58, 2011.

[334] "CDC – Achievements in public health, 1900 – 1999: control of infectious disease". *MMWR*, 48(29): 621-629, 1999.

[335] W. G. Feero et al. "Genomics of cardiovascular disease". *N. Engl. J. Med.*, 365: 2098-2109, 2011.

[336] G. E. Palomaki et al. "Use of genomic profiling to assess risk for cardiovascular disease and identify individualized prevention strategies – a targed evidence-based review". *Genetics in Medicine*, 12(12): 772-784, 2010.

[337] W. G. Feero; A. E. Guttmacher. "Genomic and drug response". *New Engl. J. Med.*, 364: 1144-53, 2011.

OS AUTORES

Stefan Cunha Ujvari é médico infectologista do Hospital Alemão Oswaldo Cruz, graduado e pós-graduado pela Escola Paulista de Medicina – Universidade Federal de São Paulo. É autor de livros relacionados à história da infectologia. Pela Editora Contexto publicou *A história da humanidade contada pelos vírus* e *Pandemias: a humanidade em risco*.

Tarso Adoni é médico neurologista pós-graduado pela Faculdade de Medicina da Universidade de São Paulo. Chefe do serviço de neurologia do Hospital Heliópolis da Secretaria de Saúde do Estado de São Paulo. É médico colaborador do departamento de neurologia do Hospital das Clínicas da Faculdade de Medicina da Universidade de São Paulo.

GRÁFICA PAYM
Tel. [11] 4392-3344
paym@graficapaym.com.br